北方果树施肥手册

BEIFANG GUOSHU SHIFEI SHOUCE

张昌爱　劳秀荣　主编

U0256346

中国农业出版社

编写人员

主　　编：张昌爱　劳秀荣

副 主 编：辛淑荣　陈凌霞　泉维洁

编写人员：（以姓名笔画为序）

边文范（山东省农业科学院农业资源与环境研究所）

曲　玲（山东省农业科学院农业资源与环境研究所）

孙伟红（青岛市水产研究所）

孙娅婷（中国检验认证集团山东有限公司）

劳秀荣（山东农业大学资源与环境学院）

李　刚（山东省济南市历城区农业局）

李　彦（山东省植物营养与肥料重点开放实验室）

辛淑荣（山东省农业科学院农业资源与环境研究所）

张昌爱（山东省农业科学院农业资源与环境研究所）

陈凌霞（山东省泰安市城市排水管理处）

林海涛（山东省农业科学院农业资源与环境研究所）

泉维洁（山东省土壤肥料工作总站）

姚　利（山东省农业科学院农业资源与环境研究所）

袁长波（山东省农业科学院农业资源与环境研究所）

徐　振（青岛市土壤肥料工作站）

前　言

　　果树施肥在果树栽培中占据重要的位置，对于提高果园产量、改善果品品质、维持果园土壤肥力都具有不可替代的作用。果树科学施肥技术的推广和普及有利于提高果农的专业技能、在合理施肥的前提下获得高产、稳产、优质产品，同时，还兼顾资源、环境、效益等问题，为我国果品的良性发展打下基础。

　　近30多年来，我国的果品产业有了突飞猛进的发展，苹果、梨、桃、猕猴桃等多种果品的产量已稳居世界首位，果品生产已经成为农村的支柱产业之一，对于调整农业种植结构、改善人民生活、提高农民收入发挥了积极作用。

　　不容忽视的是，我国果品的种植水平不高、种植户松散、规模化和集约化程度有待加强，尤其在施肥技术方面还普遍存在盲目性、随意性和无序化的现象。科学合理的施肥技术有待进一步普及和推广。

　　本书从北方果树主栽区生态环境条件入手，分析了北方果树的生物学特性及其需肥特性，介绍了测土配方施肥技术及营养诊断施肥技术的方法和原理，从而提供了最新的果园土壤管理及果树科学施肥技术，同时挑选了14种北方主要的果树品种，就其生长发育特点、环境条件需

1

求、需肥规律和特性、科学施肥技术及方法等做了详尽的介绍和总结。本书既适于农户在生产中参考使用，也可作为肥料推广人员、科技服务人员的工具书，并对果树生产、科研、教学有所帮助。

由于水平所限，疏漏、错谬之处在所难免，敬请读者指正。

编　者
2015 年 1 月

目　录

前言

第一章　北方果树主栽区生态环境与施肥 ……………………… 1

第一节　我国北方果树种植概况 …………………………… 1

一、苹果种植概况 ……………………………………… 1

二、梨种植概况 ………………………………………… 2

三、桃种植概况 ………………………………………… 3

四、猕猴桃种植概况 …………………………………… 4

五、葡萄种植概况 ……………………………………… 4

六、枣种植概况 ………………………………………… 5

第二节　北方果树主栽区生态环境与施肥 ……………… 6

一、温度 ………………………………………………… 7

二、光照 ………………………………………………… 10

三、水分 ………………………………………………… 12

第三节　北方果树主栽区土壤养分状况与施肥 ………… 13

一、北方果园主要土壤类型 …………………………… 13

二、土壤质地 …………………………………………… 15

三、土壤温度 …………………………………………… 16

四、土壤水分 …………………………………………… 18

五、土壤酸碱度 ………………………………………… 18

六、土壤通气性 ………………………………………… 19

七、土壤有害盐类 ……………………………………… 20

八、土壤清洁度 ………………………………………… 21

1

第二章　北方果树生物学特性与施肥 …… 22

第一节　果树栽培学特征 …… 22
一、果树具有多年生、多次结果的特点 …… 22
二、果树具有无性繁殖的特点 …… 23

第二节　果树生命周期中的养分积累动态 …… 24
一、实生树年龄时期的营养积累特征 …… 24
二、营养繁殖树的年龄时期营养积累动态 …… 25

第三节　果树年生长周期中养分变化动态 …… 28
一、果树的生长与休眠 …… 28
二、果树各物候期中养分变化动态 …… 29

第四节　果树树体营养物质的生产与分配规律 …… 43
一、年周期和不同年龄时期的代谢特点 …… 43
二、营养物质的生产 …… 45
三、果树营养物质的运转和分配规律 …… 46
四、营养物质的积累与消耗 …… 50

第三章　北方果树需肥特性与施肥 …… 53

第一节　果树根系的营养特性与施肥 …… 53
一、根系的结构与分布 …… 54
二、根系的生长习性 …… 57

第二节　果树营养特性与施肥 …… 58
一、果树的营养生理特性 …… 58
二、果树施肥的特点 …… 66

第三节　果树对养分的吸收利用 …… 70
一、果树根系对养分的吸收利用 …… 71
二、叶部对养分的吸收 …… 82
三、矿质养分在果树体内的运输和分配 …… 86
四、果树体内矿质养分的循环与再利用 …… 87

第四章　北方果树测土配方施肥技术 …… 90

第一节　北方果树测土配方施肥的基本原理与特点 …… 90

一、果园测土配方施肥的涵义 …………………………………… 90

二、果园测土配方施肥的应用前景 ……………………………… 90

三、果园测土配方施肥的特点 …………………………………… 91

四、果园测土配方施肥的基本原理与步骤 ……………………… 92

五、果园测土配方施肥的基本内容 ……………………………… 94

六、果园测土配方施肥技术要点 ………………………………… 94

第二节 北方果树测土配方施肥中确定施肥量的基本方法 … 96

一、养分平衡法 …………………………………………………… 96

二、肥料效应函数法 ……………………………………………… 103

三、土壤养分丰缺指标法 ………………………………………… 103

四、土壤植株测试推荐施肥法 …………………………………… 105

第五章 北方果树营养诊断与施肥 ……………………………… 108

第一节 果树的无机营养诊断 …………………………………… 108

一、叶分析的基本原理 …………………………………………… 108

二、果树叶样的采集和处理 ……………………………………… 110

三、树体主要无机营养元素的测定 ……………………………… 115

第二节 果树有机营养诊断和果实品质的鉴定 ………………… 116

一、果实色泽的鉴定 ……………………………………………… 117

二、果实硬度的测定 ……………………………………………… 118

三、果实可溶性糖、还原糖和蔗糖的测定 ……………………… 119

四、果实可滴定酸的测定 ………………………………………… 121

五、果实淀粉的测定 ……………………………………………… 122

六、果实维生素 C 的测定 ………………………………………… 122

七、果实单宁的测定 ……………………………………………… 123

八、叶绿素的测定 ………………………………………………… 123

九、叶片和枝条中蛋白态氮的测定 ……………………………… 124

第三节 土壤营养诊断 …………………………………………… 124

一、土壤水分的测定 ……………………………………………… 124

二、土壤酸碱度的测定 …………………………………………… 125

三、土壤碳酸钙的测定 …………………………………………… 125

四、土壤可溶性盐的测定 ………………………………………… 126

　　五、土壤质地的鉴定 ················· 127

　　六、土壤阳离子交换量的测定 ············· 128

　　七、土壤水解性氮的测定 ··············· 129

　　八、土壤硝态氮的测定 ················ 129

　　九、土壤速效磷的测定 ················ 129

　　十、土壤速效钾的测定 ················ 130

　　十一、双酸法测定土壤中交换性钾、钙、镁、钠 ···· 131

　第四节　果树营养失调及防治 ·············· 131

　　一、氮素失调与防治 ················· 132

　　二、磷素失调与防治 ················· 134

　　三、钾素失调与防治 ················· 135

　　四、钙素失调与防治 ················· 136

　　五、镁素失调与防治 ················· 137

　　六、铁素失调与防治 ················· 138

　　七、锌素失调与防治 ················· 139

　　八、硼素失调与防治 ················· 140

　　九、锰素失调与防治 ················· 141

第六章　北方果园土壤管理与施肥 ············· 143

　第一节　北方果园土壤管理技术 ············· 143

　　一、果园土壤管理的目标 ··············· 143

　　二、果园土壤管理方法 ················ 144

　　三、幼年果园土壤管理 ················ 147

　　四、成年果园土壤管理 ················ 149

　第二节　北方果园土壤改良技术 ············· 150

　　一、果园土壤的深翻熟化 ··············· 151

　　二、盐碱地果园土壤的改良 ·············· 153

　　三、红黄壤果园土壤的改良 ·············· 155

　　四、沙荒地土壤的改良 ················ 156

　　五、山地、丘陵坡地果园土壤的改良 ·········· 157

第七章　北方果树安全施肥技术 ·············· 161

　第一节　果树施肥时期 ················· 161

一、确定施肥时期的依据 ……………………………………………… 161

二、基肥和追肥施用时期 ……………………………………………… 163

第二节　果树施肥方法 …………………………………………………… 166

一、土壤施肥（根际施肥） …………………………………………… 166

二、根外施肥（叶部喷肥） …………………………………………… 169

第三节　现代果园施肥新技术 …………………………………………… 173

一、穴贮肥水新技术 …………………………………………………… 173

二、农用稀土微肥应用技术 …………………………………………… 174

三、树干强力注射施肥技术 …………………………………………… 176

四、管道施肥喷药技术 ………………………………………………… 177

五、根系灌溉施肥技术 ………………………………………………… 179

第八章　北方果树典型树种施肥技巧 …………………………… 182

第一节　苹果 ……………………………………………………………… 182

一、苹果生长对环境的要求 …………………………………………… 182

二、苹果养分吸收规律 ………………………………………………… 188

三、营养元素的作用及缺素症状 ……………………………………… 191

四、苹果科学施肥技术及方法 ………………………………………… 193

第二节　梨树 ……………………………………………………………… 201

一、梨树生长对环境条件的要求 ……………………………………… 201

二、梨树生长发育需肥特征 …………………………………………… 202

三、元素缺乏症状 ……………………………………………………… 208

四、梨树科学施肥技术及方法 ………………………………………… 210

第三节　桃树 ……………………………………………………………… 214

一、桃树生长发育对环境条件的要求 ………………………………… 214

二、桃树的生命周期及养分需求特性 ………………………………… 219

三、矿质元素在桃树生长中的作用及缺素防治 ……………………… 219

四、桃树科学施肥技术及方法 ………………………………………… 223

第四节　猕猴桃 …………………………………………………………… 229

一、猕猴桃生长发育规律及对环境的要求 …………………………… 229

二、猕猴桃养分需求特性 ……………………………………………… 234

三、矿质元素在猕猴桃生长中的作用及缺素防治 …………………… 235

　　四、猕猴桃科学施肥技术及方法 ·· 240

　第五节　葡萄 ·· 243

　　一、葡萄的生长发育规律及其对环境条件的要求 ··················· 243

　　二、葡萄养分吸收规律 ·· 249

　　三、营养元素的作用及缺素矫治 ·· 250

　　四、葡萄的科学施肥技术及方法 ·· 258

　第六节　枣树 ·· 263

　　一、枣树的生长发育特点及其对环境条件的要求 ··················· 263

　　二、枣树需肥特征 ·· 264

　　三、枣树科学施肥技术及方法 ·· 265

　第七节　板栗 ·· 269

　　一、板栗种植对环境条件的要求 ·· 269

　　二、板栗需肥特性 ·· 270

　　三、板栗科学施肥技术及方法 ·· 271

　第八节　樱桃 ·· 278

　　一、樱桃种植对环境条件的要求 ·· 278

　　二、樱桃需肥特性 ·· 279

　　三、樱桃科学施肥技术及方法 ·· 279

　第九节　柿树 ·· 282

　　一、柿树栽培对环境条件的要求 ·· 282

　　二、柿树生长及需肥特性 ·· 283

　　三、柿树科学施肥技术及方法 ·· 284

　第十节　山楂 ·· 286

　　一、山楂栽培对环境条件的要求 ·· 286

　　二、山楂需肥特性 ·· 286

　　三、山楂科学施肥技术及方法 ·· 287

　第十一节　银杏 ··· 289

　　一、银杏栽培对环境条件的要求 ·· 289

　　二、银杏需肥特性 ·· 290

　　三、银杏科学施肥技术与方法 ·· 291

　第十二节　石榴 ··· 297

　　一、石榴栽培对环境条件的要求 ·· 297

二、石榴需肥特性 ·· 299

三、石榴科学施肥技术及方法 ···················· 301

第十三节　杏树 ····································· 304

一、杏树栽培对环境条件的要求 ··················· 304

二、杏树需肥特性 ·· 304

三、杏树科学施肥技术及方法 ······················ 305

第十四节　无花果 ································· 309

一、无花果栽培对环境条件的要求 ··············· 309

二、无花果的营养生长特性及需肥特性 ·········· 309

三、无花果树科学施肥技术及方法 ··············· 314

主要参考文献 ·································· 318

第一章
北方果树主栽区生态
环境与施肥

第一节　我国北方果树种植概况

　　果树是指能提供可供食用的果实、种子的多年生植物及其砧木的总称。北方果树泛指生长在我国长江以北地区的果树，一般为落叶果树。

　　我国具有丰富的果树种质资源。据不完全统计，全世界 45 种主要果树作物种类包含了 3 893 个植物学种，起源中国的为 725 种，占世界 18.62%；苹果、梨、葡萄、桃、李、杏、枣、核桃、柑橘、枇杷、龙眼、荔枝等大宗果树，起源中国的野生种数量占世界的 56.13%；45 种主要果树种类栽培种中有 15 种起源于中国或部分起源于中国，占 33%。Emerst Henery Wllson 在对中国进行了 10 年的种质资源考察后，于 1929 年出版了《中国，园林之母》一书。中国的果树种质资源为世界果树的发展做出了重要贡献。

　　我国是世界水果生产第一大国。2006 年全国水果种植面积近 1 000 万公顷，果品产量超过 1 亿吨。其中，苹果栽培面积和产量分别约占世界总面积和总产量的 39% 和 40%，柑橘分别约占 20% 和 13%，梨分别占约 64% 和 55%，桃分别约占 43% 和 40%。至少有 9 种果品产量稳居世界首位！分别为苹果、梨、桃、荔枝、龙眼、柿子、枣、草莓、猕猴桃。目前，我国果品出口已遍布世界五大洲。据 2007 年统计，全国果品出口总量为 495 万吨。

一、苹果种植概况

　　截至 2008 年全球苹果生产排在前四位的是：中国、欧盟 27

国、美国和波兰。而中国以2 550万吨的总产量位列全球第一，占全球总产量的37.41％。自1990年以后，我国苹果生产进入超常发展时期，产量和种植面积逐年增加。截至2008年，全国苹果栽培面积达191.89万公顷。苹果栽培面积和产量以及浓缩苹果汁产量和出口量4项指标均已列世界第一。在我国朝着苹果产业化大国迈进的同时，也根据全国苹果生产战略调整规划，把苹果生产由过去的四大栽培区向西北黄土高原和渤海湾两大优势产区集中。而陕西抓住这一战略机遇，从政策及科学技术上给予了果农大力支持及正确引导，其栽培面积位居全国第一，山东位列第二。

二、梨种植概况

据2004年统计，全球梨产量超过50万吨的国家有5个，分别为中国942.30万吨、意大利83.34万吨、美国81.04万吨、西班牙65.73万吨和阿根廷51.04万吨。从各国梨产量变化来看，东方梨产量上升速度较快，如中国梨产量10年来增加了3倍，韩国增加了1.9倍。西洋梨产量显著上升的国家主要有西班牙、南非和智利等，而其他西洋梨主产国如美国、意大利和土耳其等则比较稳定，变化幅度较小。

我国是梨树原产国之一，栽培面积和产量都居世界首位。据2005年《中国农业年鉴》资料，2004年全国梨树种植面积107.87万公顷，产量1064.23万吨，分别占全国水果总面积的11.04％和总产量的12.68％。与1994年相比，面积和产量分别增加了60.563万公顷和592.75万吨。除海南省和港澳地区外，梨树分布遍及全国。梨主产区有华北平原、渤海湾地区、长江流域、黄河故道以及西北和西南的特色梨产区等。梨总产量较多的省份主要有河北、山东、陕西、湖北、辽宁、安徽等。梨树在我国栽培历史悠久，地方品种繁多，酥梨、鸭梨、雪花梨、秋白梨、库尔勒香梨等在国内外市场享誉盛名。

新中国成立以来，我国选育出了200余个新品种，并从国外引进诸多优良的西洋梨品种。其中，黄花、锦丰、早酥、黄冠等品种由于品质优、外观好、抗性强，得到大面积推广，在一些梨区已成为主导产品，并打入国际市场。

三、桃种植概况

桃原产于我国，栽培历史已达 4 000 年之久。桃树主要产区集中分布在生长季节光照充足、少雨、休眠期温度适中的温冬区。目前，世界桃产量 665 万吨，92％以上分布在北半球，其中，地中海和波斯湾地区约占 58％，北美占 23％，远东占 11％。波斯湾至地中海地区是桃沿丝绸之路的早期扩散地，许多黄肉桃和油桃在这里得到了发展，北美洲特别是美国的桃在中国上海水蜜桃的基础上发展成独具特色的红皮、黄肉、硬溶质、离核的品种。

目前，我国桃类市场的现状为鲜食桃接近饱和；低档桃充斥市场、价格逐年下降、发展空间不大；高档桃量少价高。目前生产中仍存在着早熟和中早熟品种过多而中晚熟和晚熟品种过少的问题。现有的少数晚熟品种中，综合性状非常优良的不多，特别是极晚熟品种，往往品质较差。

未来桃的生产应向品种区域化、多样化、特色化、国际化迈进。根据生态条件及分布现状，可将我国划分为华北平原、长江流域、云贵高原、西北旱塬和青藏高寒 5 个适宜栽培区以及东北高寒和华南亚热带 2 个次宜栽培区。华北平原是我国桃的主要产区，可大力发展油桃，适度发展水蜜桃。油桃要发展果实大、外观美、耐贮运的中晚熟品种。水蜜桃应重点发展中晚熟优质品种。该区的北部是我国桃和油桃的保护地栽培最适宜区，亦可大力发展桃、油桃、蟠桃的保护地栽培。长江流域和云贵高原桃区以发展优质水蜜桃和蟠桃为主，可适当发展不裂果的早熟油桃品种，应限制发展中晚熟油桃品种。南方桃区应以早熟品种为主，北方地区秋季干燥少雨、光照充足、昼夜温差大，是晚熟油桃的适宜产区。中国桃产量占世界桃总产量的 1/3，但出口量仅占世界桃贸易量的 1.5％；世界桃进出口贸易量占总产量的 10％，而中国只占其产量的 0.003％；与日本、韩国相比，我国的桃具有低成本、低价格的显

著优势。结合国际桃产业发展的历史和现状，预测我国桃的对外贸易在东南亚市场和中西亚市场上的潜力较大。

四、猕猴桃种植概况

猕猴桃作为新型保健佳果，在世界各地得到迅速发展。中国猕猴桃栽培面积居世界第一，除中国以外，栽培面积较大的国家还有意大利、新西兰和智利，结果总面积在 8000 公顷以上。其中，意大利、新西兰和智利的栽培面积约占世界猕猴桃总面积的 68.5%，其生产动态对世界猕猴桃果品市场有着举足轻重的影响。尽管近年来我国猕猴桃种植业发展较快，但总体上生产水平还不够高，产量、品质与新西兰、意大利等国有一定差距。

猕猴桃为原产于我国的一种古老野生果树，20 世纪 80 年代开始小规模生产栽培，90 年代初，猕猴桃生产进入大发展时期。据农业部优质农产品中心的统计，全国猕猴桃面积 2001 年达 5.6 万公顷，产量约 33 万吨；到 2004 年，其年产量已经增加到 50 万吨左右。

我国猕猴桃种植区主要分布在陕西、四川、河南、安徽、江西、湖南、湖北等省份。其中陕西省栽培面积最大，2001 年达 1.65 万公顷以上，占全国猕猴桃栽培面积的 30%，产量 16 万吨，占全国猕猴桃总产量的 50%；到 2004 年，产量达到了 23 万吨，稳居榜首。

五、葡萄种植概况

葡萄的栽培面积遍及世界五大洲。以 40 ℃的热带到 -40 ℃的寒带，到处都有葡萄的踪迹，但多数葡萄园分布在北纬 20°~52° 及南纬 30°~45°。大约 95% 的葡萄集中在北半球。过去世界葡萄栽培面积与产量一直保持在世界果品生产的首位。近年来，柑橘的面积和产量超过了葡萄，但葡萄仍稳居第二位。欧洲是世界上最大的葡萄栽培区，面积最大的国家有西班牙、前苏联、法国和意大利，各有葡萄面积 100 万~150 万公顷，其面积和产量占世界总面积和总产量的一半以上。此外，欧洲的葡萄牙、罗马尼亚、希腊、保加利亚等国家的葡萄栽培也很发达。亚洲栽培面积最大的国家是土耳其，其次是伊朗、印度、叙利亚等国家，主要是以鲜食品种和制干品种为主。北美洲最大的无核葡萄干生产基地是美国的加利福尼亚州。南美洲的葡萄生产国在阿根廷、智利和巴西。大洋洲的葡萄生产地是澳大利亚。以栽培目的来说，欧洲的法国、意大利、前苏联、西班牙和南美洲的阿根廷等国家，主要生产的是酿造品种，每年用于酿酒的葡萄约 3000 万吨，上述 5 国的葡萄酒的产量占世界葡萄酒总产量的 70% 左右。

葡萄在我国栽培相当广泛，已成为重要的果树经济作物，在农业经济中占有重要地位。我国是世界葡萄主产国之一，栽培面积和产量分别占世界总量的 6.2% 和 8.6%，居世界第 5 位。据农业部资料统计，2005 年我国葡萄栽培面积 40.79 万公顷，产量 579.4 万吨，分别占我国水果总量的 4.06% 和 6.06%。陕西省葡萄栽培以鲜食为主，主栽品种为巨峰。近年来，陕西省在调整树种结构过程中已开始重视晚熟耐贮运品种的发展。截至 2006 年，全省栽培面积已达 1.47 万公顷。

六、枣种植概况

枣树是原产我国的特有果树。大量文献和出土文物表明，早在 3000 多年前，我国古代劳动人民就把枣作为重要的栽培果树。新中国成立后，枣树生产有了较大的发展，逐步成为产区农业生产的重要组成部分，对繁荣农村经济、提高人民生活水平起到了积极作用。

我国栽培枣树范围极广，南方和北方均有种植，在农业生产中占有重要地位。1979—2006 年的 28 年来，我国枣果总产量由 33.89 万吨上升到 200 多万吨，增长了 5 倍多，其中自 1994 年以来，枣年均增长幅度超过 11%。枣树种植主要分布在河北、山东、河南、山西、陕西 5 省（以种植面积排序），其种植面积和产量占全国的 90%。新疆近年来发展势头迅猛，正凭借其得天独厚的自

然条件优势打造中国和世界上最大的优质干枣生产基地。

第二节　北方果树主栽区生态环境与施肥

果树在其生长发育过程中，与其生态环境形成相互联系、相互制约的统一体。果树正常发育需要一定的生态环境；一定的生态环境又影响着果树的生长发育；同时果树生长发育的变化状况也反映了生态环境变化的程度。在果树生长发育和生态环境的相互作用中，生态环境起着主导作用，果树也有适应和改善生态环境的能力，但是生态环境的主导作用更改的难度相当大，在果树经济栽培中更为突出。因此，在生产上常可人为地创造一定的果树种类或品种并选择与此特性相适应的生态环境，采取可能有效的措施去改善不利的生态因子，来满足果树正常生长发育的需要，以取得较高的经济栽培效益。因而，了解和掌握果树生长发育与生态环境的相互关系，对于发展可持续发展的果品产业是十分重要的。

果树所要求的生态因子很多，总的来看，可分为直接的和间接的两类。其中最基本的因素如温度（热）、水分、光照、空气、土壤和养分等，对于果树的生长有直接影响，称之为直接的生长条件或生长因素；对果树生长不起直接作用而是通过影响直接因子来对果树生长发育造成影响的，称为间接因素，如风、地势（坡度、坡向、海拔）等。不论是直接因素还是间接因素，各因素可以相互影响、互相制约、互为因果，综合作用于果树，同时各种树种、品种对这些生态因子的影响和适应力也各不相同。在影响果树产量和品质的诸因素中，肥料是最有效且作用最快的变化因子。在果树年周期中改善某一养分的用量或养分的比例，可以改变果树的生理同化过程，促进蛋白质、糖分等有机物质的合成，从而提高果品的商品价值。因此，深入了解生态环境和果树生长发育的关系，掌握其变化规律，才能充分利用有利条件改造不利环境，加强肥水管理措施，促进果树正常生长发育，达到优质高产的栽培目的。

一、温度

温度是果树生态因子和生长繁衍的条件之一。果树的发芽生长、开花结果以及整个树体内一系列的生理生化活动和变化，都需要在一定的温度范围内进行，并且每一种生命活动及其外部表现特征的发生都有其最低、最高和最适 3 种不同的临界温度。温度对于果树的每一个生命活动的环节和过程，都有其制约或促进的作用。温度变化愈大，其制约或促进作用愈明显。因此，在发展果树时，首先要考虑果树种类、品种特性和需要的热量，选择与之相适应的温度和区域。例如，柑橘北移，首要的限制因子是低温冻害。

1. 温度与果树的地理分布 温度周期性的日变和年变，形成了不同的自然地理区域和各类植物特有的物质积累、输导、分配和生长发育的适应规律，以及年周期中物候期的顺序等特点。因此，各种果树在生长周期中对温度热量的要求，与其原产地温度条件有关，果树的自然分布随地区温度的变化而发生变化的。即不同的果树只能分布在与之相适应的温度地区范围内（表 1-1）。

表 1-1　主要北方果树所需的最适宜温度

果树种类	年平均温度（℃）
枣	6～14
沙梨	14～20
白梨、秋子梨	7～15
梅	16～20
苹果	8～14
葡萄	8～18

果树地理分布的温度由年均温、生长期有效积温和冬季极端低温三者综合影响。例如，北方果树南移，还应考虑夏季高温和冬季温暖这两个限制因子，因为高温和冬季需冷量不足，往往导致树体营养消耗大，积累少，不能顺利通过休眠而引起发育不良。南方果树北移时，由于冬季温度过低或积温不足而不能露地栽培。因此，

了解果树的地理分布与温度的关系及有关规律，对于引种和区域化栽培或保护地栽培以及更好地发展果树产业是必要的。

2. 果树生长发育对温度的要求　果树在一年的周期中，要达到一定的温度总量才能完成其生命活动周期，通常把高于一定温度值以上的昼夜温度之总和称为积温。一般果树萌发的生物学零度为 3～10 ℃，生长季节的有效积温在 2 500～3 000 ℃。从萌芽到开花都要求有一定的积温（表 1-2），是代表各种果树的平均趋势。不同种类的果树，在整个发育期中，要求有不同的积温总量。积温是影响果树各个生长发育期的重要因素，能直接促进或推迟其物候期。这一特点既是果树的遗传特性，又是发展果树中经济栽培区域划分的主要依据。

表 1-2　主要果树开花和果实成熟时期的积温

果树种类	开花（℃）	果实成熟（℃）	果树种类	开花（℃）	果实成熟（℃）
苹果	419	1 099	西洋樱桃	404	446
梨（洋梨）	435	867	葡萄	—	210～3 700
桃	470	1 083	柑橘	—	3 000～3 500
杏	357	649			

此外，各种果树每一个物候期所需要的温度和积温也不一样。同一种树的不同品种或不同生育期要求的热量也有差异。一般发芽早的品种要求温度比较低。同一品种在不同的地区也不一样。在温度较高的地区比在温度低的地区通过同样的物候期所需的时间短，主要是昼夜温差不同所致。如生长期较短，夏季温度高时，可缩短积温的日数。夜间温度低，则呼吸消耗少；而白天温度高，则营养合成积累多，所需的积温也相对减少。

温度对果树生长发育和同化异化的效果，有其最适点、最低点和最高点，即温度三基点。一般植株的光合作用最适温度为 20～30 ℃，最高温度为 45～50 ℃，最低温度为 5～15 ℃；而呼吸作用的最适温度为 30～40 ℃，最高温度为 45～50 ℃，最低温度为 0 ℃。从这些数据来看，同化的最适温度比异化的低 10 ℃以下。

在一定的温度范围内，温度每提高 10 ℃，其生命活动强度增加 1～2 倍，但超过最适温度，呼吸作用最旺盛，消耗物质最多，光合产物的积累会出现负值。相反，当温度从光合作用最适点下降至最低点 5～15 ℃时，物质的生产和积累就会停止，但呼吸仍在进行，只有消耗树体内营养物质，直到 0 ℃才会停止生命活动。因此，温度过高过低，对物质生产和积累均不利。

果树于早春萌芽后进入旺盛生长期需要较高温度。落叶果树为 10～15 ℃，常绿果树为 12～16 ℃，并逐步提高到 20～30 ℃范围内的最适温度。早春气温高，萌芽到盛花期所需日数少，平均气温升高 5 ℃时，可相差 2～4 天。在开花期多数果树的花粉萌发的最适温度为 20～25 ℃。一般果树在 4.4 ℃以下时对花粉发芽有明显的抑制作用；高于 27 ℃时花粉发芽力明显下降。

果树花芽分化与温度有直接或间接关系。一般果树花芽分化需高温、干燥和充足的日光，而有些果树如柑橘则需要较低温度和适度的干燥。

温度对果实品质、色泽、成熟期有较大影响。一般，若温度高，则果实含糖量高，成熟期早，但色泽稍淡，含酸量低；若温度低，则含糖量低，含酸量高，色泽鲜艳，成熟期推迟。但若温度过高或过低，反而有害。昼夜温差对果实影响很大，温差大，糖分积累高，甜味更浓。在果实发育期，若气温高，则横径生长大于纵径；若气温低，则纵径生长大于横径。

3. 高温、低温对果树的影响　年周期内，温度有规律性的变化，而果树在生长的过程中不断适应，产生了一定的遗传性能，对其生长发育是有利的。但气温反常突变会打乱果树生长发育的常规，甚至导致减产或死亡。

温度过高会对果树产生危害。研究表明，当生长期温度达到 30～35 ℃时，一般落叶果树的生理过程会受到抑制；到 50 ℃时，其生理过程则会受到严重伤害。高温会破坏光合作用和呼吸作用的平衡关系，导致生长发育不良。如温度过高，则气孔不关闭，蒸腾加剧，树体处于失水和饥饿状态，可引发果实停止生长，果形变

小，色香味差，成熟期推迟，耐贮性降低。落叶果树在冬季温度过高，不能顺利通过休眠，夏季高温会导致日烧的危害；冬季由于太阳直射，树体局部也常发生日烧。

低温和突然的降温对果树的危害比高温更严重，往往会使果树的生理机能受到破坏，造成叶落枝枯乃至死树的后果。果树对冬季低温的忍受能力取决于不同果树种类、品种和各器官的遗传特性（表1-3）。

表1-3　各种果树冻害的温度

果树种类	枝梢受冻温度（℃）	冻死温度（℃）
橙、柚	$-6 \sim -5$	$-9 \sim -8$
桃、沙梨、李	$-20 \sim -18$	$-35 \sim -23$
杏、苹果	$-30 \sim -25$	$-45 \sim -30$

果树的不同树种、品种及其不同的器官和不同物候期对低温冻害的抵抗力各不相同。并且还与树势、地势等有关。由于越冬性不强而发生的枝条脱水、皱缩、干枯的现象，称之为"抽条"或"灼条"。冬季干旱，早春回暖早但又有倒春寒的年份或地区，旺长幼树也有造成生理干旱乃至抽条现象。抽条与树种、品种有关，也与枝条成熟度、营养状况、有无防护林带、后期肥水供应多少有关。

二、光照

光照是果树生存的重要因子之一，也是制造有机营养的能量来源。光照的多寡也影响着果树的产量和质量。不同的果树和不同的发育期对光照度、光照时间的要求也不同。正因如此，果树才会正常地出现各种内部生理变化，并表现为外部的萌芽、开花、结果、抽枝、展叶等各种有规律的变化。

不同果树对光的需要程度与其原产地的地理位置和长期适应的自然条件有关。生长在我国南部低纬度、多雨地区的亚热带果树，对光的要求低于原生在我国北部高纬度的落叶果树。原生在森林边缘和空旷山地的果树多数都是喜光树种。不同树种喜光性差异仍很悬殊。在落叶果树中，以桃、杏、枣等最喜光，而苹果、梨、葡萄、李等次之，核桃、山楂、猕猴桃较能耐阴。

同一树种不同品种或同一品种不同树龄，其喜光性和对光照度的反应也有差异。

果树在同化过程中，不仅是利用直射光，也能利用土壤、水面、植被及其他物体上的反射光。这对果树高产、增质非常有益。

果树对光的利用率首先取决于光合面积、光合能力，即主要取决于叶面积和叶功能。而叶面积、叶功能及其光能作用情况，在一定条件下，则与树冠空间结构的形式有关。

据有关资料表明，果树叶片进行同化作用在 5～6 月的晴天；每平方米叶面积的净同化量为 5 克左右，最高为 8.8 克，最低为 2.6 克，因树种、品种而异。其中，梨和柑橘的同化量较高，苹果、桃、葡萄次之，栗最小。但在实际生产中，随栽培技术、树势强弱、结果多少、温湿差异以及辐射等不同而有很大变化。

同化量和光照度有直接关系。若果树叶幕层厚，叶面积指数高，由于叶片相互重叠遮阳，有效叶面积小，同化量降低。

光对果树的生长和形态结构也有明显的作用。光能促进细胞的增大和分化，但控制细胞的分裂和伸长。光照不足或阴雨连绵，会造成枝梢徒长，但干物质累积量降低。同时对根系生长也有明显抑制作用。由于根系生长所需的营养物质大部分来自地上部的同化物。

光照与花芽的形成密切相关。光照充足可以促进花芽的形成与发育。据 Jackson（1968）研究表明，苹果（橘苹）短枝的叶片，当可利用的光照达到 45% 以上时才能形成花芽。据报道，营养失调是导致果树早期生理落果的直接原因，光照不足使同化量减少是引起生理落果的间接原因。果树通风透光良好，则果色鲜艳，糖分和维生素含量高，硬度低，耐贮性强，品质好。

在果树生产中利用矮化密植，使枝叶分布均匀，主侧枝较少，树形波浪起伏，扩大群体的叶面积指数以增大截获光能等，有利于光合作用的进行。

三、水分

水分是果树树体的基本组成部分，果树枝叶和根部的水分含量约占 50％，水果果实的含水量大多在 80％～90％。树体内各种物质的合成与转化、维持细胞的膨压和蒸腾作用、溶解土壤中矿物质营养、调节树体温度及树体内各种生理活动等均需要水分直接参与才能进行。及时适量地供给果树水分，是保证其正常生命活动、获得持续稳产高产优质的基本措施之一。

水分对果树生长发育的影响：果树在生长期间的蒸腾量与其所生成的干物质的质量之比称为需水量，一般以形成干物质所需的水量表示。果树的需水量随树种、果园土壤类型、气候条件以及栽培管理条件等而有所不同。

果树不同器官含水量各异，通常生长最活跃的组织和器官中含水量与需水量较多。结果树，争夺水分最突出的器官是果实和叶片。在缺水条件下，水分优先供叶片蒸腾，致使果实呈缺水状态。

果树对于水分的需要因季节而有所不同。春季供水不足时，常延迟萌芽期或萌芽不够整齐一致，影响新梢和叶片的生长；花期干旱或水分过多，常影响授粉受精，造成落花落果；新梢生长期，温度急剧上升，枝叶生长旺盛，需水量较多，对缺水反应最敏感，此期称为需水临界期。春梢过短、秋梢过长是前期缺水、后期水分过多所致。花芽分化期需水相对较少，水分过多反而影响花芽分化；果实膨大期也需一定量的水分，在成熟期前若有剧烈变化，则可引起后期落果，造成裂果或烂果。秋旱时，枝条和根系提前停止生长，影响营养物质的转化与积累，抗寒性降低。冬季缺水，造成生理干旱，枝干易冻伤。

果树在其生命活动过程中，各器官的水分虽能保持着相对平衡，但超出最大限度时，会出现各种生理病态，甚至导致植株死亡。当蒸腾量大于吸收量时，水分平衡被破坏，枝叶呈下垂、萎蔫，时间过久，就会永久凋萎，造成干旱伤害。

为保证果树各物候期对水分的需要，须因地制宜、开源节流、合理排灌，做到及时、适量；改良土壤，提高其蓄水和保水性能，中耕松土和覆盖，减少地面蒸发。

环境条件中各个生态因子对果树生长发育的影响是多方面的，但各因子之间又是相互联系、相互制约、相互影响的。在一定条件下，某一因子可能起主导作用，其他因子处于次要地位；在另一种条件下，可能主次相互转化，互为因果。因此，在建园以及果园管理中，必须充分掌握当地自然条件的主要矛盾；有针对性地制订有效的农技措施，扬长避短，合理开发和利用自然资源，发展优质特色果品产业。

第三节　北方果树主栽区土壤养分状况与施肥

土壤是果树生长的基地，是树体必需营养元素和水分的主要库源。因此，土壤类型、土壤质地、土壤温度、土壤水分、土壤酸碱度及土壤清洁度等诸多因素影响着果树根系的生长和分布。

一、北方果园主要土壤类型

北方果园土壤多是在温带、暖温带的湿润、半湿润和干旱、半干旱气候条件下形成的地带性土壤类型。其分布的主要土壤类型有棕壤、褐土、栗钙土、潮土、娄土等。栽培果树有苹果、梨、桃、李、杏及核桃、板栗等落叶果树。

1. 棕壤　棕壤集中分布于暖温带湿润地区的辽东半岛和山东半岛及河北、河南、山西半湿润与半干旱地区的山地。土壤母质以花岗岩、片麻岩、石灰岩和砂岩、页岩的风化物为主。地处平原区的棕壤，土层深厚，质地适中，排水良好，无盐碱化，呈微酸性反应；山地棕壤分布在丘陵地或谷地中，粗骨薄层，土层较薄，呈酸性或微酸性反应。多修筑梯田，栽培果树。经长期耕垦后，提高其熟化度，已发展成我国北方适宜果园土壤类型（表1-4）。

表 1 - 4　棕壤的主要理化性状

深度 (厘米)	pH	有机质 (%)	全氮 (%)	碱解氮 (毫克/ 千克)	全磷 (%)	有效磷 (毫克/ 千克)	全钾 (%)	速效钾 (毫克/ 千克)	机械 组成
5~14	6.9	6.87	0.24	221	0.045	7	1.32	261	多轻壤
14~30	6.4	6.13	0.23	208	0.048	5	1.66	320	砾中壤
30~85	6.9	6.16	0.05	82	0.028	4	1.47	95	砾中壤
85~100	7.0	1.28	0.06	44	0.310	3	1.61	75	多砾重壤

2. 褐土　褐土主要分布于暖温带半湿润、半干旱的山地和丘陵地区，为华北地区的主要土类之一。褐土主要发育在富含石灰的母质上，其土壤母质有黄土、砂页岩、变质岩等。土壤一般具石灰反应，呈中性至微碱性，耕层深厚，保水、保肥性较好。表层有机质与氮素含量较高，黏化层中则明显降低，钙积层中富含石灰，有固定磷的作用。在平缓地形，地下水位较高，应注意排水。

黄土质褐土土体深厚，质地适中，表土多呈团粒结构，耕性良好，有较好的保水保肥性能，适种作物广，山东省驰名中外的肥城桃就栽培在此类土壤中。

3. 栗钙土　栗钙土主要分布于内蒙古高原及大兴安岭东南平原和西北境内的一些山间盆地，是在温带、暖温带干旱和半干旱地区的大陆性气候条件下形成的土壤类型。其成土特点是腐殖质积累作用和钙化作用较强烈。土壤上生长的植被主要是旱生的草本植物。栗钙土中腐殖质和过渡层中的有机质总贮量为每公顷 37.5～127.5 吨，且含氮量高，一般占干物质的 0.5%～0.8%，最高可达 2.2%，灰分元素达 6%～16%，以钾、钙为主。一般栗钙土钙积层深而厚，石灰含量多达 10%～30%，高者可达 40%，低者小于5%。土壤呈碱性反应，质地较轻。土壤母质为黄土、玄武岩等。

4. 潮土　潮土是直接发育在河流沉积物上的一种土类。主要分布于黄河中下游冲积平原及其淮北平原和长江流域中下游的河谷平原。不同质地时期的沉积物母质，其形成的土壤性状各异。在黄河及其支流沉积物上发育的潮土，含碳酸钙较丰富，土壤碱性强；长江及其支流沉积物上发育的含碳酸钙量少，土壤碱性较低。潮土碳酸钙含量通常为2%～12%，养分含量与土壤质地密切相关。沙质沉积物发育的潮土，肥力偏低，保水保肥能力差；黏质沉积物发育的潮土通透性差，有机质及其养分含量较高，潜在肥力较高；壤质沉积物发育的潮土，其理化性状良好，质地适中，结构良好，有机质含量高，易培育成良好果园土壤。

二、土壤质地

土壤质地对果树的生长发育影响很大。土壤疏松，通气和排水良好，适于果树生长，根系发达，地上部生长发育快；黏重土壤，通气排水不良，影响果树根系生长发育，从而导致地上部生长发育不良。

土壤质地对果树的影响，通常是以心土层结构的影响较大。山地果树如土壤下层为半风化母岩，根系分布深而量少，对果树耐旱有促进作用；如下层为横生岩板，则根系被限制在表土层或耕翻松动的局部范围内，因此地上部生长发育受阻；若是沙地土壤，下层有黏土层间隔，不仅影响根系分布深度，而且还会引起地下积水涝根；沙地下层有白干土，即钙积层时，也会限制根系向下伸展。干旱时不能利用地下水，雨季时，容易造成积涝烂根。

山麓冲积平原、海滩沙地以及河道沙滩，表土下有砾石层或砾沙层时，同样对果树会造成不同程度的影响。如果土层较厚，砾石层或砾沙层分布在1.5米以下时，不但有利于排涝排盐，而且对果树生长和结实均有良好的作用。土层深厚，能加深根系分布层，既能增强抗逆性，又有利于果树的生长和丰产。

一般果树对于土壤有较广泛的适应性，但不同树种仍有各自的最适丰产范围。如枣、柿、核桃等对土壤质地的要求比较广泛；苹果、梨、柑橘等最适于土质疏松、孔隙度较大，土层较厚的沙壤或轻壤土；葡萄在山区、沙滩、盐碱地上有较强的适应能力。土壤质地等级及其粒组界限（国际标准）如表1－5所示。

表1-5 国际制土壤质地

质地名称		所含粒组百分数范围		
类别	名称	沙粒 (2～0.02 厘米)	粉沙粒 (0.02～0.002 厘米)	黏粒 (<0.002 厘米)
沙土类	沙土及壤沙土	85～100	0～15	0～15
壤土类	沙壤土	55～85	0～45	0～15
	壤土	40～55	30～45	0～15
	粉沙质壤土	0～55	45～100	0～15
黏壤土类	沙质黏壤土	55～85	0～30	15～25
	黏壤土	30～55	20～45	15～25
	粉沙质黏壤土	0～40	45～85	15～25
黏土类	沙质黏土	55～75	0～20	25～45
	粉沙质黏土	0～30	45～75	25～45
	壤质黏土	10～55	0～45	25～45
	黏土	0～55	0～55	45～65
	重黏土	0～35	0～35	65～100

三、土壤温度

土壤温度对果树生长的影响是多方面的，不仅直接影响根系的活动，同时制约着各种生物化学过程，如微生物活动、有机质的分解、养分的转化及水分、空气的运动等。土壤温度的变化状况及稳定性能，依土质而异。如沙土升温快，散热也快；黏土增温和降温都比沙土慢。因此，黏土的稳温性强。同一类土壤，湿润土比干土的温度日较差小。表土温度日较差较大，35～100厘米土层日较差逐渐消失而出现恒温。

1. 土温对根系生长的影响 土温与根系的生长极为相关，当土温过高或过低时，均会使根系受到伤害。据报道，成年苹果树的根系在平均土温 2 ℃时即可略有生长，7 ℃时生长活跃，21 ℃时生长最快，超过 25 ℃时，加速吸收根老化。根温与生长的关系，其实质就是对光合作用和水平衡的影响。据测定，光合和蒸腾速率随土温上升而减少，从 29 ℃时开始，到 36 ℃时明显下降，因为土温升高使叶片中钾和叶绿素含量明显减少，根中干物质也下降。当土温在 22～29 ℃时（适温），没有降低钾的反应。因此，在适温施钾肥，可增加钾含量和净光合速率。当土温升至 40 ℃时，叶绿素含量下降严重，初生木质部的形成减弱，水的运转受阻。冬季土温过低时对果树的影响因树种而异。多数常绿果树的根系耐寒性差。当地温低于－3 ℃时，即可发生冻害，低于－5 ℃时大根即受冻，而落叶果树的根系较耐低温。

2. 土温对果树生理代谢的影响　土温的高低，会促进或抑制果树的生理代谢过程。在一定温度范围内，根系对营养元素吸收的快慢随温度变化而变化。温度升高时吸收加快，温度降低时吸收减慢，具体范围因树种而异。在一定温度范围内，温度升高，有利于细胞质的流动和有机物质的转运，同时也有利于果树的同化作用和生长，具体的温度也是因树种而异。

3. 土温对土壤肥力的影响　土壤温度对土壤肥力的影响是多方面的。

① 土温影响土壤中的各种化学反应。在一般情况下，化学反应的速度与温度成正相关。温度越高，化学反应进行得越强烈。我国南方果园土壤矿物的化学风化作用明显强于北方果园。

② 土温对土壤中生物学过程中的影响。土温对微生物活性的影响极其明显，大多数微生物的活动，要求温度为 15～45 ℃，在此温度范围内，微生物活动随温度的升高而增强。土温过高或过低，或超出这一温度范围，则微生物活动受抑制，从而影响到土壤中的腐殖化和矿质化过程，影响到各种养分的生物有效性，也就影响到果树根系对养分的吸收。

③ 土温影响土壤有机质和氮素的积累。土壤有机质的转化与温度的关系极为密切，我国南方热带地区的果园，因多雨高温，有机质腐解快；寒温带果园，因干旱低温，有机质分解慢，其所含养料和碳的周转期远比南方要长。所以，在南方果园中，调节土壤有机质偏重于加强累积，而在寒冷的北方地区果园中，则更多地侧重

17

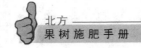
于加速有机质的分解以释放养分。

④ 土温对水、气运动的影响。土温的高低影响土壤气体的交换、土壤水溶液的移动以及土壤水存在的形态。土温越高，土壤水（溶液）的移动越频繁，土壤中气态水越多，土壤微生物和养分的活性也越强。因此，在一定土温范围内，果树根系对水分和养分的吸收与土温呈正相关。相反，土温低时，土壤冻结，则土壤水（溶液）的移动近于停止，液态水和气态水可能转化为固态，果树根系对水分和养分的吸收也近于停止。

四、土壤水分

土壤水是果树根系吸水的最重要来源，又是土壤中许多化学、物理和生物学过程的必要条件，有时还直接参与这些过程。因此，土壤水的变化和运动，势必影响到果树的生长和发育。一般土壤水分保持在田间持水量的 $60\%\sim80\%$ 时，果树根系可正常生长、吸收、运转和输导，过高过低非所宜。土壤水分过多时，土壤通气不良，而产生硫化氢等有害物质，抑制根的呼吸，使根的生长受阻。当土壤含水量低到接近萎蔫系数时，根系停止吸收，光合作用开始受到抑制。通常落叶果树在土壤含水量为 $5\%\sim10\%$ 时，叶片开始凋萎（葡萄 5%，苹果、桃 7%，梨、栗 9%，柿 12%）。土壤干旱时，土壤溶液浓度升高，不仅影响果树根系吸收，甚至发生外渗现象。

土壤水分还影响果实的大小和品质。在前期土壤水分过多或过少时，主要影响幼果细胞分化的数目和体积的增长。在果实膨大期至成熟前 $20\sim30$ 天，则造成减产和降低品质。

五、土壤酸碱度

土壤酸碱度对果树的生长、微生物的活动、土壤中发生的各种反应、养分的有效化及土壤的物理性质等方面都有很大影响。不同的树种对土壤酸碱度有不同的要求。几种主要果树酸碱度的适应范围如表 1-6 所示。

表 1-6　几种主要果树的酸碱度（pH）适应范围

果树种类	可耐 pH 范围	最适 pH 范围
苹果	5.3～8.2	5.4～6.8
梨	5.4～8.5	5.6～7.2
桃	5.0～8.2	5.2～6.8
葡萄	7.5～8.3	5.8～7.5
栗	4.6～7.5	5.5～6.8
枣	5.0～8.5	5.2～8.0
柑橘	5.5～8.5	6.0～6.5

表 1-6 中的可耐范围的上限和下限常须具备一定的条件才有可能适应。例如，苹果、柑橘等的 pH 在 8 左右，特别是超过 8 时，叶片常易患黄化病。而苹果用海棠果、柑橘用枸头橙作砧木时，则耐碱性增强。因此在选地建园时，一般宜选择果树可耐酸碱度的最适范围。

此外，果树还存在忌地连栽问题，因为同类果树根系的分泌物质和吸收矿质元素类型雷同。无花果和枇杷忌地现象严重，苹果、梨、葡萄也有忌地现象，柑橘、桃树忌地现象较轻。

六、土壤通气性

土壤通气性对果树生长有一定影响。

首先土壤通气性影响根系的生长。氧气不足将阻碍果树根系生长，甚至可引起烂根。不同果树根系对氧要求各异。一般在土壤空气中氧的浓度为 12％～15％时，苹果根系才能正常生长；梨、桃根系要求在 10％以上；甜橙实生苗，在 2.5％时仍可继续伸长。

不同树种对缺氧忍耐力也不相同。生长在低地及沼泽地的越橘，忍耐力最强；柿、柑橘对缺氧反应不甚敏感，可以生长在南方水田垄地上；桃树反应最敏感，在水涝缺氧时常易死亡；梨、苹果反应中等，但在缺氧条件下难以获得果实。

其次，土壤通气性对果树根系吸收水肥的功能也有很大影响。

果树根系对水肥的吸收受呼吸作用的制约，而根系呼吸作用要求有效地供给氧气，缺氧时根系呼吸作用受到抑制，其吸收水肥的影响因树种而异。以氮、镁而言，当氧不足时，以桃吸收最多，柑橘、柿、葡萄吸收最少；而对磷、钙的吸收，则以葡萄最多，桃、柿则较少；对钾的吸收，则以柿为最多，桃、柑橘和葡萄较少。

土壤通气性除对果树生长有显著影响外，对土壤中微生物的活动以及土壤中一系列化学的与生物的过程都有很大影响，因而对土壤中养分的有效化、有害物质的积聚等都有重大影响。例如，在长期淹水的果园土壤中，易形成一些对根系有毒害作用的还原态物质，如硫化氢、铁、锰及各种有机酸等。因此，在果园管理中，改善土壤通气性，调节土壤空气状况是获得果实优质丰产的重要措施之一。

七、土壤有害盐类

土壤中有害盐类含量是影响和限制果树生长结果的障害因素。盐碱土的主要盐类是碳酸钠、氯化钠和硫酸钠，尤以碳酸钠危害最大。有关研究证实，一般果树根系能进行硝化作用的极限浓度为：硫酸盐 0.30%，碳酸盐 0.03%，氯化物为 0.01%。据测定，3 米以下地下水含盐量超过 10 克/升，就会使苹果、李、杏等果树迅速死亡，特别是核桃、榛子最为敏感。几种果树的耐盐情况如表1-7所示。

表1-7　几种主要果树的耐盐情况

果树种类	土壤中总盐量（%）	
	正常生长	受害极限
苹果	0.13~0.16	0.28 以上
梨	0.14~0.2	0.30
桃	0.08~0.1	0.40
杏	0.10~0.2	0.24
葡萄	0.14~0.29	0.32~0.4
枣	0.14~0.23	0.35 以上
栗	0.12~0.14	0.20

不同树种的耐盐能力差异很大，其中，以沙枣、枣、葡萄、石榴等较强，苹果、梨、桃、杏、板栗、山楂、核桃等较弱。

据山西果树研究所 1965 年池栽 2 年生果苗耐盐试验表明，土壤总盐量为 0.3% 时，桃、栗死亡；核桃、杏、李部分受害；苹果、梨、枣、石榴、软枣、葡萄尚能正常生活。总盐量为 0.7% 时，除石榴、枳尚在垂死挣扎外，其他果树均已不能生存。

有些果树的根系能分泌出有毒物质，这些物质能抑制同种或异种果树根系的生长。如桃树根系能分泌苦杏仁苷，苹果根系分泌根式苷，核桃根系分泌核桃酮等。苹果的后作不仅对苹果，而且对桃、梨、柑橘也有影响。

此外，果树还存在忌地现象，是由于同类果树根系的分泌物质和吸收矿质元素类型雷同而产生的。无花果和枇杷树忌地现象严重，苹果、梨、葡萄也有忌地现象，柑橘、桃树忌地现象较轻。同时无花果的后作对无花果、梨、葡萄、柑橘等都有显著的抑制作用。即在树种间存在忌地连作问题，可以忌地系数为衡量标准。忌地系数小，说明连作生长不良。无花果和枇杷忌地现象明显，其系数分别为 48 和 53；而苹果、梨、葡萄分别为 77、28、74；柑橘（86）、核桃（87）忌地现象较轻。

$$忌地系数 = \frac{连作时后作的生长量}{各种后作的平均生长量} \times 100$$

八、土壤清洁度

果园土壤污染主要来自工矿排出的废水、废渣和生产中应用的农药、化肥。被污染的果园土壤土质变坏、酸化或盐渍化、板结、通透性差，导致根系发育不良，甚至死亡绝产。

果园土壤清洁度的管控需要大力实施测土配方施肥技术，提高测土配方施肥的覆盖面，推广"三新"病虫防治技术，加强肥料、农药和饲料等农业投入品中有害成分的监测，积极引导农民使用生物农药或高效低毒低残留农药，切实降低农业生产对土壤环境的影响。

第二章

北方果树生物学特性与施肥

第一节　果树栽培学特征

果树栽培，与其他农作物相比较具有其独特的栽培学特征，即果树树体高大、根系深广，是多年生、多次结果的有机体。在果树生产中，一般均以无性繁殖，借以保持优良品种固有性状，扩大品种栽培范围，以促进果树生长发育，早果、优质、高产、稳产，使果树产业成为持续农业的一大支柱产业。

一、果树具有多年生、多次结果的特点

果树系多年生、寿命长，少则二三十年，长则数百年的大树尚能结果。例如，山东平邑百年以上的梨树、湖北秭归百年甜橙树、广东增城 500 年生的荔枝、湖北五峰 500 年生的猕猴桃，尚能大量结果。一生中长期固定在同一生长地点，使之生命活动适应自然环境条件的变化，甚至各种灾害的侵袭，因此在栽培管理上，确实比一、二年生作物难度大。同时，多数果树的系统生长发育，是在相对稳定的森林群体环境中发展的，如温度、湿度、土、肥、水及人为改良环境等，从野生到人为栽培，其抗逆力逐渐减弱。

果树营养体高大，根系深扎入心土层。在我国果品生产中，主要是利用山地丘陵和滩涂沙荒地，存在土层瘠薄、有机质含量少、保水性能差、海涂盐碱含量高等生产障碍因子。因此，栽培果树时都必须深翻改土，增施有机肥料，改善土

壤理化性状，提高土壤肥力，为果树根系生长发育提供良好的水、肥、气、热等条件，以便使果树根系自由伸展深入心土层。

果树生命周期长，要经历从幼年、成年到衰老等一系列漫长的年龄时期。实生果树一般幼年时期长，结果晚，始果期少则三四年，多至七八年以上。而多数果树结果后，当年的产量，主要由上一年以至于上几年的管理好坏，树体的营养状况和上一年花芽分化的数量与质量情况而定。当年的树体生育状况和结果多少，又直接影响翌年甚至后几年的生长结果。上述特性，除与其遗传特性有关外，在很大程度上取决于栽培管理。在良好的栽培管理条件下，可以促进幼树的生长发育，提早结果和丰产，还可以调节果树的生长发育，增进树体营养积累和合理分配，以保证各部位的器官势均、质优，使之年年花芽分化良好、丰产、稳产、优质，结果寿命延长。

二、果树具有无性繁殖的特点

果树繁衍后代，一般是采取无性繁殖进行栽培的。无性繁殖的苗木，具有以下特点。

① 无性繁殖的苗木是阶段性成熟的个体，没有童期性状，遗传基因与母体基本一样，能保持母果树品种固有的优良遗传性状，品种易于保存。

② 无性繁殖苗木比实生苗直根浅，平行根多，吸收能力强，树体发育速度快，结果早，并能繁殖无核品种的果树。

③ 利用嫁接繁殖时，可以因地制宜选择适应性广、抗逆性强或有矮化作用而又亲和力强的砧木来增强品种的抗逆能力，增强品种的适应性，促进早结果、早丰产并提高品质。例如，柑橘用枳作砧木，可显著提高其抗寒性、耐瘠耐涝性，同时也较耐线虫病、裙腐病和速衰病等；枸头橙是我国南方海涂土壤碱化地区发展起来的较好砧木；苹果用圆叶海棠和栽培品种君柚作砧木，能抗根绵蚜，用湖北海棠砧木，可抗白绢病；桃用甘肃野桃能抗线

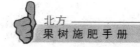

虫病等。

第二节 果树生命周期中的养分积累动态

果树无论是实生树从种子萌芽起，还是营养繁殖树从开始繁殖起，直到死亡。在其一生的生命活动中，都要经历生长、结果、衰老、更新和死亡的过程，即称为果树的生命周期，也称为果树年龄时期。

一、实生树年龄时期的营养积累特征

果树实生繁殖，多用于培育砧木和杂种新品种，而在果树生产中则多采用营养繁殖。

实生树在其发育过程中经历 3 个阶段：童期、过渡期和成熟期。童期与成熟期之间的差异，通常是以形态特征为标志，在营养物质含量上也有明显差别。Kobel 指出成熟枝条中还原糖、淀粉、纯蛋白、果胶类物质以及矿物质含量高，而童期枝条以纤维素、半纤维素、木质素含量高；W. Wuttle（1968）从同一株实生苗的童期和成熟期的枝条发现，童期枝条的呼吸强度高，苹果酸和可溶性糖含量均较多，但总氮和不可溶性氮含量则较低；Kessler 和 Monselise（1961）、N. A. LI（1966）等报道了苹果、梨、柑橘成熟叶片中 RNA 含量高，而童期和成熟期叶片中 DNA 的浓度则低。这些资料充分说明了童期 RNA 与 DNA 的浓度比率低，RNA 酶活性低，实生苗在苗期不能成花，与缺少负责合成成花蛋白质特定的 mRNA 这一中间合成的物质有关。R. H. Zimmerman（1972）认为在转化点上，有一个顶端分生组织代谢活动的根本变化，可能反映在特殊核酸、酶以及内源生长激素和抑制剂在数量上及其平衡上的变化。近半个世纪来，人们对于阶段性转化的机理进行了大量的研究，并有日益深刻地认识。要缩短果树实生苗的童期，提早结果，最主要的措施是加强营养积累和合理分配，提供良好的生长环境条件，提高管理水平，这就是加速植株生长发育、促进细胞分化、调

整树体内源激素的转变和平衡、促进性成熟过程等的关键所在。

二、营养繁殖树的年龄时期营养积累动态

营养繁殖树，已具备了开花能力，只要条件适当，仍能开花结果。其一生只经过生长、结果、衰老、更新和死亡的过程。但从开始繁殖起也要经过一段只进行生长、而不结果的幼年时期，但在生理上与童期不同，称为营养生长期，在起止时间上差别较大。

营养繁殖树年龄时期大致可分为5个时期，即营养生长期、生长结果期（结果初期）、结果盛期、结果后期和衰老期。

1. 营养生长期　营养生长期的特征为树体迅速扩大，开始形成骨架。枝条长势强，新梢生长量大，节间较长，叶较大，具有二次或多次生长，组织不够充实。

果树营养生长期的长短因树种、品种和砧木不同而有异。果树能否提早或延迟结果，取决于生态条件和管理水平。应用矮化砧和中间砧，是提早结果的有效措施。此外也可用其他技术来促进幼树提早结果。营养繁殖树，虽已具有开花结果的能力，但在定植初期还没有形成性器官的物质基础，所以不能开花，需要经过一定时期营养生长，为形成花芽奠定良好的物质基础。因此，凡是在幼树期，如能加强植株生长发育，促进营养积累，则在整株营养状况良好的基础上，有些局部同化、积累能力强的枝条，在其生长活跃的状态下，必然加强有机物质（糖、激素、氨基酸等）和矿质营养（磷、钾、钙等）的积累。并在温度、水分、光照等外界条件下协调促进质变，早期进入结果年龄。

总之，幼树生长期主要是扩大树冠、搭好骨架，预备结果部位，并在树体中积累各种有机和无机营养，为开花结果打好基础。因此，应采取的施肥措施是以氮肥为主，最重要的是迅速扩大营养面积，增进营养物质的合成和积累，并促进其合理输导与分配，使幼树从营养生长向生殖生长的迅速转化。实践证明，因地制宜地正确选择最佳施肥方案，培植营养生长健壮的幼树，可以做到生长和结果两不误，既可提早结果，又能持续丰产。

2. 生长结果期 即从开始结果到大量结果（盛果期）前具有的一定经济产量的这段时期。这一时期仍保持生长旺，离心生长强，分枝大量增加，树冠继续形成骨架，扩大快。根系也继续扩展，须根大量发生，果实多着生在树冠外围枝梢上部。随着年龄的增加，产量不断增加，骨干枝的离心生长缓慢，营养生长放慢，苹果、梨的中、短果枝逐渐增多，柑橘的春梢和外围较强的秋梢均能结果。

生长结果期仍以长树为主，树体结构已基本建成，营养生长从占绝对优势逐步过渡到与生殖生长趋于平衡状态。这一时期栽培管理的主要措施是轻剪，重肥即重氮轻磷、钾肥，继续深翻改土，建成树冠骨架，着重培养枝组，防止树冠无效分化，壮大根系，同时要创造良好的花芽分化条件，使果树尽早开花结果，并迅速地过渡到盛果期。

3. 盛果期 即果树大量结果时期。此期，果树的骨架和树冠已经形成。无论树冠或根系均已扩大到最大限度，骨干枝离心生长逐渐减慢，枝叶生长量逐渐降低，发育枝减少，结果枝大量增加，产量达到高峰。苹果、梨、桃尤以中、短果枝结果为主，逐渐转移到以短枝结果为主；柑橘以春、秋梢为主。新梢先端和根尖距离日愈增加，离心生长停止，向心生长开始。一般果树的树冠内部，向心更新后，枝叶与根端的距离也就自然地缩短，从而有利于养分的吸收转运、合成和代谢的进行。

果树盛果期的长短，因树种、品种、自然条件和管理水平不同而异。

盛果期的农业技术要点是既要调节花芽形成合理负载，又要防止树体早衰，防止大小年，保证单株内部和群体的通风透光条件，改善树体的营养贮备水平，使之优质丰产，延长结果年龄。因此，加强肥力管理十分重要，对盛果期果树施用氮肥，会增加果枝的生长势，有利于花芽分化；对生长势弱的老龄树施用较多氮肥，不仅能增强果枝生长促进花芽分化，而且还可以形成较多的新枝，增加结果部位。一般情况下，施用磷、钾肥即能增强花芽分化，又能促进枝条成熟，增加抗性。所以盛果期要特别注重氮、磷、钾肥配合施用，使果树的氮、磷、钾营养水平达到平衡，为生长与结实保持平衡创造条件。

4. 结果后期　即盛果期的延续时期，从产量开始持续下降，直到不能恢复经济效益为止。此期新生的枝梢表现衰老状态，生长量小。苹果、梨、桃等多为缩短弱小枝或短果枝群，结果枝逐渐加速死亡，向心生长加速，骨干枝下部光秃。主枝先端开始衰枯，骨干根的生长逐渐衰退，并相继死亡，根系分布的范围逐渐缩小。

离心生长停止是果树生长有限性的反映，其原因一是随年龄的增长，原生质和细胞液中生命活动的副产物大量积累，死亡细胞的数量在枝条与根系中不断增加，由于根系选择吸收，造成根系分布范围内有害盐类的积累，影响生长；二是进入生长点的营养物质，随着年龄的增加，其中有机物和矿物质的交换恶化，这是主要的原因所在。

此期初现时，应采取的施肥措施是深翻、扩穴、增施有机肥，为根系生长创造良好环境，改善根系，缩短外围，复壮内膛，控制产量，提高树体营养，进行强度更新，延长寿命。

5. 衰老期　即树体生命进一步衰老时期。树冠表现衰老状态，向心生长强，树冠外围几乎不能发生新梢。树体外围枝组逐渐枯死，果实小，质量差，产量低，抗逆性差。除某些复壮力很强的树种外，即使采取更新复壮措施也不能持久，经济价值不大，应及时砍伐清园，重新建园。

果树的生长和花芽分化在很大程度上取决于施肥情况，但正确地选择和实施最佳平衡施肥措施远非易事。实践证明，果树树体的营养状况，不仅取决于当年吸收营养的多寡，而且也受树体中贮藏营养多少的影响。所以在研究果树施肥时，要根据树体中贮存营养的状况，准确计算施肥的种类和数量，并合理确定有效施用时期。在果树计量施肥中认为，树体贮存营养状况是基础，而施肥则是调节树体营养的一种手段。因此，果树施肥与大田作物施肥不同，不能照搬"测土施肥"的方法。到目前为止，土壤肥力各因素的测定

结果中，只有 pH、盐渍化程度和毒害因子（钠、氯、硼等）3 项指标对果树施肥有直接的指导作用，而其他肥力指标，则只是间接地说明果树的营养。

综上所述，正确认识果树各个时期形态变化特征及养分积累动态，就可以针对其生长发育特点及对养分的需求规律，制订合理的农业管理措施，使之早结果，早丰产，延长盛果期，推迟衰老期。

第三节　果树年生长周期中养分变化动态

果树每年中的生命活动都随外界环境条件的变化而发生相应的形态和生理机能的规律性的变化，这种变化称为果树的年生长周期，简称年周期。果树年周期中的变化规律，是以生命周期变化为基础的，而生命周期的变化又是通过年周期的变化来实现的。果树的每一个年周期变化，并不是简单的机械重演，而是其生长发育完成生命周期的一个阶段性的环节。为了有效地协调使其有规律地生长发育，以达到高产优质的目的，合理施肥，既要了解果树一生中养分变化规律，又要掌握年周期的养分变化动态。

一、果树的生长与休眠

为适应一年中气候条件周期性的变化，果树的各种生命活动也相应地呈现周期性的变化，即随着季节气候的变化，有规律地进行萌芽、抽梢、开花、结实及根、茎、叶、果等一系列的生长发育活动。果树的年周期可大致分为营养生长期和相对休眠期。这两个截然不同的生命活动现象，尤以落叶果树表现更为明显。热带、亚热带常绿果树无集中落叶休眠表现，但由于低温和冷旱等胁迫，也可使之被迫进入休眠期。

果树的生长期与休眠期的长短与隐显，与果树种类、品种、树龄、树势、地质生态条件及管理措施有关。同一种果树在北方高纬度地区比在南方低纬度地区生长期短，休眠期长。同一地区的不同种类果树乃至不同品种其生长期与休眠期也各不相同。肥水过多、生长势旺的果树常比肥水不足的果树生长期长、休眠期短。深入了解果树自身年周期变化规律与环境条件的相关性，是进行果树品种区域化种植和制订相应有效的管理措施的重要依据。

二、果树各物候期中养分变化动态

果树随着四季气候条件的变化，有节奏地表现出萌芽、发根、开花、长枝、果实发育、落叶和休眠等一系列的外部形态和内部生理变化，这种生命活动的过程称为生物气候学时期，简称物候期。

果树物候期的特性是每一种果树过去长期在一定环境条件下形成的品种特性适应栽培环境条件的反映。每一个物候期的进行都具有一定的顺序性，但不同树种、不同品种其物候期的顺序有所差异。

所有物候期的变化，都是受一定外界条件综合影响的结果。果树对外界条件变化的适应性，首先是生理机能的改变，从而导致与其物候期相吻合的性状变异，而具有形态、解剖上相应的特征。因此，物候期的进展，是在既具备必需的综合外界环境，又具备必要的物质基础的条件下才能正常进行的。它可以表现为量的增长，也可以形成质的转变。因此，只有正确地了解和掌握果树各物候期养分变化动态，才能制订和实施合理施肥的有效措施，为丰产优质提供物质基础。

多年生果树的年周期中，首先是新梢生长，然后开花结果，在果实继续发育期间，又开始进行花芽分化与发育，为翌年开花结果打基础。不同物候期施肥，既影响生长，又影响花芽分化和开花结果，所以确定一种果树的最佳施肥期，要以连年优质丰产为前提，要以诸多因素综合考虑为依据，观察施肥效果，而当年的结果只当作参考。

以下分别介绍果树在一个年周期各物候期中养分变化动态和采取的相应农业技术措施。

（一）根系的生长与养分转运动态

果树根系是吸收营养的主要器官，其生长状况及吸收与合成功能对整株果树的正常生长结果至关重要。根系年周期中的生长及养

分转运动态,是在综合因素的影响下有其规律和特性。

1. 年周期中根系的生长及养分转运特点 果树根系没有自然休眠现象,只要条件适宜,即可以周年生长。但由于土温、水分等自然条件的变化,出现条件不适的情况,就被迫休眠,暂时停止生长,若条件变为适宜,则立即恢复生长。

① 果树根系生长及养分转运动态,在一年中常表现出周期性变化。各种果树在一年中大多有 2～3 次发根高峰(图 2-1)。而许多落叶果树的根系,会出现 3 次生长高峰。根系生长的高峰与枝梢生长交替进行,其主要原因是树体营养物质的自身调节与平衡的结果。当枝梢进入旺盛生长时,需要大量营养,此时根系因缺少营养而受到抑制。当枝梢生长趋于缓慢,并能合成营养时,则为根系旺盛生长创造了物质条件。

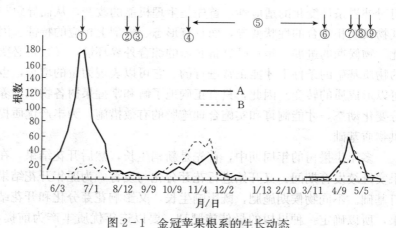

图 2-1　金冠苹果根系的生长动态
A. 土深 0～50 厘米新根生长　B. 土深 50～100 厘米新根生长
①秋梢开始生长,花芽分化　②长枝停止生长　③果实采收　④落叶
⑤休眠期　⑥萌芽　⑦初花　⑧枝条开始生长　⑨果实发育

② 在年周期中果树根系的生长与养分吸收、运转、物质的合成、累积与消耗伴随进行。当根系生长旺盛时,也是对营养元素吸收和有机物质合成的旺盛期。在休眠期,根系贮藏大量营养物质,而春季开始生长时,其营养大量消耗,至秋冬落叶之前又开始积

累，达到高峰，这一变化规律是进行果园土、肥、水管理的依据。

2. 根系在一昼夜内的生长动态及养分转运特点　根据对葡萄和李树的观察资料，夜间根的生长量和发根数均高于白天，而且根系在每天中也在不断地进行物质的暂时贮藏和转化作用。如地上部光合作用合成的糖，很快被转运到根部，在根内与根外土壤中吸收的二氧化碳发生反应，转化为各种氨基酸的混合物，很快被运到地上部的生长点和幼叶内。氨基酸用来形成新细胞的蛋白质，而原来与二氧化碳结合的有机酸，在酶的作用下，将一部分糖和二氧化碳重新释放出来，再参与光合作用。以这样方式产生的部分糖也能转运至根部再转化成有机酸，以后与根吸收的二氧化碳结合，再重新被运到叶部。这种循环在一天中是连续进行的。

3. 促进根系生长发育的施肥措施　果树根系的生长发育，除自身的遗传营养特性及受当地环境条件的约束外，在很大程度上还受肥水管理技术的支配。因此，创造良好的水、肥、热等土壤环境条件，促进根系的正常发育，是合理施肥的重要措施。

根据果树不同年龄期，根系生长的特点和早产、高产、稳产的要求，在果树的各年龄期和年周期中各物候期，所采取的施肥技术也有所差别。依据根系趋肥性原理，在幼年期的最初几年中，应深翻栽植穴，特别注意施底肥，引根向土层深处扩展，促进垂直根系的生长，为了早结果，对于生长 2～3 年的树，应配合施肥扩穴，夏季地表覆盖，以增进水平根的生长，并控制垂直根旺长；盛果期中，一方面要控制结果量，满足根系的营养需求，又要加深耕作层，深施肥料，增进下层根系生长发育，扩大根系吸收范围；衰老期应注意深耕，配合增施有机肥，促进骨干根的更新，以延迟树体老化。

年周期中，早春气温低，养分转化慢，应注意排水、松土，以利于提高地温，并施有机肥和适量速效化肥，以促根早发、多发；夏季气温高，蒸发量大，根系吸肥力强，要注意灌水、松土、施肥和覆盖，以保证根系旺盛生长；秋季和冬初，根系发生量大，吸收力强，并将吸收物质同化为贮藏物质，以防寒和供翌年早春地上部

的生长、开花、抽梢所需。因此，冬季宜适当耕作、合理施肥。严寒地区应注意培土保温，护根防冻。

（二）萌芽期养分转运动态

萌芽物候期标志着果树相对休眠期结束和生长的开始。此期是由芽苞开始膨大起，至花蕾伸出或幼叶分离时止。

果树有一年一次萌芽和多次萌芽之别。原产于温带的落叶果树一般一年仅有一次萌芽。原产于亚热带、热带，其芽具有早熟性的果树，如柑橘、枇杷、桃树等，则有周期性的多次萌芽。萌芽的早迟与温度、水分和树体的营养有密切关系。早春的萌芽由于有秋季贮藏的营养充足和适宜的温度，故萌发整齐一致。后期芽的萌发不整齐是因为受树体营养和水分条件影响所致。由于所发枝的类型、习性不同（即有结果枝、营养枝和徒长枝之分），其发枝和停长时期也不同，一般早发早停，迟发迟停。早停长枝有利于养分积累，形成花芽多；迟停长枝，一般营养积累少，形成花芽少或不能成花。

一般树体的营养状况与萌芽之间的相关规律是：树势强健，养分充足的成年树萌芽比弱树和幼树早；树冠外围和顶部生长健壮的枝较内膛和下部枝早萌发；土壤黏重、通透性不良或缺少肥料的树，根系生长与吸收不良，常迟萌发。

应当注意，早春萌发，并不是越早越好，因为在萌芽过程中，树体内大量营养物质水解，向生长点输送，树体抗寒力减弱，易受晚霜和寒潮的冻害。因此，北方地区早春易受寒害的果园，采取灌水、涂白等措施，以降低树体温度，推迟萌发开花，从而躲过冻害。

（三）开花期养分转化动态

开花是特别重要的物候期。开花期是指一棵树有极少量的花开放到所开的花全部凋谢为止。在开花过程中需要授粉受精的果树种类及品种，其授粉受精良好与否，与产量关系极大。生产上常采取有效措施，为顺利授粉受精创造条件。

在影响果树开花及授粉受精的诸多因素中，树体营养状况是重要因素之一。所有的果树，在结果期一年至少有一次开花，且大多是春季，但也有一些果树一年多次开花。少数果树多次开花是正常现象，如金橘、柠檬等。有一些果树第二次开花是反常现象，即开"反花"，不但不能收到果实，反而消耗营养，从而削弱树势，是病虫害引起早迟落叶或营养生长期过于干旱、骤然下雨所致。如苹果和柑橘的"反花"，采取保叶和灌溉措施就会避免，但对于葡萄，可采取摘心促进二次开花结果。

树体营养积累水平高，花粉发育良好，花粉管生长快，胚囊发育好，寿命长，柱头接受花粉的时间长，有效授粉期延长。若氮素缺乏，生长素不足，花粉管生长慢，胚囊寿命短，当花粉管达到珠心时，胚囊已失去生理功能而不能受精。因此，衰弱树常因开花多，花质差，而不能顺利进行授粉受精，产量很低。故生产上常在花期对衰弱树喷施氮肥和硼肥，以促进受精作用，达到增产的目的。

一般果树花前追施氮肥，花期喷施尿素均可弥补氮素不足而提高坐果率。硼能促进花粉发芽，花粉管伸长，增强受精作用。花前喷施1%～2%或花期喷0.1%～0.5%的硼砂，以提高坐果率。钙和钴等元素可促进枇杷、柿等未成熟花粉的发芽，钙有利于花粉管生长的最适浓度可高达1毫摩尔。

(四) 枝梢生长

枝梢生长是果树营养生长的重要时期，只有旺盛的枝梢生长，才有树冠的迅速扩大、枝量的增多以及叶面积和结果体积的增大。因此，新梢的抽生和长势与树体结构产量的高低和果树寿命密切相关。

枝梢的加长生长和加粗生长有着互相依赖、互相促进的关系。加长生长是通过新梢顶端分生细胞分裂和快速伸长实现的；加粗生长是次生分生组织形成层细胞分裂、分化、增大的结果。加粗生长较加长生长迟，其停止较晚。在新梢生长过程中，如果叶片早落，新梢生长的营养不足，形成层细胞分裂就会受抑制，枝条的增粗也受影响。如果落叶发生在早期，而且比较严重，所形成的枝梢就成

为纤弱枝。因此，枝梢的粗壮和纤细是判断植株营养生长期间管理好坏和营养水平的重要标志。

由于果树营养供应的相对集中习性（即营养中心学说），即"源"和"库"的有序转移规律，形成层细胞的活动也有顺序性，枝干年龄越大，形成层细胞开始活动越晚，其停止活动也越迟，营养的供应也随之发生转移。所以，树干的加粗生长最迟，停止最晚，其所需的营养，主要是由秋季光合的积累所提供。由此可知，树干每年的加粗生长，也是该树贮藏营养水平和一年中营养消耗与积累相互关系的一个重要标志。

新梢的加长生长要依赖一些特殊物质，一是依赖成熟叶片合成的碳水化合物、蛋白质和生长素促进叶和节的分化；二是要依赖展开的幼叶产生的类似生长素和赤霉素等物质促进节间的生长。

总之，新梢生长受多种因素的影响，树体营养和环境条件对枝梢生长的影响，都与结果有关。树体营养是枝梢生长的物质基础。一般地树体营养充足，枝梢抽发量大，长势强，生长时间长，较粗长；反之，新梢抽发量少，生长势弱，早停，且细短。

各种环境因素中以水分和温度影响最大。由于枝梢生长与根系活动关系极为密切，采取不同的农业技术措施，对果树枝梢生长所起的作用也不相同。凡是影响根系旺盛活动的农业技术措施，均能促进枝梢生长。相反，凡是阻碍根系生长与吸收的技术措施，就能缓和或抑制枝梢生长。因此，生产上常采取果树深翻断根来抑制枝梢生长，施肥灌水可促进枝梢的生长。特别是氮肥的作用更为明显。氮肥不足则枝梢生长极弱，而氮肥过多则枝梢易徒长。合理施钾肥，也有利于促枝梢生长健壮结实，但钾肥过多有抑制作用。由于肥水和土壤管理对调节枝梢生长有突出的作用，因此，土肥水管理是果树生产的非常重要的农业技术措施。

（五）叶的生长发育和叶幕的形成

1. 叶的生长发育　叶是进行光合作用、制造有机养分的主要器官，果树体内90％左右的干物质来自叶片。叶除了进行光合作用外，还进行呼吸作用和蒸腾作用。还可通过气孔及外壁胞质连丝吸收养分，因而常利用叶的这种机能进行根外追肥。常绿果树的叶，还有贮藏养分的功能。

每一种果树的叶，自叶原基出现后都经过叶片、叶枝和托叶的分化，一直到叶片展开和停止增大为止为叶片发育全过程。每一叶片自展叶起至停止增大所经历的时间长短因树种、品种、枝梢而异。单叶面积的大小，取决于其生长发育的时间长短。如叶生长期长，快速生长期日数多，其叶片就大；反之，则小。

由于叶片出现的时间不同，因而一树上具有各种不同叶龄的叶。春梢处于开始生长阶段，基部叶的生理活动较为活跃。随着枝梢的伸长，活跃中心便不断上移，而下部叶逐渐趋于衰老，叶色也由淡变浓。叶的光合效能，从幼到大依次增强，开始衰老时，便又降低。

2. 叶幕的形成　　树冠着生叶片的总体称为叶幕。幼树枝梢少，叶片少，叶幕薄，结构简单。随着树体的生长，枝梢增多，叶片量增大，叶幕变厚，叶幕结构也趋复杂。常绿果树叶片寿命长，没有集中落叶更换期，年周期中叶幕变化较小。落叶果树叶片春发秋落，年周期中叶幕变化较大。

叶幕形成的速度与强度受树种、品种、环境条件和栽培管理水平等的影响。凡生长势强的品种，幼年树以及以长枝为主的桃树等，叶幕形成的时间较长、叶片形成的高峰出现晚；反之，生长势弱，枝短型或势弱品种，老年植株，以短枝结果为主的品种等，其叶幕形成早，高峰出现也早。叶面积增大最快的时期出现在短枝停梢期。常绿果树在年周期中叶幕相对较稳定。

果树的光合面积和光合产量密切相关。叶幕的光合作用面积、光合作用强度和光合作用时间是决定果树产量的三要素。其次，叶幕的形式还与光合产物的合理分配与利用有关。因此，叶幕的厚薄与结构是否合理也与产量关系密切。

叶面积系数（总叶面积/土地面积）与叶面积指数（单株叶面积/营养面积）都能较正确的说明单位叶面积或单株叶面积数，其数值高则说明叶片多；反之，则少。

叶幕的结构又与单叶的大小，枝梢节间长短，长、中、短枝梢的比例，萌芽力和成枝力等综合因素有关。一般规律是，在一定范围内，单位面积产量与叶面积系数呈正相关。一般果树叶面积系数在 5～8 时是其最高指标，耐阴果树还可以稍高。叶面积系数低于 3 就是低产指标。但叶面积指数也只是表示光合面积和光合产量的一般指标，常因叶的分布状况不同，光合效能差异很大，这与品种、环境条件、栽培技术都有密切关系。树冠开张，波浪起伏，有利于通风透光，提高冠内枝叶量，增大光合面积。因此，要使果树优质、高产、稳产，在提高光合面积的同时，还要注意提高叶质，增进光合功能。

（六）花芽分化

果树花芽分化，是结果树特别重要的物候期果树通过一定的营养期，分化花芽，开始一系列的生殖生长，开花结果，形成经济产量。果树花芽的分化与形成的质量，一树上花芽与叶芽的比例，是树体营养状况、环境条件和栽培管理技术的综合反映，是决定果实高产、稳产、优质的关键。因此，掌握花芽分化的营养规律非常重要。

由叶芽状态开始转化为花芽状态的过程称为花芽分化。果树花芽分化是一个由生理分化到形态形成的漫长过程。

花芽的生理分化也是代谢方向的转变过程。在此期间，生长点原生质处于最不稳定状态，对内外因素的影响极为敏感，是芽内生长点决定发展方向的关键时期。生理分化是许多结构物质、调节物质、遗传物质和内源物质共同作用的过程和结果，而且是量变到质变的复杂过程。因此，促进花芽分化的有关措施，宜着重在花芽生理分化期进行，效果更好。

花芽通过生理分化后，即进入形态分化期。目前研究认为，生长点分化组织在未分化花芽前，是同质的细胞群。在内外因素的综合作用下，一些促进花芽分化的物质在生理活动中起主导作用，而另一些促进营养生长的物质的活性被抑制，从而花芽的各部分开始逐渐形成。

近1世纪以来，诸多科学工作者对果树花芽分化作了大量的研究工作，以揭示其生理生化机制。综观现有研究资料，花芽成因的论点，基本上可归纳为营养学说、激素平衡学说和遗传基因控制学说。随着研究手段的日益先进，目前一致认为，在营养物质的基础上，激素参与调节，导致花芽的分化形成。不论是营养繁殖或是实生繁殖的果树，也不论是幼年树或还是成年树，花芽的形成，必须有健壮的营养生长和足够的营养物质积累为基础。因此，凡是形成花芽结果的树，只要有了较大的叶面积，有了相当多的光合产物，且树势生长缓和，枝梢能及时停长，就能进行花芽分化。当枝梢停长后，树体代谢方向倾向营养积累，而部分处于易形成花芽的枝及芽开始积累更多的营养，在不同的时间内开始花芽分化。能否分化，取决于代谢方向的转化。许多研究结果表明，凡能影响枝梢淀粉的积累和含氮物质增加的因素，都能影响花芽分化的进程和数量（表2-1）。

从花芽分化形成的研究中表明，在花芽分化代谢方式的质变过程中，水分代谢、糖类代谢、蛋白质代谢以及酶类、维生素的种类都相应发生变化，而这些变化都是以光合产物和贮藏营养物质作代谢活动的能源基础和形成花芽细胞的组成物质的，故加强营养、增加光合产物的积累是形成花芽的前提。把营养生长和生殖生长对立统一关系分割开来，单纯用抑制营养生长和使用促花物质来促进成花结果，是不全面的，也不会收到好的效果。在生产实践中，外界条件和栽培技术措施，在很大程度上能左右花芽分化时期和花芽数量与质量。

矿质营养是影响花芽形成的重要物质之一。除氮、磷、钾以外，硼、锌和钼等微量元素对花芽分化和花器的形成均有影响，因此，花芽分化期喷施上述元素，均有明显的促花效果。

表 2 - 1　果树花芽分化的生理生化指标项目

指标项目	处于分化初期的花芽	叶　芽
碳水化合物总量	高（苹果 28%以上）	低（25%以下）
淀粉	很高（苹果 3.16%以上）	低或甚低（3.16%以下）
全糖	较高（苹果 1.14%以上）	低（1.14%以下）
全氮	较高（苹果 0.50%～0.87%）	很高或很低（1.2%以上或 0.5%以下）
蛋白质态氮（占全氮%）	高（苹果 70%以上）	低（70%以下）
与花芽分化有关的氨基酸种类	苹果：精氨酸，天门冬氨酸，谷氨酸等较多 柑橘：天门冬酰胺，丙氨酸，丝氨酸，γ 氨基丁酸等	其他氨基酸较多
氧化酶类的活性	强	弱
呼吸强度	大	小
RNA 含量	高（油橄榄 4.0%以上）	低（4.0%以下）
RNA/DNA	高（油橄榄 4.1%以上）	低（4.1%以下）
tRNA 含量	高	低
RNAse 活性	低	高
生长素含量	较低	较高、很高或很低
赤霉素含量	较低	高、很高或很低
乙烯含量	较高或中等	较低
脱落酸含量	较高或中等	很低或很高
根皮苷（素）含量	较高或中等	低
细胞激动素含量	高或较高	低
磷酸含量	较高（苹果叶 0.25%以上）	低（0.15%以下）
钾含量	较高	低
锌含量	较高	低
细胞液浓度	较高（苹果 0.6 摩尔/升摩尔浓度以上）	低（0.6 摩尔/升以下）

栽培实践证明，只有加强果树的土、肥、水管理，促使正常的营养生长，加速叶幕的形成，提高光合效能，积累足够的营养物质，才能创造花结果的物质基础，为早产、高产、稳产创造条件。近百年来，我国果农在生产实践中创造了许多促果树成花结果的经验，如新建果园，采用大窝大苗，重施底肥，栽后勤施追肥，前期重施氮肥，促进幼树生长健旺，快速长根，增加水平根的数量，同时促使树冠扩大叶幕形成，进而采取控水、增施磷、钾肥，控施氮肥，断根，枝梢加大角度，铁丝扎干等措施以缓和树势，充实新梢，改善树体营养状况，促进年年成花，达到高产稳产的目的；对结果过多、花芽不易形成的果树，采用疏花疏果，减少树体消耗，保持树体有一定的营养水平，促进花芽分化，达到年年丰收。此外，还可利用矮化砧，或喷施生长抑制剂，以减缓营养生长，避免树体营养大量消耗，从而达到成花结果的目的；对于幼年树、弱树，为了增强树势和扩大树冠，也常采用有效抑制花芽形成的方法，因而采取氮肥、灌水和喷施赤霉素等措施，以及加强修剪，以促进旺长，降低形成花芽的树体营养物质，从而促进营养生长，恢复树势。

总之，诱导花芽的形成成因，是互相联系，互相制约，甚至互为因果的诸多因素综合作用的结果。在果树生产上应因地制宜地采取措施，来促进或抑制成花结果，达到生长结果矛盾统一，使树体保持长期高产稳产优质。

（七）果实的发育和成熟

果实发育物候期，是指从授粉受精后，子房开始膨大起到果实完全成熟止。

各种果树果实从开花到成熟所需的时间长短，因树种、品种而异。如梨需 $100\sim180$ 天；柑橘 $150\sim240$ 天；桃 $70\sim180$ 天；葡萄 $76\sim118$ 天；而夏橙长达 $392\sim427$ 天。但栽培措施和环境条件也能支配果实发育期的长短。一般地干旱、强日照和高温等条件都能缩短发育期；反之，则延长。如成熟期灌水、增施氮肥，也会延长发育期；喷施激素也可以改变固有的生育期。

在开花期中经授粉受精的花，子房即开始膨大，继续发育成幼果，生产上称为坐果。果实体积的增长，树种间相差悬殊。在果实发育过程中，首先是果实纵径加长快，横径慢。一般认为同一品种在开花后果实纵径大的，具有形成大果的基础。据此即可以作为早期预测将来果实大小的指标，决定疏果的参数，又可以此评价树体的营养状况，以便制订相应的有效管理措施。

果实的大小、重量，取决于细胞数量和细胞体积的大小。果实细胞分裂，主要是原生质增长过程，常称之为蛋白质营养时期。这时期除要有足够的氮、磷、钾外，还可由人工施肥补充。而碳水化合物，只能由树体内贮藏营养来供应。

果实进入果肉细胞体积增大期，碳水化合物的绝对数量也直线上升，故常称为碳水化合物营养期。果实重量的增加主要也是在此期。此时要有适宜的叶果比，并为叶片进行光合作用创造良好外界环境。在一定限度内，叶越多，果越大。但枝叶过分徒长，亦会抑制果实的增大。因为枝叶过分徒长，在前期消耗贮藏营养，影响果实细胞分裂；在中后期，消耗养分影响营养分配，限制细胞体积的增长。只有叶果比适当，才有利于果实的生长和发育。

据分析，矿质元素在果实中含量很少，不到1%，除一部分构成果实躯体外，主要是影响有机物质的运转和代谢，因有机营养向果实运输和转化有赖于酶的活动，酶的活性与矿质元素有关。缺磷果肉细胞减少，对细胞增大也有影响；钾对果实的增大和果肉重量的增加有明显作用，尤以在氮素营养水平高时，钾多则效果更为明显，因为钾可提高原生质活性，促进糖的转运，增加果实干重。据分析各种肉质果实中氮、磷、钾的比例是 10.0：（0.6～3.1）：（12.1～32.8）；钙与果实细胞结构的稳定和降低呼吸强度有关。因此，缺钙会引起果实各种生理病害。

果实细胞的大小除与果实大小、外形有关外，还影响果实品质及贮藏力。一般果实细胞体积大、内含物质丰富，则肉脆、汁多，品质趋优。

从全面观点看，果实的生长发育从花芽分化前至果实成熟整个过程都与树体营养、水分和果实中的种子激素和外界温光等条件相关。

从果实正常发育长大的内因看，果实的发育决定于细胞数目、细胞体积和细胞间隙的增大，以前两种最为重要。细胞的数目和分裂能力在花芽分化形成期就开始受到影响，常说花大果也大，花质好坐果高，就是这个道理。细胞的大小与分裂能力、花芽分化至果实发育过程中树体营养（包括有机营养和矿质元素）水平有关。因此，从花芽分化前至果实成熟这一阶段树体营养充足，是坐果多、果实大、质量高的基础。

树体营养状况与水分适宜与否，除与合理施肥灌水有关外，主要是受自然温、光的影响。温、光主要是通过对无机营养和水分的吸收、有机营养的合成、水分的蒸腾、有机营养的呼吸消耗和积累等的影响，从而影响到花芽的分化和果实的生长发育。

果实发育与栽培管理的关系密切，坐果多少和果实的大小与产量和品质直接相关。为了提高产量和品质，应在上一年秋季注意防治病虫、保护叶片；增施氮肥、磷肥、钾肥和微量元素肥料，喷施必要的激素，提高植株光合效率；适当修剪，增强光照，增加树体营养积累，促进花芽分化充实。

在果实发育过程中，随着幼果的加速生长，需要更多的碳水化合物和含氮物质，上述物质主要由当年叶片光合产物供给，枝叶过多过少、生长过弱过旺均会影响到果实营养和水分的平衡，导致落花落果或果实畸形。因此，此期一定要合理施肥灌水。如坐果较少、枝叶茂密、有徒长趋势的果树，应适当控肥控水，防止落果加剧和果实品质变劣。果实发育到成熟阶段后，肥水供应状况，各种栽培管理措施等对果实品质也有很大影响。如氮肥过多，则风味变淡，着色不良，成熟推迟，耐贮性差。多施有机肥、合理修剪、增强光照和适当疏果是提高产量和品质的有效农业技术措施。

（八）果树的落叶休眠期养分变化动态

1. 落叶期养分变化动态　落叶是落叶果树进入休眠的标志。落叶果树从秋季枝梢停长到冬季落叶休眠，其组织内发生一系列生

理变化，这种变化称为休眠生理准备或组织成熟过程。此过程包括前期的养分积累和后期的养分转化两个阶段。

所谓养分积累，即新梢停止生长后，逐渐木质化，并随气温下降，光合产物消耗减少，积累增多，枝干的组织开始积累大量的淀粉和可溶性糖分及含氮化合物。其养分积累的时间一直延续到落叶前，其积累高峰期是采果后。因此，过早修剪对果树不利。

所谓养分转化，是指当秋末冬初，气温进一步降低，树体组织和细胞内积累的淀粉进一步转化为糖，细胞内的脂肪和单宁物质增加，细胞液浓度和原生质的黏稠性提高，同时根系也大量贮藏养分，而吸水能力减弱，树体内的自由水减少，细胞膜透性减弱。

落叶果树在完成养分积累和转化阶段，其叶片也发生一系列的变化。叶片中的叶绿素逐渐分解，光合作用、呼吸作用、蒸腾作用逐渐减弱，叶片中的营养物质及所含氮、钾大部分转移到枝梢和芽中，最后叶柄基形成离层而自动脱落，进入休眠。

常绿果树无明显的休眠期，只有叶片的新老更替，却无固定的集中落叶期，其叶片秋冬仍然能贮藏大量养分，以供给冬季花芽分化和提高抗寒性能。果树的正常落叶，是果树生长发育的正常现象，特别是落叶果树适时的落叶进入休眠，对果树越冬、翌年生长和结果都会有良好的作用。若果园管理不善，提前落叶，将会降低树体营养积累，降低抗寒能力；同时，芽苞不充实，翌年生长弱，坐果率低，果实品质差，有时出现当年秋季再次开花发芽的现象，更进一步消耗树体营养，易遭冻害。反之，若肥水过多，氮肥过剩，或施肥过迟，则新梢贪长，推迟落叶，树体组织不能及早成熟，不仅影响休眠，还会导致翌年萌芽不整齐、坐果率下降。

对于常绿果树，若管理不善，或遭冷害，冬季落叶过多，也会严重损失营养，削弱树势，则影响翌年生产和产量。

为了使果树正常落叶，增加营养积累，在果树生产上要特别注意，在秋季枝梢停长或采果之后及早进行松土、重施秋肥、防治病虫，以保护叶片不过早脱落，提高光合效率，增加营养积累量。同时又要注意控制施氮肥过多、过迟，适当控水，以防枝梢贪长，延迟落叶，以及营养的消耗和未成熟组织遭受冻害。

2. 休眠期养分变化动态　落叶果树的休眠，不仅能使果树适应不良气候，避免冬季低温对幼嫩器官或旺盛生命活动组织的冻害，而且也是生命周期和年周期中的各物候期顺利通过及继续生长发育的必要环节。如没有足够的休眠条件和休眠时间，就会影响其生长发育和开花结果。因此，休眠是落叶果树正常生长发育的必要过程。

及时进入休眠和控制过早解除休眠是使果树正常生长发育、提高产量和质量的一项重要农业技术措施。如为了促进落叶果树及时落叶进入休眠，常在秋季防止施肥过迟和氮肥过多及大量灌水，以免枝梢贪长，迟迟不落叶休眠。在我国南方冬季温暖地区，常采取早控水、断根、树干涂白等办法，以降低树体温度，防止过早萌芽，避免冻害。北方地区可采用适当浓度的萘乙酸溶液喷洒梨、桃、苹果等果树来延迟其萌芽，延长结果期。

第四节　果树树体营养物质的
生产与分配规律

果树树体内营养物质的产生、利用与各器官的建造、功能等有密切的关系。原则上讲，树体各器官生命活性的强弱、果实产量和品质的高低，完全取决于树体营养状况。因此，研究果树营养物质的生产、运输、分配、消耗和积累，并掌握其规律是果树栽培的重要任务之一。

一、年周期和不同年龄时期的代谢特点

果树在年周期中有两种代谢类型，即氮素代谢和碳素代谢。在营养生长前期是以氮素代谢为主的消耗型代谢。这种代谢过程，树体表现为生理特别活跃，营养生长特别旺盛。此期对氮素吸收、同化十分强烈，枝叶迅速生长，有机营养消耗多而积累少，因而对肥水，特别是氮素的要求特别高。在前期营养生长的基础上，枝梢生

长基本停止，树体主要转入根系生长，树干加粗，果实增大和花芽分化，光合作用强烈，营养物质积累大于消耗。此期是以碳素代谢为主的贮藏型代谢。在这种代谢过程中所进行的花芽分化和贮藏物质的积累，即为当年的优质高产提供了保证，又为翌年的生长结果奠定物质基础。

树体的这两种代谢是互为基础，互相促进的。只有具备了前期的旺盛氮素代谢和相应的营养生长，才会有后期旺盛的碳素代谢和相应的营养物质的积累。同时也只有上年进行了旺盛的碳素代谢和积累了丰富的营养物质，才会促进翌年的旺盛的营养生长和开花结果。所以春季的氮素代谢主要是以上年后期贮藏代谢的营养贮备为基础的。如果树体营养贮备充足，能满足早春萌芽、枝叶生长和开花、结实对营养的大量需要，这样既促进早春枝叶的迅速生长，加速形成叶幕，增强光合作用，促进氮素代谢，又有利于性器官的发育、授粉、受精以及胚和胚乳细胞的迅速分裂和果实肥大。如果留果过多，当年营养消耗过量、贮备营养不足，会使这两类代谢之间失去平衡，从而影响翌年的营养生长，进而加剧生长与结果的矛盾，导致大小年结果和树势衰弱。若果园管理不善，造成营养生长过旺，则会导致花少、果少、枝叶徒长、虽积累多但经济效益低。因此，为使果树早果、高产、稳产，其关键是前期必须满足肥水，特别是果树对氮肥的需求，以促进枝叶迅速生长成熟。在停长后期，特别是采果期，也应大量施肥，尤其是重施磷、钾肥，以加强树体光合作用，增加营养积累，促进翌年的正常生长和结果。

不同年龄期的果树其代谢也有差别。一般成年果树，枝梢停长早，其氮素代谢的时间短，碳素代谢时间长，因此营养开始积累早而多，能连年开花结果。也有部分树因开花结果过多，营养生长太差而氮素代谢和碳素代谢均较弱，不能结果，或发生大小年现象。而一般幼旺树常常贪长，其氮素代谢时间长，消耗多，碳素代谢时间短，营养积累少，故常不成花结果。

果树的两种不同代谢的平衡关系，与树体的营养生长、树冠的扩大、树势强弱和早产、稳产、高产关系密切。故生产上常采取有效农业措施，调节两种代谢的转化，来提高产量。为了使幼树迅速扩大树冠和成年树恢复树势，常采取多施氮素肥，延长其生长时间。为使幼树早投产，旺树高产，则需采取早控氮肥，多施磷、钾肥，环割环剥等措施以促进碳素代谢，迫使枝梢早停长，增加营养积累，促进花芽分化和果实增大。

二、营养物质的生产

果树的营养物质以及生物产量的 $90\%\sim95\%$ 是自身绿色部分进行光合作用的产物，$10\%\sim15\%$ 为根系从土壤中吸收的矿质营养。如果绿色部分及根系生长差、功能弱，就会影响到果树营养物质的生产，特别是对绿色叶片的光合作用影响更大。

果树的绿色部分特别是绿色叶片是进行物质生产的主体，而叶片光合产物的多少，与光照的强弱，叶片的面积大小和质量以及所供给的二氧化碳、水分及温度等条件密切相关。研究表明，目前果树生长上平均光能利用率不到 1%，这充分说明通过进一步提高光能利用率来提高果树的物质生产水平，其潜力相当大。影响光能利用率的因素有以下几点。

1. 光能的截获量　光能的截获量与叶片大小、数量、分布直接相关。如单叶大，数量多，总面积又着生均匀，互不重叠，则接受光量就多，光能利用率就高，有机营养生产就多。但是，若过高地要求叶面积大，则又会导致叶面生长过密、互相荫蔽严重，反而降低光合效率。异化作用的叶面积增加，同化产物下降。因此，任何果树的果园叶面积系数，只能允许在某一适当范围。生产上常用整形修剪的方法，以合理安排树冠结构，使之获得更多的光能，增强营养物质的生产力。

2. 肥水和二氧化碳　树体在光合作用过程中所产生的有机营养物质的多少，与肥水的供应和二氧化碳充足与否关系密切。施肥浇水及时，光合作用过程中各种矿质营养元素及水分充足，而且各种有效矿质元素比例适当，同时果园空气流通舒畅，保持二氧化碳浓度适当，则光能利用率高，生产的有机营养物质就相应增多。反

之，如肥水缺乏，果园通透性差，必会缺乏进行光合作用所需的各种营养元素、水分和二氧化碳，则导致光合效率下降，光合产物减少。

3. 叶片高光能时间长短的影响　正在旺盛生长的幼叶，特别是在叶色尚未变绿以前，其叶绿体很少，光合能力极弱，同化力差，异化力强，生产的有机物质往往少于呼吸消耗的有机物质，一般少有营养物质积累。因此，前期幼叶生长发育很慢，成熟过程太长，相应缩短了高光合作用成熟叶片的高光合效应的时间，也相应地减少了后期营养物质生产和积累的时间，不利于营养物质的积累。所以，生产上必须在萌发前追施速效肥，加速幼叶生长成熟，及早停长，以减少树体营养的消耗和提高光合作用，促进营养物质的生产和积累。

4. 温度的影响　每一种果树进行光合作用最适宜的温度在20～30 ℃范围内。温度过低、过高，其光合效率都会随之降低。在我国大部分果产区的4～6月和9～10月，其温度正保持在20～30 ℃的范围内，因此，此期应加强管理，施足肥，浇足水，合理修剪，保护好叶片，保证高光合速率时期的各种营养元素及水分供应，使果园通气，光照良好，加强树体营养物质的生产积累。此外，7～8月高温季节，采取地下灌水、树冠喷水、地面覆盖等措施，不仅有防旱作用，而且有降低土温和树体温度、增强根系吸收力和增强光合作用及降低呼吸作用、促进营养物质生产和积累的效果，也是一种提高产量和质量的有效措施。

三、果树营养物质的运转和分配规律

果树体内的营养物质一经合成，一部分被呼吸消耗，一部分用于建造各器官而向需要的器官转送。在转运的过程中也存在着转化与再次合成的问题。这一过程又与环境条件紧密相连。果树营养物质的运转和分配有其局限性、异质性和养分分配中心等规律。

1. 营养分配的不均衡性　由于各器官对营养物质的竞争力不

同，所以运至各器官的营养物质是不均衡的。一般规律是代谢旺盛的器官获得的营养最多。就枝条而言，以位置最高而处于极性部位的枝条代谢最旺，所获得的营养最多，生长较强；方位低、代谢机能弱的枝条，得到的营养较少，生长较弱。这就造成了树冠不同部位的生长发育进程和功能强度上的差别。

果树对营养物质分配的不均衡性，在不同发育时期各有其特点。例如，在萌发开花期，主要是花与叶片的竞争。芽或花代谢最旺盛，获得的营养物质最多。在幼果发育时期，主要是新梢与幼果的竞争；此期新梢和幼果同时进入旺盛生长期后，营养物质分配的器官便集中于新梢和幼果。因梢和果代谢均强，导致争夺营养的现象。在营养水平低的条件下，矛盾常常激化，因而造成落花落果。为了保果，生产上常采取调整枝条角度、变换枝条方位、调节负载量等方法，可以有效地调节营养分配，促进营养生长和生殖生长相互协调、平衡发展。

2. 营养分配的局限性　由于果树各部位枝条类型不同，叶量分布不均，营养物质运输到各部位，各器官的距离有差异。因此，营养物质在运输和分配上存在着局限性。一般情况下，营养枝运出营养物质的量随其运输距离的增加而减少。营养枝由于有较大的光合能力，其同化产物除自身消耗外，还可输送到同一母枝上的其他营养枝和果枝中。短枝和果枝中的运输量全年中均较稳定。中、长果枝的同化产物，在花芽分化期中主要供给花芽分化，以后便贮藏在母枝中或运往附近的短枝中，所以中、短枝在树冠中有季节性的调节作用。短枝的营养物质，一般留于本枝中而没有外运的可能，但在果实迅速生长期也有部分运入果实中。果实生长发育初期也有一定的同化作用，但主要是靠枝梢的营养供应。营养枝间基本没有营养物质相互输送供应调节的作用。因此，营养枝在树冠内的均匀分布，一般对调节营养、均衡树势、保证各器官的形成和果实产量均具有重要意义。徒长枝在生长过程中，生长量大，营养物质消耗多。因此，会胁迫附近枝梢的营养物质向徒长枝运输。因为一般正常主枝之间没有营养运输的相互关系，所以常出现部分主枝

营养积累多、花多果多，而另一部分大枝因生长过旺或过弱，营养积累少，花少、果少或果实小。由于果树营养物质运输分配带有某些局限性，生产上常通过整形修剪来合理调整树冠各部位营养枝的分布、结果枝与营养枝的比例，以达到内外、立体均匀结果的目的。

3. 营养分配的异质性 营养物质的分配，由于器官及其发育时期不同，而有质的差别。根对各种营养元素的吸收具有选择性，对所吸收营养物质的分配，受顶端优势和细胞渗透压梯度的影响很大，并且与蒸腾面积和输导组织的数量呈正相关；而同化产物的分配，除受代谢强度的制约外，还受器官类型和不同生长阶段营养中心的影响，运输的局限性强。因而形成树体不同部位、不同时期两类营养物质结合运输方向、于形式和分配比例上的差异。这些差异会影响器官的类型和形成速度，也是造成结果早晚和产量的重要因素。

营养物质的运输分配的异质性与同一树各器官生长发育进程差异性的相互作用，使果树表现出集中运输与分散需要、营养生长过盛与分化需要不足的矛盾，从而直接影响到花芽分化和结果。为解决此矛盾，除了从施肥时期和种类上进行调节之外，还可通过根外追肥，增加有机营养的生产和抑制过旺生长，疏花疏果，减少养分消耗等措施来调节。

4. 营养分配的集中性 营养物质在树体内的运输分配随物候期的变化而调节方向、部位和数量。即在不同的物候期，营养物质分配运输的重点器官不同。通常是在某一物候期内生长发育最快和代谢作用最旺盛的器官，所获得的营养物质最多，而其他器官则较少。这种集中运送分配营养的现象，常与这一时期生理活动最旺盛的中心相一致。所以称之为营养分配中心。

营养物质分配运输的集中性，是果树自身调节功能的一种特性，也是保证重点器官形成的必要条件。从物候期的变化看，一般落叶果树二年内营养集中分配中心可分为 4 个时期。

（1）萌芽和开花。这一物候期是果树年周期中出现的第一次生理活动旺期，其养分分配中心集中在萌发和开花。此期主要是利用上年的贮藏养分，处于消耗阶段，以开花消耗最多。如果花量过多，消耗大量营养物质，必然影响新梢和根系生长，进而影响当年的养分积累和翌年产量。在生产上常采取早春施肥、灌水和早期疏花疏果等措施以补充营养，调节花量，促进营养生长，提高坐果率。

（2）新梢生长和果实发育。新梢生长和幼果发育二者在时间上几乎是同时的，而且二者生理活动又特别旺盛，需要营养极多，营养竞争很激烈，所以此期是一年中营养分配的紧张阶段。此时营养分配集中供应在果实和枝叶上。如果营养生长过旺，势必影响果实发育，甚至因营养不足而造成大量生理落果；反之，若结果过多，消耗了大量养分，则会明显抑制新梢生长。

章文才（1962）等用 ^{32}P 在华农 1 号苹果上的示踪试验结果表明，当芽刚萌发时，^{32}P 运转到短果枝中多于运到顶梢中。在 5 月 6 日第一次生理落果后测定，修剪树顶梢含量多，完全不剪或不剪疏花树顶梢含量少。5 月 30 日新梢生长减缓时又出现运转到顶梢的营养物质少于短果枝。强树上输入延长枝的 ^{32}P 超过结果枝，而在弱树上差异则不大。脱落果含量小于坐果，而且树越弱、输入果实中的 ^{32}P 越少（表 2-2）。由此可见，留果量越多则枝梢的延长生长和结果间的矛盾越大，营养生长与生殖生长对于营养物质的竞争越激烈。缺肥水可以使枝梢生长所需的肥水和营养物的供应占优越地位，造成生理落果率升高。

（3）幼果发育和花芽分化。这一时期形态上新梢生长的高峰已过，大部分短枝已停止生长，开始进入花芽分化期，果实则正在加速生长，养分的分配中心已由新梢生长转到花芽分化和果实发育。在养分竞争上，主要表现为花芽分化和果实发育的矛盾。营养的主要来源是由当年形成的营养器官制造和供应。如果新梢后期继续旺长，对花芽分化和果实发育的影响尤其严重。所以，控制枝梢的后期旺长，合理施用磷、钾肥，既有利于花芽分化，又有利于果实发育。

表 2-2　华农 1 号苹果树^{32}P 运转的趋向

树　　势		强　　树		弱　　树	
新梢总生长量（厘米）		19 969	26 637	19 969	19 539
每米平均花簇数		1.78	0.92	2.13	4.31
延长营养枝	第一次落果期	316.5	1 058.0	365.5	287.0
（净脉冲/分钟）	第二次落果期	215.5	169.5	105.0	149.0
结果枝	第一次落果期	181.0	484.0	138.0	194.5
（净脉冲/分钟）	第二次落果期	77.0	88.0	68.0	98.5
留着果	第一次落果期	272.5	544.5	188.5	288.5
（净脉冲/分钟）	第二次落果期	135.0	119.0	69.5	86.5
脱落果	第一次落果期	118.0	—	—	66.0
（净脉冲/分钟）	第二次落果期	70.0	65.5	95.5	96.0

（4）果实成熟和根系生长。在营养生长逐渐停止，果实迅速增长，其内含物的生物化学变化速度加快时，当年的同化营养物质，除大部分继续向果实输送外，小部分则向树干、骨干枝和根系等贮藏器官运转。当果实采收后，绝大部分回流集中于果树体内，同时根系转入冬前的旺长期。这一时期的关键是加强后期管理，保护好叶片，促进其同化功能，尽量提高叶面的光合强度和积累力度，提高树体营养贮藏容量，为根系生长、花芽分化、翌年的生长发育创造物质条件。

总之，果树生长发育和整个生命活动都以营养物质为基础。只有充分了解营养物质的分配和运转规律，采取有效的综合栽培技术措施，来增强营养物质的合成和积累，使其适时适量的用于营养生长和生殖生长，及时地解决各个发育阶段所发生的营养物质分配与竞争的矛盾，以便获得高产、优质的果品。

四、营养物质的积累与消耗

果树依靠自身的绿色部分的同化作用不断地进营养物质的生产和积累，同时各部分又在不断进行呼吸作用，消耗所产生和积累的营养物质，放出能量，维持其正常生命活动。特别是在根和枝叶生长旺季、盛花和盛果期，其呼吸作用越强烈，消耗越多，而被转化运输、构建新的组织和器官的营养数量亦越多。就落叶果树而言，生长季节的前期主要是消耗，没有物质的积累，当新梢停止生长且叶片发育成熟时，光合能力强，生产又大于消耗，开始了营养物质的积累，而积累的多少又直接关系到产量的高低。

为了提高产量和质量，前期的消耗是必要的，而后期的合理消耗也是必不可少的。但是消耗必须适度，建立消耗与积累的平衡关系。若前期用于生长消耗过大，就会造成枝叶徒长而不利于坐果；若后期的树势过旺，消耗过大，则果实发育不良，产量低，品质差，树体营养积累少，不易形成花芽，花质差，树体抗性低，冬季易遭冻害。

果树不同的年龄时期和年周期中的不同物候期，其树体营养物质的积累和消耗情况也有很大差异。一般幼年树贪长，营养生长期长，高效率光合叶片比例小，枝叶常旺长，营养消耗多，积累少，故树体内营养物质积累水平低，不易成花结果；成年树大多树梢停长早，大型高功能叶片比例大，营养物质生产时间长，故树体内营养积累水平高，易成花结果；老年树和衰弱树营养生长时间过短，生长量又小，叶片小而少，吸收和生产的营养物质少，但消耗也少，故易坐果，但树体营养水平低，后期不能成花，常导致大小年结果现象。

在一年中，果树前期营养消耗占优势，难于积累；中期果实生长发育也需消耗营养，故积累也很少；采果后枝叶停止生长，而叶片已成熟，光合功能强，此时气温适宜，呼吸作用大大减弱，消耗少，是树体营养积累的重要时期。生产实践证明，秋季进行保叶，合理施足各类必需的矿质元素肥料，并注意抑制后期枝梢抽发，是恢复树势、提高花芽质量、增强树体抗性、克服大小年、达到高产稳产的有效措施。

果树积累贮存的营养物质主要是以淀粉为主的碳水化合物、蛋白质和脂肪等，这些物质主要贮存于皮层、韧皮部、薄壁细胞及髓

部和根中，其中以地下根部贮存最多。落叶果树叶片中的营养物质，如氮和钾等，在落叶前绝大部分回流到枝干，而常绿果树的叶片也是营养物质的贮存器官。故非正常落叶是一种养分损失，不恰当的修剪同样也是一种损失。

果树营养物质的贮存，又分为底质贮藏和季节性贮藏。底质贮藏是贮存于木质部和髓部，因此，果树的分化水平、适应能力及树势状况等都取决于底质贮藏的水平；季节性贮藏是调节不同季节供应物质水平的一种贮藏，它能促进各器官建造节奏和功能，保持一定的稳定性，保证底质贮藏水平年年有所增长，并使季节性贮藏及时，消长稳定平衡，是制订栽培措施和确定结果量的可靠依据。

除了果树各器官生长发育进行呼吸作用需消耗大量的营养物质以外，不利的气候条件和不适宜的农业管理措施也会增加营养物质的消耗，如干旱、高温、过强的光照、病虫危害、二氧化碳供应不足、施肥浇水不当和采果不适时等均会增加营养物质的消耗，减少生产和积累。

贮藏营养是多年生果树区别于一年生作物的重要特征，它为果树一年的生长发育奠定了物质基础，而且也对生殖生长的重复进行和因两类器官同时生长发育而造成营养竞争进行调节和缓冲，同时对不适应的环境条件或施肥不及时，起到暂时的调控作用，从而减缓或避免生理失调病害的发生。因此，生产上采取均衡树势、提高树体营养水平的农业措施，是增强果树抗逆性和持续高产优质的关键。

第三章

北方果树需肥特性与施肥

对于多年生长在同一地点的果树，每年都要从土壤中吸收大量营养物质，同时也排出一些废物，不断改变着土壤环境。合理施肥，就是及时适量地供给果树生长发育所需要的营养元素，并不断地改善根际土壤的理化性状，为果树健壮生长创造良好的环境条件，以提高果实产量和品质，提高肥料利用率，降低生产成本，减少或防止肥料污染。因此，在制订果园施肥制度时，必须注意果树的营养特点。由于果树一般都是在结果的上一年就形成花芽，因此，果树的产量不仅取决于当年树体的营养水平，同时又与上一年树体的营养积累有关。施肥既要保证当年高产，也要为连年丰产打下基础，以促进花芽分化，积累贮备养分；此外，还要注意不同树种、品种、砧木以及树龄的需肥规律，经常保持树体适宜的营养平衡，增强树体活性，提高其抗逆能力，延长结果年限。

第一节　果树根系的营养特性与施肥

根系是果树的重要组成部分，它既是果树的主要吸收器官，又是果树的主要贮藏器官。果树根系可以从土壤中吸收水分和养分，供地上部生长发育所需，同时还能贮藏水分和养分，并能将无机养分合成为有机物质。近年来研究证明，果树的根还能合成某些特殊物质，如细胞激动素、赤霉素、生长素等激素以及其他生理活性物质，对地上部的生长与结果起着调节作用。根在代谢过程中分泌的酸性物质，溶解土壤养分，使之转化为易于吸收的有效养分。同时

有些根系分泌物还能活化根系微生物，促进微生物活化根际土壤养分的作用。果树根系与地上部、根系与根际微生物是相互作用、相辅相成的。果树根系吸收水分和养分的容量与根的数量、内吸速度等诸多因素有关。因此，研究根系的结构与分布、根的生长习性是合理施肥的重要理论依据。

一、根系的结构与分布

果树根系分布的深度和广度，根系密集层的位置，年周期中根系生长的动态变化，以及随着树龄的增长，根系生长发育的进程，根系吸收和输送，贮藏水分、养分的能力等，均与土壤环境、施肥技术等密切相关。

1. 根系的结构　果树的根系，通常是由主根、侧根和须根组成的。生长粗大的主根和各级侧根构成根系的主要骨架，统称为骨干根。

（1）主根和侧根。主根由种子的胚根发育而成。只有实生繁殖的树体才有主根和真正的根颈。营养繁殖的树体，其根系或来源于母体茎上的不定芽，如葡萄、无花果扦插繁殖，苹果矮砧压条繁殖，荔枝、龙眼高压繁殖，草莓的匍匐茎等；或来源于母体根上的不定芽，如枣、石榴、樱桃等的分株繁殖的个体。它们均无真正的主根，也无真正的根颈，因此，果树根系根据其发生来源，可分为实生根系、茎源根系和根蘖根系3种。实生根系一般主根发达，根系较深，年龄阶段较幼，生活力强，适应能力强；茎源根系和根蘖根系，其主根都不明显，根系较浅，年龄阶段较老，生活力和适应力都较弱。

主根具有向地性、避光性、趋肥性、垂直向下延伸的特点。

果树主根上分生的侧根，根据其在土壤中分布的状况而分为垂直根和水平根两种。

垂直根是与土表大体呈垂直方向向下生长的根系，大多是沿着土壤中的缝隙、蚯蚓及其他动物的通道向前伸展。果树根系的深浅依树种、品种、砧木、土层厚度及其理化性状等不同而异。如核桃、山核桃、银杏、香榧、柿的根系最深；梨、苹果、枣、葡萄、甜橙次之；桃、李、石榴、香蕉、凤梨较浅，垂直根不发达；果树砧木，通常乔化砧的垂直根远超过矮化砧；山地生长的果树根系生长受土层深浅和岩基分化程度的影响很大，山地土层薄，多数根系分布比平地的浅，地上部与地下部的比例（T/R 值）一般比平地生长相对较小，但抗旱能力却较强；在土质疏松、通气良好、水分和养分充足的土壤中，根系发育良好；在地下水位高或土壤下层有黏盘层、砾石层的条件下，根系下扎明显受阻。据浙江农业大学（1964）对徐州果园调查结果表明，在地下水位高的一级阶地的苹果，其根系分布于 1.0 米土层内；在土层深厚、地下水位低的二级阶地，根系可深达 3.6 米以上。一般入土深度常比树高小。例如，苹果根系，在一般平原土壤中分布深度为树高的 40%～70%，而在瘠薄的山地仅为树高的 10%～20%，但却常能见到有较少量的骨干根可以深扎入心土岩石的裂缝中。

水平根大体沿着土体水平方向生长，它在土中的深度和范围依土壤、树种、品种、砧木不同而各异。就分布深度而言，一般与上述垂直根入土的深浅基本一致，即垂直根入土深的树种、品种、砧木、土质，水平根分布也较深。如香蕉、菠萝等宿根草本果树，大多数分布在土壤表层；温州蜜柑、桃、李等分布较浅，多在 40 厘米左右的土层内；苹果、梨则更深些；柿、核桃、银杏等分布深。就水平分布的范围而言，也与树种、品种、砧木、土壤环境等密切相关。如矮化砧较乔化砧的水平根发达；土壤深厚肥沃，管理水平高的果园，根系水平根的分布范围比较小，而分布区域内的须根特别多；在干燥瘠薄的山地土壤中，根系则能伸展到很远的地方，但须根很稀少。

（2）吸收根。在各级骨干根上分生着许多较细的根称为根基，也称为须根。须根的先端发生的初生根即根毛称为吸收根。吸收根的分枝性极强，构成吸收根群，为吸收水分和养分的主要器官。吸收根的寿命很短，一般只有几天或几个星期，随着吸收根和新根的木栓化而死亡。但有个别树种，如伏令夏橙的根毛，能木栓化生存几个月，甚至几年。有些亚热带、热带的果树，如大多数的柑橘、荔枝、龙眼、杨梅、板栗、杧果、番木瓜以及长山核桃等具有菌根，一般不具根毛，菌根的菌丝体在土壤水分低于凋萎系数时，能从土壤中吸收水分，同时也能吸收养分，而且还能分解吸收土壤中磷素，供应果树生长所需的营养，与果树有共存共荣的关系。

某些果树的根系，为了适应特殊的生态环境而发生特异的进化，因而形成某些变态根以进行着特殊的生理功能。如香蕉的根，基部粗壮肥大，称之为肉质根，可以贮藏大量的水分和养分；还有些果树，如面包果、无花果、葡萄、樱桃、椰子以及某些苹果品种如凤凰卵、君柚、黄魁等，在其主干、主枝上附生有气根，这些气根可以吸收空气中的水分。

2. 根系在土壤中的分布　根系在土壤中的分布情况受砧木种类、品种、树龄、土壤条件、地下水位、地势、栽培管理技术的影响很大。

果树根系的横向分布范围的直径，总是大于树冠的冠幅，一般从第二年起，即超出树冠范围，为树冠冠幅的 1.5～3.0 倍。土壤愈瘠薄，则根系分布愈广，这有利于根系扩大养分的吸收面积。据中国农业大学观察，赤阳苹果的根系分布可达树冠冠幅的 4.7 倍。河北农业大学观察，8 年生的麻枣可超过树冠的 6 倍。根系在树冠内外的比重，一般情况下都分布在树冠冠幅范围之下，尤其是树姿开张的树种，更是如此。距主干越近处，根的密度越大，水平根越浅；远离主干处水平根越深。而树姿直立、树冠紧抱的树种，虽然大部分根系集中于树冠下部，但有较多部分的根超出冠幅范围。因此，在深施基肥时，施肥沟的适宜位置，可根据树姿开张或直立程度作相应的判断。

果树根系在土壤中的分布，有时还表现有明显的层性，各层的生长习性因树种、品种、砧木、土壤条件等不同而各异。最上层分根性强，角度大，分布范围较广，因为距地表较近，易受环境条件变化的影响；下层根分根性弱，角度小，分布范围也较小，因为距地表较远，受地上部环境条件变化的影响较小，在周年中的生长活动延续时间较长，甚至可以不停止生长。根系层性表现愈明显，便越较广深地分布于上下土层中，有利于广泛地摄取土壤中的水分和养分，而增进地上部的水分和养分供应能力，增强抗旱、抗寒、抗热、抗风的能力。

二、根系的生长习性

研究根系生长习性的方法主要有以下几种。

1. 总根量　总根量是最常用的表示根系生长状况的指标。它可以表示出根系的吸收量，也可以在树种或品种间进行总根量的比较，还可以了解各树种或品种根系的特点；而在品种内进行比较，则可表示出有关单株根系发育的优劣。通常总根量是用干重克数表示，有时也用根系总长度或总表面积来表示。

2. 吸收面积　测定根系的吸收表面积也有助于求得吸收容量。估计吸收根的总表面积，一般是把根系浸入稀酸溶液里，然后排除酸液，再把根上吸附的酸洗下来进行滴定。

Williams（1962）设计了一种快速阴离子吸收比色法，用吸附在根系上阴离子染料的数量来估计根的表面积。用这种方法比较各处理间根系的发育状况，可以获得较理想的结果。

3. 根系的垂直分布　调查土壤剖面不同层次各级根的数量，可以了解根系的分布深度，及根系在不同土层中的密度。在同一生态条件下，果树单株间根系数量的绝对值可能有所差异，但不同层次中根系的比例都是相似的。这样就可以用来比较不同生态条件下根系生长的差异。果树根系垂直分布的差异，还可以反映不同土壤类型中各个层次养分和水分的供应状况，也能反映果树的抗旱能力。

4. 果树根系的水平分布　调查果树根系的水平分布状况，可以了解吸收根的密集分布范围，以此决定行间耕作或施肥位置，同时也可为果树栽植密度提供重要依据。

5. 果树侧根的数目及其直径　直径大小相同的细根愈多，表示根系生长愈好。

6. 果树根系的发育过程 主要观察根系的生长速度、分布范围、根的颜色、粗细和构造等。例如，在富含铝的酸性土壤中，根系会变粗，分叉能力减弱，根尖失色；在缺钙的土壤中，原生根会呈半透明状，停止延伸，根尖变褐，甚至死亡。在高 pH 的土层中，根系皮层变粗糙，迅速老化，白色根减少，根尖锈死。当根系向下伸展遇到紧实土层时，根尖变得钝而粗，继而停止向下伸展，沿着紧实层的界面横向伸展。在电子显微镜下观察，紧实界面上的根尖细胞亦呈短粗状。

第二节　果树营养特性与施肥

果树是多年生木本植物，其营养特性与大田作物不同，在其生命过程中需要多种营养元素，每一种营养元素都有其特定的生理功能，且互相不可替代。在果树生命周期中需要量较多的营养元素称为大量元素，如碳、氢、氧、氮、磷、钾、钙、镁、硫等；需要量较少的称为微量营养元素，如铁、锰、锌、铜、硼、钼、氯等。从果树营养与施肥的角度出发，主要考虑氮、磷、钾、钙、镁、硼、铁、锌、锰、铜等十几种营养元素的适量供应及其在树体中的转化与积累等问题。

一、果树的营养生理特性

矿质元素是调节果树的根、枝、叶和果实的生长及其机能的。它们在树体内和土壤中及其元素间的相互关系是非常复杂的，既有协助作用又有拮抗作用，这两种作用又因树种和元素间的相对浓度以及环境条件的改变等而有变化。为了更合理地调控果树的营养平衡，提高果实的产量与品质，掌握各矿质元素对果树生长发育的生理作用以及元素间的相互关系是非常必要的。

1. 果树氮素营养生理 果树根系吸收氮素后，即开始进行有机合成作用。首先，根系吸收的硝酸盐在细胞质中经硝酸还原酶的作用，先还原成亚硝酸盐，亚硝酸盐在叶绿体中经亚硝酸还原酶的作用再还原成氨。在硝酸盐还原的部位能影响附近的 pH。如苹果树吸收的硝酸盐在根部还原时，可提高根际的 pH。研究表明，根际高 pH 容易导致缺锌。

　　根系吸收的氮，立即与从叶子运送下来的光合产物进行化合形成氨基酸，在根中主要的合成产物是天门冬氨酸和谷氨酸，然后以氨基酸的形式向果树地上部转运，再合成蛋白质和核酸等高分子化合物。如果树体发生生理障碍时，会使铵积累在根中而产生毒害作用，并会阻碍根系进一步从土壤中吸收铵离子和其他阳离子，还会阻止硝态氮还原成铵态氮。

　　氮能促进光合作用。树体氮素营养正常时，可促进幼嫩枝叶的生长，叶面积增大，叶绿素含量高，叶片光合强度增大，产物增多，同时也利于促进根系的生长和对养分、水分的吸收。

　　氮素在树体内可被再利用。输入叶中的氮合成蛋白质后，还可水解成氨基酸，再从老叶运输到新叶中去，供新叶生长。因此，树体缺氮可先从老叶中表现出来。

　　在正常情况下，果树进入休眠之前，叶中氮会转移到贮藏器官中去，一部分进入树皮，而另一部分回到根系。根和树皮中贮存的氮非常重要，是翌年春枝叶开始生长所需的氮素来源。

　　在果树生长发育的周期里，需要大量的氮素营养。春天，落叶果树中贮存态蛋白质水解，转化为氨基酸，表示果树休眠期的结束。先是树皮中贮存的氮，接着是根系中贮存的氮素，并转运到生长最旺盛的组织或器官中去。随后，当年新梢生长较旺时，所需氮素大部分就要靠当年根系从土壤中吸收的氮素来供应。由此可知，在果实采收后及时追施氮肥和适当灌溉，有利于根和树皮贮藏较多的氮素，有助于翌年春季开花、坐果和枝叶生长。在果树营养枝梢旺长期及时追施氮肥，有利于营养体健壮生长发育，为果实生长贮备氮源。

　　2. 果树磷素营养生理　一般而言，果树根系对磷素的吸收利用能力较强。根系是以主动吸收的方式，吸收土液中的正磷酸盐，由于果树根系的分泌物溶磷能力较强，所以水溶性、柠檬酸溶性甚

至部分难溶性磷酸盐，根系都能很好地吸收利用。根系吸收正磷酸盐，直接参与各种新陈代谢作用，迅速转化为有机磷化合物，在树体中可以向各个方向运转，即可向上，又可向下；可以从老叶向新叶，又可以从幼叶向老叶转运。

树体中重要的有机磷化合物有磷脂、核酸、三磷酸腺苷、植素等。磷脂是生物膜的主要成分；三磷酸腺苷是用来贮存叶绿素等色素所吸收的光能，以及呼吸作用所产生的化学能，为养分的吸收及各种有机物质的合成提供能量；植素作为磷的一种贮存形式，主要贮存在种子中，当种子萌发时可迅速地运输到幼嫩而旺盛生长的组织中去，为幼苗生长提供磷素营养。

在果树年周期中，磷素营养对氮素营养的调节作用非常重要。早春，如果树体磷素丰富，可促进根系的生长和提高其吸收能力，可促进根系吸收更多的氮素。在果树施肥中，应特别注意树体的磷素水平，找出氮、磷肥的最佳配比。

3. 果树钾素营养生理　钾也是果树的重要营养元素之一。根系吸收土壤溶液中的钾离子，也是主动吸收的过程。钾离子在树体中的移动性很大，可以经常进行再分配，从老叶转运到新叶，钾的运输方向趋于新的中柱组织，这与蛋白质的合成、生长速度以及激动素的供应密切相关。在韧皮部的汁液里含有高浓度的钾离子，而且可以向上向下作长距离的运输，幼叶和果实都是从形成层中获得钾素的，因而这些器官中含钾量也较高。

钾在木质部中积累，可降低木质部的渗透势，因而可提高水分的摄取力和根压。钾也能降低叶肉的渗透势，提高其保持水分的能力。

钾是 60 多种酶的激活剂，如合成酶、脱氢酶、运转酶等，它参与蛋白质、淀粉、糖等各种物质的合成与转运过程。因此，与氮素循环关系密切。当氮素供应充足时，可以刺激细胞分裂，促进蛋白质的合成，加速果树的生长，增强根系吸钾能力。

树体中钾离子过多时，可与其他阳离子产生拮抗作用，影响其他阳离子的吸收。如钾过多，可抑制根系对钙的吸收，因此在缺钙

（苹果水心病、苦痘病等）多发区，重施钾肥会加重缺钙病；反之，树体中氢、钙和钠离子过多时，也会影响钾的吸收。

4. 果树钙素营养生理　钙是果树营养不可缺少的元素之一。现代果树钙营养研究中的重点，已从果树整体转移到靶子器官的营养盈亏的新阶段。近期许多研究表明，有时果树整体营养不缺钙，但由于树体内各器官中钙的分配不平衡，从而诱发果实缺钙病。钙在树体内不能再利用，初期供应的钙，大部分保存在下部老叶中，向幼嫩组织器官移动很少，所以果树体内钙的含量，在较老器官中含量较多，并随树龄的增长而增加。果树各器官中的含钙量是不均匀的，叶中含量最高，根中含量次之，果实中含量最少。

果树根系主要吸收土壤胶体吸附的钙离子和部分土液中的钙离子。树体内钙是以果胶酸钙、草酸钙、碳酸钙结晶等形态存在的。适量的钙，可减轻 H^+、K^+、Na^+、Mg^{2+}、Al^{3+}、Fe^{3+} 等离子的毒害作用，有利于果树对铵态氮的吸收。钙量过高，由于离子间的竞争作用，首先影响铁的吸收，易诱发果树缺铁失绿病。高氮、高钾均会诱发果树缺钙病的发生。

土壤施石灰，这不仅有中和土壤酸性的效果，而且主要可以降低铝的溶解度，减轻铝的毒害。同时施用石灰可改善土壤的理化性状，促进有益微生物的活性，加速土壤有机质的分解，提高养分的生物有效性，为根系吸收养分创造良好根际环境。

5. 果树镁素营养生理　镁是叶绿素的主要组成成分之一，也是许多酶的活化剂。果树根系能吸收土壤胶体所吸附的镁离子和土壤溶液中的镁离子。镁在树体内一部分形成有机化合物，一部分以离子状态存在。镁主要是通过质流在树体内转运的，镁在树体中可再分配利用。镁主要分布在果树的幼嫩部分，在生长器官里，特别是在开放的花里存有大量的镁。在苹果新梢上，除了最基部的 3 片叶子外，叶片中镁的含量从基部到顶部是逐渐递增的。

镁和钙的化学性质相似，但在生理上却有不同。若钙是正常水平时，镁不能代替钙；若钙很低时，镁可代替部分钙的作用。镁在液胞膜上可以代替钙，但活性有差异，而钙不能代替镁，缺镁会减

少钙的吸收，对缺镁果树施镁肥时，会增加钙的吸收，因此镁可促进根系的健康生长。但镁过量也会减少钙的吸收。有机质缺乏的酸性土壤或施钾肥过多的土壤，容易诱发缺镁病。因为在吸收阳离子的过程中，镁常与其他阳离子发生拮抗作用。

6. 果树铁素营养生理　早在 1844 年，Criss 从葡萄上就证实了铁在果树生产上的重要性。铁虽不是叶绿素的组成成分，但为合成叶绿素所必需的元素。许多科学工作者研究指出：铁是很多酶的活化剂，树体中有许多含铁酶，如细胞色素酶、细胞色素氧化酶、过氧化氢酶、过氧化物酶、硝酸还原酶等，都是以铁卟啉酶为成分构成的。铁在树体内具有高价铁和低价铁互相转化的作用。树体内的铁多以活性较差的高分子化合物形态存在，不能再利用。故缺铁时，幼叶先受害失绿黄化，而老叶仍保持绿色。Oertlu（1960）曾提出，叶片内在叶绿素开始形成以前需铁的基数为 20 毫克/千克，以后随铁量的增加叶绿素含量上升，上升数值与树种、品种无关，而与根系吸收与转运性能有关。低价铁和螯合态可为果树根系所吸收。果树吸收铁主要受其代谢作用所控制，亦即主动吸收。

铁与锰、铜、锌、钾、钙、镁等金属阳离子都能发生拮抗作用，其中，铜和锌还可以置换螯合物中的铁，所以在土液中含有较多的重金属离子时，易诱发果树缺铁失绿病。土壤高 pH、重碳酸盐（HCO_3^-）和高磷也会阻碍铁的吸收。高 pH 会使 Fe^{2+} 氧化成 Fe^{3+}，把有效铁沉淀下来而失去活性，同时抑制根系释放出 H^+ 而对根中积累的铁起活化作用；高重碳酸盐可使土壤 pH 增高，间接地起到降低铁的有效性，并且 HCO_3^- 对根有直接毒害作用；磷与铁可生成磷酸盐而降低铁的可溶性，这种化合作用既可在土壤溶液中进行，又可在树体传导系统中进行；土壤中的钙和锰也可降低铁的活性。因此，增加土壤有机质含量，提高土壤阳离子交换量，有利于促进果树根系对铁的吸收。

7. 果树硼素营养生理　硼对果树的作用是多方面的。果树需硼量因树种、品种而异。葡萄、苹果需硼量最大（要求土液中有效硼含量＞0.5 毫克/千克），桃、梨、核桃、山楂等，需硼量中等

（0.1～0.5 毫克/千克），柑橘、树莓等需硼较少（＜0.1 毫克/千克）。叶片分析诊断树体硼营养水平时，柑橘类果树叶片硼低于 15 毫克/千克即缺硼，50～200 毫克/千克为适量，高于 250 毫克/千克则过剩。苹果叶片硼 1.2～5.1 毫克/千克即不足，40～50 毫克/千克为适量。桃叶片硼低于 20 毫克/千克出现缺乏症状，28～43毫克/千克为适量，高于 90 毫克/千克则会发生中毒症状。

硼主要是随根系吸收的水流以未分解的硼酸形态进入植物体内，然后在木质部随蒸腾水流向上移动，从基部到顶端，硼含量逐渐增加。与钙相似，在韧皮部汁液中没有硼。

硼在树体内属于活动性弱的元素，不能再利用。Smith 等认为硼在柑橘树体内移动性较差，但部分与糖类等多元醇的羟基相结合的硼，在树体内移动性较强。

硼的生理功能与磷相似的是，硼酸离子与糖、醇和有机酸上的 OH^- 结合形成带负电的络合物，从而增加糖类的移动性，增强细胞壁的稳定性。硼对果树很重要的生理作用是能促进花粉的萌发、花粉管的伸长，有利于花粉受精和果实成熟，提高果实维生素和糖含量，增进品质。硼还能改善氧对根系的供应，增强吸收能力，促进根系发育。硼还能提高原生质的黏滞性，增强抗病力。

果园土壤中可给态硼含量与土壤有机质含量呈正相关。钙质过多的土壤，硼不易被根系吸收。土壤 pH 4.7～6.7 时，硼的有效性最高，水溶性硼与 pH 呈正相关；pH 7.1～8.1 时，硼的有效性降低。一般是轻质土壤含硼量低于重质土壤。土壤过湿过干也会影响硼的有效性。

果树一般在花期需硼量最大，此期及时供给适量的硼素，可防止落花落果，提高产量和品质。

8. 果树锌素营养生理　锌也是果树不可缺少的微量元素之一。Hoagland、Chandler 和 Hibbard（1936）等最先发现桃树小叶病由缺锌引起，但对锌营养的研究进展缓慢，是因为果树缺锌症状不太一致。例如，苹果缺锌为小叶病，柑橘为斑叶病，葡萄为萎黄病，核桃为黄叶病等。

果树对锌的吸收是主动吸收，锌在树体内与蛋白质相结合的形式，主要分布在根、幼叶和茎尖中。据 Wood、Sibly（1950）和 Milikan、Hanger（1965）报道，锌一旦在组织里稳定下来，实际上移动性不大。老叶中的锌不会流动，幼叶中的锌流动也不畅。叶片含锌量可判断树体锌素营养水平。例如，柑橘类果树叶片锌在 4～15 毫克/千克呈现缺锌症状，20～100 毫克/千克为适量，高于 200 毫克/千克即过剩；无核白葡萄叶片锌低于 15 毫克/千克为不足，25～50 毫克/千克为适量；桃叶片锌 17～30 毫克/千克为适量。

温度对根系吸收锌的影响很大。当温度低时，果树根系对锌的吸收减少，所以早春易发生缺锌。因为低温时根系生长不良，离子扩散速度慢，微生物活动减弱而使有机质中锌的释放减少。早春果树未发芽前喷施适宜浓度的锌液，能有效地控制缺锌病的发生。

土壤溶液中钙、镁、钾、钠、氢等离子的存在会减少根系对锌的吸收；钴、铁、锰对锌的影响较少；HCO_3^- 可能促使锌固定在根部，可使运至地上部锌的数量大大减少；在土壤中重施磷肥也会诱发果树缺锌，因为磷肥会增加土壤中铁铝氧化物和氢氧化物对锌的吸附，从而降低根系中锌的有效性。

在沙地、盐碱地以及瘠薄的山地果园，缺锌现象特别严重。因为沙地含锌盐少，且易流失；碱性土壤锌盐易转化为无效态，不利于果树吸收利用；果园或苗圃的缺锌与重茬、灌水频繁、伤根多、修剪重等有关。可见加强土壤管理、调节各元素间的平衡协调以及改进其他管理技术是解决果园缺锌的有效措施。

9. 果树锰素营养生理　锰也是果树生长发育不可缺少的微量元素之一。锰是以 Mn^{2+} 的形态被果树所吸收，被吸收的速度较其他两价的阳离子低。

锰在树体中不活跃，可以锰离子的形态进行运输，一般趋向于中柱组织，故在幼叶中含锰较多，种子中含锰很少，叶绿体中含锰较高。锰一旦输送到某一部位，就不可能再转运到新的部位或输送的速度很慢。

锰是各种代谢作用的催化剂，在叶绿素的形成、糖分的积累、运输及淀粉水解等过程中起作用。锰能加强光合作用，并与许多酶的活性有关，从而影响同化物质的合成与分解以及呼吸作用的正常进行等。锰有助于种子萌发和幼苗早期生长，促进花粉管生长、受精过程、结实作用和提高果实的含糖量，锰还促进氧化—还原过程，促进氮素代谢。适量的锰可提高维生素的含量，使果树生理作用正常进行，并能显著地加强有氧呼吸过程中有关的异柠檬酸、去氢酶和苹果酸酶的作用。

　　叶片含锰量可判断锰营养水平。例如，柑橘类果树叶片锰在5～20毫克/千克表现缺锰，25～100 毫克/千克为适量，300～1 000毫克/千克则过剩。据果树种类与叶片锰的相关性研究，果树种类不同，叶片锰含量差异较大（表 3-1）。

表 3-1　果树种类和叶内锰含量

果树种类	锰含量（%）	果树种类	锰含量（%）
栗	0.358	油橄榄	0.018
柿	0.160	梅	0.016
长山核桃	0.121	桃	0.012
枇杷	0.025	无花果	0.009
核桃	0.024	葡萄	0.003～0.009
梨	0.022	夏橙	0.002

　　缺锰时，碳水化合物和蛋白质的合成减少，叶绿素含量降低，从而出现缺锰症状。锰过剩时，由于根系过多地吸收锰致毒，而发生机能障害。果园土壤长期排水不良，重施硫酸铵肥料，土壤 pH 降低到 3.5～4.0，铁、铝、锰的溶解度增加，则根系吸收锰量过剩而引起严重落叶多锰症。

　　10. 果树铜素营养生理　铜是果树必需的微量营养元素之一。果树吸收铜量很小，它的吸收与土液中有效铜含量以及与其他离子间的拮抗作用有关。铜与锌有拮抗作用。

　　铜在树体中移动性不大，其移动性与铜浓度有关。在叶绿体中铜的浓度相对较高，铜可能在合成和稳定叶绿素以及其他色素上起

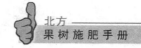

一定作用,它是叶绿体蛋白质塑性花青素的组分之一。

铜还存在于一些氧化酶中,参与许多代谢过程,如蛋白质和碳水化合物的合成。铜还能影响核酸(RNA 与 DNA)的合成。

二、果树施肥的特点

果树为多年生木本植物,果树施肥的目的是及时补充果树生育各阶段中营养不足的需要,并调节各种营养元素间的平衡,生产优质果实。由于大部分营养元素是通过施入土壤来供给果树根系吸收的,因而果树施肥就存在着三种动态变化过程:养分在土壤中的迁移与转化,根系对营养元素的吸收利用和养分在树体的运转分配与同化过程。施肥的同时,不仅营养根系促进树体的成长,而且也培肥土壤为果树生长创造良好的生态环境。因此,在果树施肥上要突出表现出以下几个特点。

1. 果树生命周期中的施肥特点 果树的施肥与大田作物有很大差别,大多数果树是多年生的。在果树整个生命周期中既要保证树体的正常生长与结果,又要贮藏营养物质有利于翌年的新梢生长和开花坐果,同时还要维持树体连年持续健壮,才能实现年年优质丰产。

果树的生命周期,即年龄时期通常可划分为营养生长期、生长结果期、盛果期、结果后期和衰老期。处于营养生长期的幼树,以长树为主,对贮藏营养的要求是促进地下部和地上部生长旺盛,即扩大树冠、长好骨架大枝、准备结果部位和促进根系发育扩大吸收面积。因此在施肥与营养上,须以速效氮肥为主,并配施一定量的磷、钾肥,按勤施少施的原则,充分积累更多的贮藏营养物质,及时满足幼树树体健壮生长和新梢抽发的需求,使其尽快形成树冠骨架,为以后的开花结果奠定良好的物质基础。进入结果期以后,从营养生长占优势,逐渐转为生殖生长与营养生长趋于平衡。在结果初期,仍然生长旺盛,树冠内的骨干枝继续形成,树冠逐渐扩大,产量逐年提高。苹果和梨以腋花芽较多,着生在枝梢上部,以长、中果枝结果为主。柑橘以早秋梢及春梢为主要结果枝,果实多着生在树冠外围生长中等的枝梢上，此时夏梢生长也很旺盛，造成营养消耗大于积累，致使果实生长时养分供不应求，加剧落花落果。因此，在施肥与营养上，既要促进树体贮备养分、健壮生长、提高坐果率，又要控制无效新梢的抽发和徒长，此期既要注重氮、磷、钾肥的合理配比，又要控制氮肥的用量，以协调树体营养生长和生殖生长之间的平衡关系。随着树龄的增长，营养生长减弱、树冠的扩大已基本稳定，枝叶生长量也逐渐减少，而结果枝却大量增加，逐渐进入盛果期，产量也达到高峰。苹果、梨、桃由以中短果枝结果为主逐渐转变为以短果枝结果为主，长果枝逐年减少，结果部位也逐渐外移。此期常因结果量过大，树体营养物质的消耗过多，营养生长受到抑制而造成大小结果年，树势变弱，过早进入衰老期。所以处在盛果期的果树，对营养元素需求量很大，并且要以适宜比例适时供应。根据土壤中速效养分供应强度，因地制宜配制和施用果树专用肥，特别注重磷、钾和微量元素以及有益元素肥料的施用，是成年树施肥的主要目标。

2. 果树年周期中各物候期的施肥特点　果树在一年中随季节的变化要经历抽梢、长叶、开花、果实生长与成熟、花芽分化等生长发育阶段（即物候期）。果树的年周期大致可分为营养生长期和相对休眠期两个时期。在不同的物候期中，果树需肥特性也大不相同，表现出明显的营养阶段性。多年生果树在一年中各生育期的相继与交替，因树种、品种及气候等差异，但各生育期的进行是具有一定的顺序性，并且在一年中，在一定条件下尚具有重演性。

果树是在上年进行花芽分化、翌年春季开花结果。落叶果树于秋季果实成熟，而常绿果树则要到冬季果实才能成熟，挂果时间长，对养分需求量大。同时在果实的生长发育过程中，还要进行多次抽梢、长叶、长根等，因而易出现树体内营养物质分配失调或缺乏，影响生长与结果。

针对果树年周期中各物候期的需肥特性，特别注意调节营养生

长与生殖生长，营养生长与果实发育之间的养分平衡。一般在新梢抽发期，注意以施氮肥为主，在花期、幼果期和花芽分化期以施氮、磷肥为主，果实膨大期应配施较多的钾肥。

果树各物候期，对各种营养元素的缺乏与过剩的敏感性表现不一。在我国石灰性土壤中，苹果、山楂、柑橘缺铁失绿症、缺锌小叶病等多在春梢、夏梢抽发期大面积发生。缺氮和硼多发生在开花期和生理落果期。有时还见到大面积并发几种缺素症，如氮、磷、钾、钙、硼、铁等。所以，考虑果树各物候期施肥时，要同时注意几种营养元素的供求状况，进行合理搭配。

3. 果树不同砧穗组合的施肥特点　果树通常以嫁接繁殖为主，即将优良品种的枝或芽（称为接穗）嫁接到其他植株（称为砧木）的枝或干等适宜部位上，生长成新的树体。接穗是采自性状稳定的成熟阶段的植株，所以能保持接穗品种的优良遗传性状，生长快，结果早。因嫁接树是由砧木与接穗组成的，它既发挥二者的特点，又存在着相互密切的影响，并以砧木对地上部的影响为最明显。由于砧木对树体生长、结果能力与果实品质，对干旱、寒冷、盐碱、酸害及病虫等的抵抗力均有很大影响。因此，不同砧穗组合对养分的吸收、运转和分配的差异甚大，相同品种嫁接在不同砧木上，植株的营养状况差异也很明显。对柑橘类果树的观察表明，接穗的养分含量受砧木的影响要比接穗自身的影响大。砧木对接穗营养状况起着重要的作用。

重庆市农业科学院果树研究所周学伍等研究表明，先锋橙不同砧木间氮、锌、铜元素含量无显著差异，而其他元素均有显著或极显著性差异，其中微量元素的变幅大于大量元素。宜昌橙类（除钾）、枳类（除铁）和橘类砧木植株的养分含量较高；果实含酸量高的砧木植株养分含量偏低。不耐盐碱的东北山定子砧木，主要是叶片铁含量低，易发生严重的黄叶病，较耐碱的八楞海棠的砧木含铁量丰富，钾、铜及锰含量低。山东对不同砧木红星苹果的观察表明，矮化砧根系中硝态氮含量高于乔化砧，在花芽分化期碳水化合物与铵态氮含量高而比例协调，促进了花芽分化，但是乔砧红星苹果碳、氮两类物质往往比例失调，树势旺长而不结果。湖北通过对矮化中间砧的试验指出，金帅和矮生苹果的氮、磷、钾含量均是 $M_9 > M_7 > M_4$ 砧（基砧是河北海棠），祝光苹果叶钾量也呈现这一趋势。

不同类型的砧穗组合有不同的营养特性，它们对于生态条件的适应能力也不同。因此，根据区域条件要因地制宜，选择当地适宜的砧木和接穗组合。并在此基础上，合理施肥，协调嫁接苗的营养平衡，充分发挥其优良遗传特性，提高其丰产性能。

4. 果树营养物质的贮藏与施肥关系　多年生果树入秋后，随气温降低，树体内的营养物质的积累大于消耗，这时落叶果树地上部已停止生长，常绿果树的生长也已大为减弱，进入养分贮备时期，这是多年生果树不同于一年生作物的重要营养特性。贮备营养是果树安全越冬、翌年前期生长发育的物质基础，直接影响叶、花原基分化、萌芽抽梢、开花坐果及果实生长。

周学伍等通过甜橙树体贮藏营养与翌年新生器官形成关系的研究结果表明，10～12月为养分的贮备时期，增施秋肥明显地提高植株的氮、碳营养水平，促进了翌年新生器官形成的数量与质量，对花器官发育和坐果率的影响大于春梢的生长，叶、花、枝比例高于对照24.10％～39.4％，坐果率较对照高59.7％～184.5％。国内许多研究资料表明，苹果幼树秋季的碳素营养物质运向枝、干、根，贮藏营养对翌年新生器官形成的影响以旺盛生长的前期为主。秋施基肥（9～10月）的贮藏养分是明显高于2月施肥。国外研究也表明，苹果树在落叶以前，叶片中的蛋白质水解氨基酸类物质，主要运输到枝和树干的皮层，部分运转到根系，主要供给花芽分化的需要和转化成蛋白质成为树体的氮素贮藏营养。翌年春，贮藏的氮素再水解，供给初期新梢的旺盛生长。这时苹果树体生长的优劣主要依赖于贮藏营养水平。

综上所述，果树具有贮藏营养的特性，贮藏营养水平的高低，直接影响着翌年果树的生长和结果。因此，在果树生产上，适时施

足秋肥，维持健壮树势，提高树体贮藏营养的总体水平，为保证果树持续丰产奠定丰富的物质基础。

5. 常绿果树与落叶果树的施肥特点　常绿果树和落叶果树都是多年生深根性作物，生命周期长，对养分需求量大，同时年周期中的生长发育过程基本是一致的。但由于常绿果树树体各部位器官在适宜的生态条件下，周年均可以进行正常的生理活动，只是某些器官如枝梢、根系在一定时期内的生长表现非常缓慢，但无集中落叶期，也无明显的休眠期。如美国在佛罗里达和加利佛尼亚对甜橙试验证明，甜橙周年均可吸收氮素。对尤力克柠檬观察也表明，根系在 9 ℃时，也能吸收一定量的养分。而落叶果树一般在秋季（11 月后）叶片全部枯黄脱落，地下部的根系也暂时停止生长，树体进入休眠期，仅在树体内部进行着一些生理活动。

由于常绿果树和落叶果树年生长期的生理活动差异很大，因此它们在不同的生长物候期对养分吸收的种类、数量和比例均有所不同，表现出不同的需肥特性。如常绿果树柑橘，对氮素的需要量大而敏感，落叶果树苹果对钙的需求敏感，苹果常发生钙素营养失调症，如水心病、苦痘病等。在果树施肥中，应针对常绿果树和落叶果树不同物候期各自需肥特性，有的放矢的合理施肥，才能收到良好的肥效。

第三节　果树对养分的吸收利用

果树对养分的吸收是果树与生态环境进行物质交换的过程，也是复杂的生理学和生物化学交换过程。果树生长与结实所必需的养分，主要是靠根系从土壤中吸收的大量的矿质营养，但是枝、叶、果实也有一定的吸收能力，只是不同的器官吸收程度各异而已。深刻了解果树不同器官对各种养分的吸收、运输、循环及其再利用的生理机制，对调控树体养分平衡，采取相应有效的农艺措施是非常重要的。

一、果树根系对养分的吸收利用

果树根系对养分的吸收必须具备以下 3 个条件：第一，营养环境中要有足够数量的可供吸收的养分和水分介质；第二，进行吸收作用的根尖表面细胞要有透性，其中的生物膜要有足够的活性以使养分通过；第三，作物体内要有使养分进入根细胞并输送至地上部的能力。

1. 根系吸收养分的形态　虽然土壤中各种营养元素含量丰富，但其中的绝大部分对果树却是无效的，只有很少部分在短期内能被根系吸收的土壤养分才是有效养分。根据现代养分的概念，短时间内能被果树根系直接吸收利用并能起到真正有效作用的养分，称为生物有效性养分（图 3-1）。土壤的生物有效养分具有两个基本特点：一是以矿质态养分为主；二是位置接近根表或短期内可以迁移到根表的有效养分。在土壤养分生物有效性的动态研究中，以根际养分的有效性最受关注。研究表明，果树对有效养分的吸收与合理施肥关系密切。

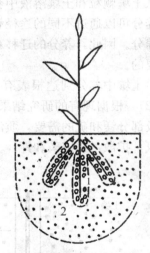

图 3-1　土壤有效养分示意图
1. 生物有效养分　2. 化学有效养分

果树根系主要是能吸收土壤溶液中分子量较小的矿质态养分，如铵态氮（$NH_4^+ - N$）、硝态氮（$NO_3^- - N$）、水溶态磷（$H_2PO_4^-$）、K^+ 等，也能吸收少量的分子量较大的有机态养分，如氨基酸、酰胺、植素等，还能吸收气态养分，如二氧化碳、氧气等。果树能吸收利用的营养元素的形态如表 3-2 所示。

表 3-2　果树必需营养元素的可利用形态

大量营养元素									微量营养元素					
碳	氧	氢	氮	钾	钙	镁	磷	硫	铁	锰	硼	锌	铜	钼
CO_2 H_2O	O_2	H_2O	NO_3^- NH_4^+	K^+	Ca^{2+}	Mg^{2+}	$H_2PO_4^-$ HPO_4^{2-}	SO_4^{2-}	Fe^{2+} Fe^{3+}	Mn^{2+}	$H_2BO_3^-$ $B_4O_7^-$	Zn^{2+}	Cu^{2+}	MoO_4^-

2. 土壤中养分向根表的迁移　果树根系吸收的有效养分主要是从土壤颗粒和土壤溶液中获得。实际上土壤中相当部分的化学有效养分可以通过不同的途径和方式迁移到达根表，而成为果树的有效养分。因此，养分的迁移对于提高土壤养分的空间有效性是十分重要的。

土壤中养分到达根表有 3 种途径，即截获、质流和扩散（图 3-2）。根据现有的研究结果，一般来说，根系截获可以供应全部钙及部分镁和硫的需要，质流可以供应大部分钠、锌、铜、铁和硝态氮，扩散可供应磷和钾。

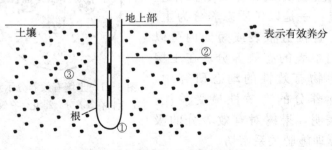

图 3-2　根系吸收养分示意图
①截获　②质流　③扩散
（《高等植物的矿质营养》，1991）

（1）截获。在果树整个生命周期中，根系有不断地直接从土壤中获取养分的生理功能。截获是指根不通过运输而直接从所接触的土壤中获取养分。根系截获的养分，可通过根区皮层细胞，扩散到中柱细胞的细胞壁内，之后再流入木质部的导管，流向叶片和树体的其他部位。

截获所得养分量实际是根系所占据的土壤容积中的养分，主要决定于根系容积（或根表面积）大小和土壤中有效养分的浓度。由于根系直接接触的土体小于1%，因此，根系截获所能供应的养分量也只能占土体中有效养分量的1%左右。对氮、磷、钾三要素而言，根系截获供应量只占总养分吸收量的百分之几。但对于钙来说，可能全部由截获量来供应。

（2）质流。由于果树的蒸腾作用和根系吸水造成根表土壤与土体之间出现明显的水势差，土壤溶液中的养分随着水流向根表迁移，称为质流（图3-3）。在果树生命周期中由于蒸腾量比较大，因此，通过质流方式运输到根表的养分量也比较多。养分通过质流的方式迁移的距离比扩散的距离长。由质流所供应的养分量取决于果树需水量（或蒸腾系数）和土壤溶液中养分的浓度及根系所接触水分的有效体积。当质流养分的速度大于根系的吸收速度时，养分可在根表面积累；反之，则根表面会形成养分的亏缺区；而当二者速度相等时，根表面的养分浓度可以保持不变。

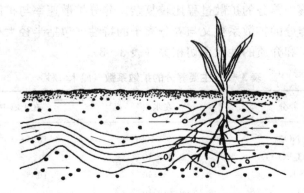

图3-3　养分的扩散、质流与截获示意图

　◦ 表示被作物直接截获的养分

　• 表示扩散和质流的养分

果树的蒸腾系数受树种、品种、气候和土壤含水量的影响。而且蒸腾作用只在白天发生，太阳能为其提供能源。

对果树根系通过质流供应的养分量的估算，有两种方法：一是根据果树吸水速率与土壤溶液中该养分浓度的乘积来估算；二是根据果树的蒸腾系数来估算。对钾来说，假如某一种果树的蒸腾系数为400，这种果树每克干物质中含钾为4%，则要求土壤溶液中钾的浓度应该不小于0.04/400＝0.01%，才能满足这一种果树对钾的需要。而一般土壤中大多低于此值，因此，在此情况下，钾必须通过扩散等其他途径来供应。对于磷而言，情况更是如此，土液中磷的浓度低得多。果树根系通过质流可以得到氮（$NO_3^- - N$）、钙、镁、锌、硼和铁。

（3）扩散。当根系截获和质流供应的养分量不能满足果树需要时，就会在根表面附近的土体中造成该养分的亏缺区，形成了根际土壤和整个土体间的养分浓度差，从而引起土体养分顺浓度梯度向根表运输，这种养分的迁移方式称为养分的扩散作用。一般来讲，只要出现养分的浓度差，就会发生养分从高浓度区向低浓度区的扩散转移。这种迁移具有速度慢距离短的特点。不同营养元素之间扩散所达到的距离有明显的差异，一般在0.1～15毫米。

土壤中养分的扩散过程比较复杂。养分扩散速率与扩散系数有关。而养分的扩散系数又与养分离子的特性（包括半径大小、电荷数目等）和介质的性状密切相关（表3-3）。

表3-3　主要养分的扩散系数（厘米^2/秒）

养分	在水中	在土壤中
NO_3^-	1.9×10^{-5}	$10^{-7} \sim 10^{-6}$
$H_2PO_4^-$	0.89×10^{-5}	$10^{-11} \sim 10^{-8}$
K^+	1.98×10^{-5}	$10^{-8} \sim 10^{-7}$
Ca^{2+}	0.78×10^{-5}	—
Mg^{2+}	0.70×10^{-5}	—

（引自 Barber, S. A., 1984）

果树根系靠养分扩散得到磷和钾以及氮（$NH_4^+ - N$）。土壤中养分迁移的方式，一定程度上取决于土壤溶液中各种养分的浓度。它通常指原状土壤饱和水溶液的离子浓度，以单位容积中的养分量来表示，有关土壤中主要养分的浓度如表 3 - 4 所示。

表 3 - 4　土壤饱和水溶液中几种养分的浓度

养分种类	NO_3^-	NH_4^+	$H_2PO_4^- +$ HPO_4^{2-}	K^+	Ca^{2+}	Mg^{2+}	SO_4^{2-}
养分浓度 （毫摩尔/升）	0.1～2.0	0.1～2.0	0.001～0.02	0.1～1.0	0.1～5.0	0.1～5.0	0.1～10.0

3. 根系吸收养分的部位　果树与外界环境进行物质交换，主要是通过根系来完成的。幼嫩根系的根尖从下至上可以分为 4 个区域，即分生区（又称为伸长区）、根毛区、脱毛区和老熟区（图 3 - 4）。研究证实，近根尖部分虽积累的离子最多，但所吸收的离子不能及时转运到其他部位，真正吸收离子最活跃的区域是在根尖后面的根毛区。根毛区内离子积累量虽不多，但吸收量很大。由于这一区域木质部已充分分化形成，吸收的离子可以快速转运到地上部，而且根毛的存在增加了根系与土壤的接触面，增强了根的吸收能力。

随着果树根系的成熟，表皮与根毛常被木栓形成层的活动所破坏，根的表面形成一层栓化层，水分和盐类的吸收必须通过这一栓化层。研究表明，有相当多的水分和矿质养分是通过根的栓化区域吸收的。在果树生长期间，未栓化的根面积只占总面积的 5% 以下，在冬季的比例可能更小。因此，栓化根对果树吸收水分和矿质养分具有非常重要的作用。

4. 根系对养分吸收的途径和机理

（1）根系吸收养分的途径。养分通过质流和扩散作用被送到根

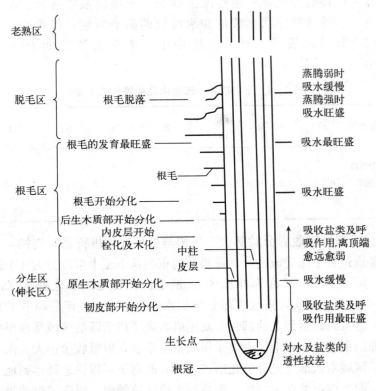

图 3-4　根幼嫩部分的结构与水分及无机盐类吸收的关系

表面，这只是为根系吸收养分准备了有利条件，而养分进入根内是一个十分复杂的过程。根系对外界环境中的各种养分有明显的选择吸收能力，这是根系自身的生物学特性所决定的。同时，根系还具有逆浓度从外界吸收和积累养分的能力。这种逆浓度吸收的现象是生物活体所特有的。

　　根系吸收养分的机制涉及矿质养分进入根内的途径问题。根系吸收养分有两条途径，即质外体（A）和共质体（B）通道（图3-5）。

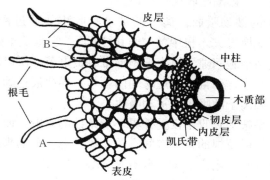

图3-5　根系吸收养分途径的示意

A. 质外体通道　B. 共质体通道

（《高等植物的矿质营养》，1991）

质外体是指细胞原生质以外所有空间，即细胞壁、细胞间隙和中柱内的组织。质外体与外部介质相通，是水分和养分自由进出的地方。外部介质中的离子在细胞间，通过细胞壁转运到内皮层，因遇凯氏带而受阻，不能直接进入中柱。一般根据果树对各种养分需求的状况，受阻的离子有选择性地被迫改道，靠主动运输穿过生物膜而进入共质体通道。共质体是由细胞的原生质组成，细胞原生质之间是由穿过细胞壁的胞间连丝，使细胞与细胞组成一个连续的整体的。借助原生质的环流，可带动养分流入其他细胞，并向中柱转运。在共质体运输中，胞间连丝起到沟通相邻细胞间养分运输通道的作用。

离子在质外体和共质体中运输各有其特点。细胞壁具有很多比离子大得多的充水孔隙，大多数离子可以顺利通过细胞壁。质外体运输不需要能量，吸收速度快，对离子无选择性，受代谢作用影响较小，属于养分的被动吸收。而共质体运输有原生质膜屏障，选择性强，并且明显受代谢作用的影响，是需要能量的，属于主动吸收。

（2）根系吸收养分的机理。关于养分如何进入根细胞，有多种解释和假说。目前，普遍被人们所接受的有：离子进入根细胞可划

分为主动吸收和被动吸收两个阶段。

① 离子的被动吸收。离子的被动吸收主要通过截获、扩散、质流或离子交换先进入根中的"自由空间"。它是从细胞壁到原生质膜，还包括细胞间隙。因为细胞壁带有负电荷，所以阳离子进入根中较阴离子多，而且在很短时间内就与外界溶液达到平衡。在最初阶段阴、阳离子的吸收属被动吸收。

果树根系被动吸收不仅受外界环境条件的影响，而且与根系的阳离子代换量以及根的自由空间有关。离子态养分的来源除了土壤外，根系的呼吸作用产生的二氧化碳和水形成碳酸（H_2CO_3），碳酸解离成 H^+ 和 HCO_3^-，然后分别与土壤溶液中的阴、阳离子进行交换而被吸收（图 3-6、图 3-7）。

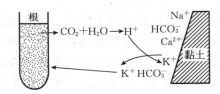

图 3-6 根分泌的碳酸与黏土所吸附的离子进行离子交换

图 3-7 根外 H^+ 和土壤溶液中阳离子的离子交换

② 离子的主动吸收。许多研究资料证明，果树体内离子态养分的浓度常比外界土壤溶液浓度高，有时竟高达数十倍甚至数百倍，而仍能逆浓度吸收，且吸收养分还有选择性。这种现象很难从被动吸收来解释。所以，离子的扩散、质流以及离子的交换只能说明离子态养分吸收的一个现象，而不能说明其原因与机理。目前，相关研究人员从能量的观点和酶动力学原理来研究主动吸收离子态养分，并提出载体解说和离子泵解说。

载体是生物膜上能携带离子穿过膜的蛋白质或其他物质。载体学说的理论依据是酶动力学。它能够较圆满地从理论上解释关于离子吸收中的 3 个基本问题，即：离子的选择性吸收、离子通过质膜以及在质膜上的转移、离子吸收与代谢的关系。

　　载体运输的机理有几种不同模型，即：载体载着离子在膜内扩散的扩散模型；载体蛋白变构使载体与底物的亲和力改变而将离子释放到膜内的变构模型；载体带着离子在质膜上旋转将离子"甩"进质膜内的旋转模型。在这些作用机理中，常用扩散模型和变构模型来解释离子的主动吸收（图 3-8）。

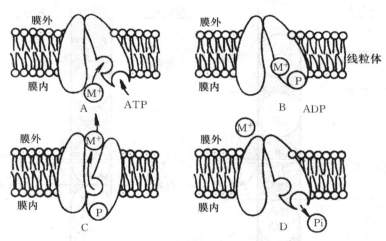

图 3-8　离子经载体蛋白的变构运转模型

M$^+$ 为阳离子　P 为结合态磷　Pi 为无机态磷

　　离子载体的作用有两种：一是离子载体和被运载的离子形成配合物，以促进离子在膜的脂相部分扩散，使离子扩散到细胞内，或者使离子扩散到载体中；另一种是离子载体能在膜内形成临时性的充水孔，离子通过充水孔透过质膜。由于离子载体对各种离子有选择性，所以根系就会有选择性地吸收养分。

　　离子泵是存在于细胞膜上的一种蛋白质，它在有能量供应时可使离子在细胞膜上逆电化学势梯度主动地吸收。离子泵能够在介质中离子浓度非常低的情况下，吸收和富集离子，致使细胞内离子的浓度与外界环境中相差很大（图3-9）。通过细胞化学技术和电子显微镜技术证实，在根细胞原生质膜上有ATP酶，它不均匀地分布在细胞膜、内质网和线粒体膜系统上。ATP酶可被 K^+、Rb^+、Na^+、NH_4^+、Cs^+ 等阳离子活化，促进 ATP 酶水解，产生质子泵，将质子（H^+）泵出膜外，进入外界溶液，同时一价阳离子则可进入细胞质。由于膜内外产生质子梯度，又促使 $2H^+$ 与阴离子一起运入细胞质中。

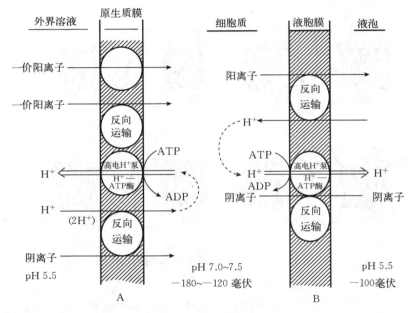

图3-9　离子泵运行模型

　　总之对养分的跨膜运输来说，尤其是离子态养分，运输的主要驱动力是引起跨膜电位梯度的 H^+—ATP 酶。离子吸收与 ATP 酶活性之间有很好的相关性。阴阳离子的运输速率与电位和化学位的梯度、离子的理化性质等有关。

　　5. 影响果树根系吸收养分的环境因素　　果树主要通过根系从

土壤中吸收矿质养分。因此，除了果树本身的遗传特性外，土壤和其他环境因子对养分的吸收以及地上部的运移都有显著的影响。

影响果树对矿质营养吸收的环境因素主要有 4 个方面。

（1）土壤温度。根系生长和吸收养分都对土壤温度有一定的要求。土壤温度在 15～25 ℃较适宜各种果树根系的生长，而吸收养分较适宜的温度范围为 0～30 ℃，在此温度范围内，根系吸收养分的速度随温度的升高而增加。温度过高（超过 40 ℃），不仅会使果树根系老化，引起体内酶活性降低，而且也会降低根系吸收养分的能力；温度过低，不仅使根系吸水能力显著下降，阻碍树体的正常生长发育，从而降低根系吸收养分的活性。一般而言，温度影响磷、钾的吸收明显大于氮。

（2）土壤水分。水分是果树正常生长发育和开花结果的必要条件。土壤中有机态养分的矿质化、无机养分的溶解以及向根表面的迁移等都需要水分。因此，土壤含水量对根系吸收养分的影响很大。土壤水分过少或过多均会使果树遭受旱害或涝害，不利于果树根系对养分的吸收。例如，苹果对磷、钾的吸收受雨量的影响较大，而对镁的吸收受雨量影响较小。当田间持水量为 10％、40％和 70％时，苹果叶片中的钾相对浓度分别为 1.11％、1.31％和 1.60％；而磷的含量分别为 0.07％、0.09％和 0.13％。

（3）土壤通气状况。土壤的通气状况主要从 3 个方面影响果树对养分的吸收，一是根系的呼吸作用；二是有毒物质的产生；三是土壤养分的形态和有效性。土壤通气良好，能使根部供氧充足，能使根呼吸产生的二氧化碳从根际散失，这一过程对根系的正常发育、根的有氧代谢以及离子的吸收都具有十分重要的意义。研究表明，在土壤缺氧条件下，果树叶片内的氮、磷、钾、钙、镁、锌、锰与铜的浓度降低，而铁的浓度上升，钠和氯不受影响；根内的氮、钾、镁减少，而钠、氯、锌增多；茎内钾、锰与铜减少的幅度很大，而钠和氯则增多。

（4）土壤 pH。土壤的酸碱度是影响根系吸收养分的重要环境因素之一。土壤 pH 不仅影响根系的生长发育，而且还影响土壤中养分的有效性。pH 对离子吸收的影响主要是通过根表面特别是细胞壁上的电荷变化及其与 K^+、Ca^{2+}、Mg^{2+} 等阳离子的竞争作用表现出来的。pH 改变了介质中 H^+ 和 OH^- 的比例，并对根系养分的吸收有很明显的影响。例如，在 pH 大于 8.0 的石灰性土壤中，常因铁、锌、硼等微量元素的有效性低而诱发果树失绿黄化症及小叶病等；在酸性土壤中，由于 H^+ 浓度高而抑制了果树对 Ca^{2+}、Mg^{2+} 等阳离子的吸收，从而表现出典型的生理缺素症。

果树根系吸收养分除了受上述外界环境条件的影响外，还与果树树种、品种、砧木关系极大。不同的树种、品种、砧穗组合等对矿质养分吸收的影响也很大。

二、叶部对养分的吸收

果树不仅可通过根系吸收养分，而且还可以通过茎、叶、果实（尤其是叶）吸收养分。在果树年周期内各物候期，采用叶面喷洒的方式施肥，即称为根外营养（或叶部营养），也称为根外追肥。叶部营养是果树生产中必不可少的管理措施。

1. 根外营养的特点　根外追肥是将可溶性强的肥料配成一定浓度的溶液，直接喷洒在果树的枝、叶、果实上，可使营养物质进入树体直接参与新陈代谢及有机物质的合成，因此，具有以下特点。

（1）直接供给果树养分，防止养分的固定。根外喷施的肥料，直接与树体的枝、叶、果实接触，养分无需通过土壤，可使树体及时迅速地获得养分，避免水溶液中的有效养分被土壤固定，提高养分的利用率。如磷、铁、锌等养分，施入土壤后常因土壤 pH 的影响而降低其有效性，而采用根外追肥的方法，不受土壤条件的限制，可获得良好效果。此外，还有一些生理活性物质，如生长调节剂、赤霉素等施入土壤后也会有类似的现象，会使效果降低。

（2）养分转运快、肥效高。果树一类深根性作物，传统施肥方法难以施到根系吸收部位，而叶面喷施可以取得较好效果，且喷施用肥量少，见效快，肥效高。

（3）促进根系活力，与根系吸收相互补救。当土壤环境如土壤过酸或过碱时，水分过多或干旱等造成根系养分吸收受阻，或生长后期根系衰老时，叶面吸收养分可以弥补根系吸收的不足，有利于增强树体内各项代谢过程，从而促进根系的活力，提高其吸收能力。

（4）节省肥料，提高经济效益。叶面喷施磷、钾及微量元素肥料的用量，往往只需土壤施肥量的 10%～20%，投肥成本低，肥料用量小，经济效益高。

（5）根外营养具有一定的局限性。叶面喷施不仅费时，而且还受树种、气候、肥料性质等条件的影响较大，只能作为土壤施肥的一种补救措施而不能代替土壤施肥。叶面积大，气孔多，角质层薄的树种，叶面喷施效果好。阴天喷施效果好。溶解度大的肥料，如尿素、磷酸二氢钾等叶面喷施效果好。

2. 根外营养吸收养分的机理　叶面吸收养分的主要器官是以新梢嫩叶为主，其次为成熟老叶，再次是果实的幼果，甚至粗枝、侧枝、主干也能吸收养分。叶部可以吸收多种无机态养分，如硝酸铵、硝酸钾、硼砂、硫酸铁等，也可以吸收部分有机态养分，如尿素、氨基酸、酰胺及各种金属态络合物等。

一般认为叶片吸收的养分是从气孔和角质层进入叶细胞的。但是，因气孔很小，水的表面张力很大，会阻碍养分进入；角质层无结构，不易透水，还有角膜阻碍，养分透过难度也较大。进一步研究表明，在表皮细胞的外壁上，有许多微细结构，如孔道细胞中，叶毛基部和周围以及叶脉的上下表皮细胞上都有微细结构，这些不含原生质的纤维细孔，使细胞原生质与外界直接联系起来。这种微细结构，也称为外壁胞质连丝，是一条从角质膜到达表皮细胞原生质的主要通道。喷洒在叶片上的养分，主要就是由这一条通道进入表皮细胞的。由表皮细胞进入叶肉细胞是主动吸收过程，但其详细机理还不很清楚。

3. 影响根外营养的因素　根外营养吸收养分的效果，不仅取决于果树本身的代谢活动和叶片类型等内在因素，而且还与环境因

素，如温度、养分浓度、喷施时间等关系密切。

（1）矿质养分的种类。果树叶片对不同类型矿质养分的吸收速率是不同的。叶面对钾的吸收速率依次为：氯化钾＞硝酸钾＞磷酸二氢钾；对氮的吸收速率依次为：尿素＞硝酸盐＞铵盐。因此，在果树喷施微量元素肥料时，加入适量的尿素可提高其吸收速率，防治果树叶片失绿黄化效果较好。

（2）溶液的浓度。同位素试验证明，不论是矿质养分还是有机态养分，在一定浓度范围内养分进入叶片的速率和数量随浓度的提高而增加。因此，在叶片不受害的前提下，可适当提高溶液浓度，以便获得较高肥效。但若浓度过高，会使叶片组织养分失去平衡，叶片受损伤，出现灼伤症状。

（3）溶液的反应。适当调节溶液的反应，也有助于提高叶面施肥的效果。根据所喷洒肥料的成分和性质，正确调节其酸碱反应。如喷施以提供阳离子为主的溶液，如 NH_4^+、K^+ 等，应调至微碱性反应。因微碱性有利于蛋白质、氨基酸分子上的羧基解离，促使 H^+ 与阳离子进行交换。反之，喷施以提供阴离子为主要养分时，如 $H_2PO_4^-$、NO_3^- 等，应将溶液调至微酸性反应，这可有利于阴离子的吸收。

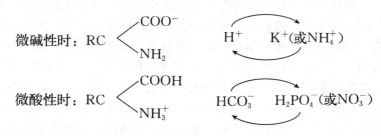

（4）叶面对养分的吸附能力。叶片对养分的吸附能力与溶液在叶面上吸着的时间长短有关。有些树种的叶片角质层较厚，很难吸附溶液，有的虽能吸附溶液，但吸附得很不均匀，也会影响到叶片对养分的吸收效果。

实践证明，当溶液在叶片上的保持时间在 30～60 分钟时，叶片对养分的吸收量较高。避免高温蒸发和气孔关闭时期对喷施效果的提高很有益处。因此，一般宜在傍晚无风的天气进行叶面喷施。如能加入有适量的表面活性物质的湿润剂，降低喷施液的表面张力，增大叶面对养分的吸着力，可明显提高肥效。随着生物技术的发展，目前市售叶面肥，有的已加入相当数量的叶面活性剂，以此来提高肥料利用率。

（5）果树树种、品种及树龄。不同的树种、品种、树龄及年周期中各生育阶段，其叶片的大小、角质层厚薄、气孔多少及外壁胞质连丝结构等也各不相同，根外追肥的效果各异。因此，应适当调整喷施液养分的浓度、比例和喷洒次数。一般情况下，幼树、萌芽、盛花期喷洒浓度要低，次数要少。

从叶子结构来看，叶片背面表皮下是海绵组织，比较疏松，细胞间隙大，孔道细胞也多，它比叶片正面比较致密的栅栏组织吸收养分更快些。因此，喷洒时应力求叶片正反面都挂满溶液。

（6）喷施次数和部位。各种形态的养分在树体内移动性各不相同，在喷施次数和部位上要做相应调整。对移动性差的养分，应适当增加浓度和喷施次数，并注意喷施部位。如在石灰性土壤上，果树叶片失绿黄化，喷施铁溶液时，应喷施在新生幼叶上，并尽量做到叶片正反面喷布均匀。因铁在树体内移动性差，接触溶液的叶肉组织很快复绿，而接触不到的部位仍黄化。

根外营养虽然有许多优点，但它仍不能完全代替土壤施肥。对于果树需要量大的大量元素，仍应以土壤施肥的方法供给根部吸收。应把根外追肥看成是解决果树营养中某些特殊问题的辅助性措施。在果园管理中出现下列情况时，可采用根外追肥措施。

① 秋施基肥严重不足，翌年春季萌芽春梢速长时，出现严重脱肥。

② 缺少硼、锌、铁等微量元素时，果树缺素症严重。

③ 根系遭受严重伤害或生长后期根系老化，吸收功能衰退。

④ 遇天灾（旱、涝、冷、病害等）后，为促进树体快速恢复正常生长。

⑤ 树行间、套作其他作物，无法开沟施肥。

总之，采取根外追肥的措施，对消除果树各物候期中某种养分的缺乏症，解决根系吸收养分不足而造成的损失等问题，均有重要作用。

三、矿质养分在果树体内的运输和分配

果树根系从介质中吸收的矿质养分，一部分在根细胞中被同化利用；另一部分经皮层组织进入木质部输导系统向地上部输送，供应地上部树体的生长发育、开发结实之所需。果树叶片中合成的光合产物及部分矿质养分则可通过韧皮部系统运输到根部，构成果树体内的物质循环系统，调节着养分在体内的分配。

根外介质中的养分从根表皮细胞进入根内经皮层组织到达中柱的迁移称为养分的横向运输。养分在细胞间的运转，由于其迁移距离短，又称为短距离运输。养分从根经木质部或韧皮部到达地上部的运输以及养分从地上部经韧皮部向根的运输过程，称为养分的纵向运输。由于养分迁移的距离较长，又称为长距离运输。

养分的横向运输有两条途径：即质外体和共质体（图 3 - 5）。养分在横向运输的过程中是途径质外体还是共质体，主要取决于养分种类、养分浓度、根毛密度、胞间连丝的数量、表皮细胞木栓化的程度等多种因素。

离子进入木质部的过程中，薄壁细胞起着重要作用，它们紧靠木质部导管外围，是离子进入导管的必经之路，这些细胞都具有旺盛代谢能力和离子转运能力。

木质部中养分的移动是在死细胞的导管中进行的，移动的方式以质流为主。木质部汁液的移动是根压和蒸腾作用驱动的共同结果。由于根压和蒸腾作用只能使木质部汁液向上运动，而不可能向相反方向运动，因此，木质部中养分的移动是单向的，即自根部向地上部的运输。

韧皮部运输养分的特点是在活细胞内进行的，而且具有两个方向运输的功能，一般是韧皮部运输养分以下行为主。很多养分在韧

皮部的运输，在很大程度上取决于养分进入筛管的难易。离子养分进入筛管是跨膜的主动过程，凡是影响能量供应的因素都可能对离子进入筛管产生影响。在必需的大量元素中，氮、磷、钾和镁的移动性大，微量元素中铁、锰、铜、锌和钼的移动性较小，而钙和硼是很难在韧皮部中运输的。

木质部和韧皮部在养分运输方面有不同的特点，但二者之间相距很近，只隔几个细胞。在两个运输系统之间也存在养分的相互交换，这种交换对于调节树体内的矿质营养非常重要。在养分的浓度方面，韧皮部高于木质部，因而养分从韧皮部向木质部的转移为顺浓度梯度，可以通过筛管原生质膜的渗漏作用来实现。相反，养分从木质部向韧皮部的转移是逆浓度梯度，需要能量的主动

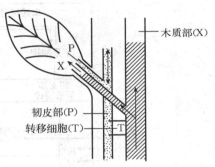

图 3-10　木质部与韧皮部之间
养分转移示意图
（引自《植物营养学原理》）

运输过程，这种转移主要需要由转移细胞进行（图 3-10）。由图 3-10可以看到，养分通过木质部向上运输，经转移细胞进入韧皮部；养分在韧皮部中既可以继续向上运输到需要养分的器官或部位，也可以向下再回到根部。这就形成了树体内部分养分的循环。

四、果树体内矿质养分的循环与再利用

果树体内在韧皮部中移动性较强的矿质养分，从根的木质部中运输到地上部后，又有一部分通过韧皮部再运回到根中，而后再转入木质部继续向上运输，从而形成养分自根至地上部之间的循环流动。树体内养分的循环是果树正常生长发育所不可缺少的一种生命活动。氮和钾的循环最为典型（图 3-11）。当果树根系从土壤中吸收的是硝态氮（$NO_3^- - N$）时，一部分 NO_3^- 在根中还原成氨，

进一步形成氨基酸并合成蛋白质；另一部分 NO_3^- 和氨基酸等有机态氮，进入木质部向地上部运输。在地上部尤其是叶片中，NO_3^- 进行还原，进而与酮酸反应形成氨基酸，它可以继续合成蛋白质，也可以通过韧皮部再运回根中。

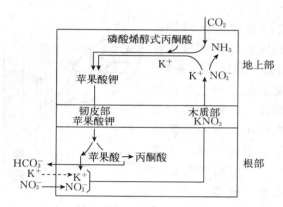

图 3-11　硝酸与苹果酸的运输与地上、地下部之间钾循环模式

钾也是果树体内循环量最大的元素之一。它的循环对树体内电性的平衡和节省能量起着重要的作用（图 3-11）。根系吸收的 K^+ 在木质部中作为 NO_3^- 的陪伴离子向地上部运输，到达地上部后 NO_3^- 还原成 NH_3，为维持电性平衡，地上部有机酸（主要是苹果酸）与 K^+ 形成有机酸盐。有机酸钾盐可在韧皮部中运往根中。在根中有机酸钾再解离为 K^+ 和有机酸，有机酸可作为碳源构成根的结构物质或转化成 HCO_3^- 分泌到根外。在根中的 K^+ 又可再次陪伴 NO_3^- 向地上运输，如此循环往复。

果树体内养分的循环还对根吸收养分的速率具有调控作用。

果树体内有些矿质元素能够被再利用，而另一些养分不能被再度利用。在韧皮部中移动性大的营养元素，如氮、磷、钾等，称为可再利用的养分；在韧皮部中移动性小的营养元素，如钙、硼、铁等，称为不可再利用的养分。

养分再利用的过程是漫长的，需经历共质体（老器官细胞内激活)→质外体（装入韧皮部之前)→共质体（韧皮部)→质外体（卸入新器官之前)→共质体（新器官细胞内）等诸多步骤和途径。因此，只有移动能力强的养分元素才能被再利用。

在果树的生长发育过程中，生长介质的养分供应常出现持久性或暂时性的不足，造成树体内的营养不良。为维持果树的生长，养分从老器官向新生器官的转移是十分必要的。然而果树体内不同养分再利用程度各不相同。再利用程度大的营养元素，缺素症首先出现在老的部位，而不能再利用的营养元素，缺素症首先表现在幼嫩器官（表3－5）。氮、磷、钾和镁4种养分在树体内的移动性大，因而再利用程度高，当这些养分缺乏时，可从老的部位迅速及时地转移到新生器官，以保证幼嫩器官的正常生长。铁、锰、锌和铜等微量营养元素在韧皮部移动性较差，再利用程度较低，因此，缺素症首先出现在幼嫩器官。但老叶中的这些微量元素通过韧皮部向新叶转移的比例及数量还取决于体内可溶性有机化合物的水平。当能够螯合金属微量元素的有成分含量增高时，这些微量元素的移动性随之增大，因而老叶中微量元素向幼叶中的转移量随之增加。在果树生产中养分的再利用程度是影响果实产量与品质、肥料利用率高低的重要因素，通过各种有效的农艺措施，以提高树体内养分的再利用效率，就能使有限的养分物质发挥更大的增产作用。

表3－5　缺素症状表现部位与养分再利用程度之间的关系

矿质养分种类	缺素出现的主要部位	再利用程度
氮、磷、钾、镁	老叶	高
硫	新叶	较低
铁、锌、铜、钼	新叶	低
硼和钙	新叶顶端分生组织	很低

第四章

北方果树测土配方施肥技术

第一节 北方果树测土配方施肥的
基本原理与特点

一、果园测土配方施肥的涵义

果园测土配方施肥是果品生产用肥技术上的一项革新，也是果品产业发展的必然产物。

果园测土配方施肥就是综合运用现代农业科技成果，以果园土壤测试和肥料田间试验为基础，根据果树需肥规律、果园土壤供肥性能和肥料效应，在合理施用有机肥料的前提下，提出氮、磷、钾及中、微量元素的适宜用量和比例、施用时期以及相应的施肥技术。通俗地说，就是在农业科技人员的指导下科学施用配方肥。果园测土配方施肥技术的核心是调节和解决果树需肥和土壤供肥之间的矛盾。

二、果园测土配方施肥的应用前景

土壤有效养分是果树营养的主要来源，施肥是补充和调节土壤养分的数量与生物有效性的最有效手段之一。果树因其种类、品种、生物学特性、气候条件以及农艺管理措施等诸多因素的影响，其需肥规律差异较大。因此，及时了解不同树种果园土壤中的养分变化动态，对于指导果树科学施肥具有广阔的发展前景。

果园测土配方施肥是一项应用性很强的农业科学技术，在果品生产中大力推广应用，对促进我国的果品增产、果农增效具有十分重要的作用。也就是说，通过果园测土配方施肥技术的实施，能达到以下5个目标。

　　1. 节肥增产　在合理施用有机肥料的前提下，不增加化肥投入量，调整养分配比平衡供应，使果树单产在原有基础上，能最大限度地发挥其增产潜能。

　　2. 减肥优质　通过果园土壤有效养分的测试，在掌握土壤供肥状况、减少化肥投入量的前提下，科学调控果树营养均衡供应，以达到改善果实品质的目标。

　　3. 配肥高效　在准确掌握果园土壤供肥特性、果树需肥规律和肥料利用率的基础上，合理设计养分配比，从而达到提高产投比和增加施肥效益的目标。

　　4. 培肥改土　实施配方施肥必须坚持用地和养地相结合，有机肥与无机肥相结合，在逐年提高果树单产的基础上，不断改善果园土壤的理化性状，达到培肥改土、提高果园土壤综合生产能力可持续发展的目的。

　　5. 生态环保　实施测土配方施肥，可有效控制化肥与氮肥的投入量，减少肥料的面源污染，避免水源富营养化，从而达到养分供应和果品需求的时空一致性，实现果树高产和生态环境保护相协调的目标。

三、果园测土配方施肥的特点

　　果树营养特点不同于大田作物，更有别于蔬菜作物，因此果园测土配方施肥技术要比大田作物和蔬菜更复杂、更难于操作。

　　1. 土壤和植株样品采集难度大　由于大多数果树个体与根系分布不同于大田作物和蔬菜，地上部植株与根系空间变异很大，所以对植株和土壤样品采集要求更高，采样方法不合理会导致养分测定结果不能很好地反映果树的营养状况。这就要首先保证采样的代表性。

2. 土壤养分测试结果与植株的生长状况相关性较差 大多数果树具有贮藏营养的特点，其长势和产量不仅受当年施肥和土壤养分供应状况的影响，同时也受上季施肥和土壤养分状况的影响。因此，土壤养分的测试结果与当年的果树生长状况的相关性不如大田作物好，这就要求果树测土配方施肥更应注意长期的效果，土壤测试指导施肥更应该注重前期田间管理，同时也要求相应的果树田间试验必须有较长时间（3～5年，甚至更长）。

3. 果农管理水平差异很大 果树生长往往是营养生长和生殖生长交替进行，即使在相同的土壤养分和施肥条件下，果农管理水平的差异也会影响产量与质量，而且同时影响到对果树施肥效果的评价。因此在果园测土配方施肥试验研究中，选择管理水平一致且树龄、树体、长势尽可能一致的果园是非常必要的。

四、果园测土配方施肥的基本原理与步骤

（一）果园测土配方施肥的基本原理

果园土壤养分状况与果树生长状况有着密切的联系，在土壤养分含量由不足到充足，再到过量的变化中，果树生长状况和产量表现出一定的变化规律。通过研究其变化规律，可以确定某一地区内某种主栽树种在不同土壤条件下获得一定产量时对土壤有效养分的基本要求，从而制订相应的土壤测试指标体系。在此基础上，果农就可根据土壤测试结果，判断果园土壤养分的基本供应状况，并进而实施相应的科学施肥方案。

（二）果园测土配方施肥的基本步骤

果园测土配方施肥的基本步骤如图4-1所示，主要环节如下。

1. 确定不同果园土壤养分测试值相应的果树施肥原则和依据。

2. 确定果园土壤主要养分有效含量与果树生长量、产量及果实品质等相互之间的关系。

3. 建立果园土壤养分测试指标体系。

4. 实施果园土壤的测试。

5. 确定果树主要养分的吸收参数。

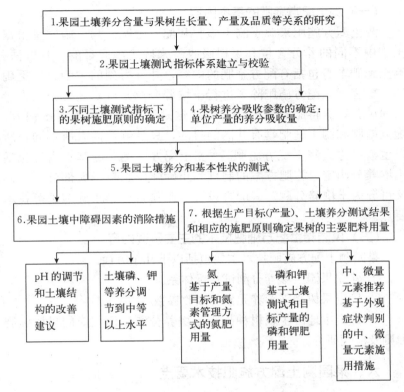

图4-1 果园土壤测试与果树施肥的基本步骤示意

(1～5项为果园土壤测试施肥技术研究的内容，

而5～7项为具体测试结果应用方面的内容)

　　6.根据土壤测试结果，结合果园土壤养分测试指标，选用防治与调控果树营养障碍因素的措施，如将土壤pH、有机质、有效氮磷钾的水平调节到适宜范围或中等肥力水平以上等，尤其是新建果园更应注意。

　　7.根据土壤测试结果，制订并实施氮肥、磷肥、钾肥和中、微量元素肥料的施用方案。

五、果园测土配方施肥的基本内容

(一)测土配方施肥的基本内容

测土配方施肥来源于测土施肥和配方施肥。测土施肥是根据土壤中不同的养分含量和果树吸收量来确定施肥量的一种方法。测土施肥本身包括有配方施肥的内容，并且得到的"配方"更确切，更客观。配方施肥除了进行土壤养分测定外，还要根据大量田间试验，获得肥料效应函数等，这是测土施肥所没有的内容。配方施肥和测土施肥具有共同的目的，只是侧重面有所不同，所以也概括称为测土配方施肥。"测土配方施肥"的基本内容包括土壤养分测定、施肥方案的制订和正确施用肥料三大部分。具体又可分为土壤养分测定、配方设计、肥料生产、正确施肥等技术要点。

(二)果园测土配方施肥技术的主要研究内容

果园测土配方施肥技术主要包括以下几个方面。

① 建立果园土壤养分测试指标体系。

② 确定果树必需营养元素的吸收参数。

③ 确定本地区主栽树种果园土壤养分测试值相应的果树施肥原则及应用研究。

六、果园测土配方施肥技术要点

正确认识和牢固掌握果园测土配方施肥技术要点，对于开展配方施肥服务非常重要。果园测土配方施肥技术与大田作物基本相同，主要包括"测土、配方、配肥、供应、施肥指导"5个核心技术要点、9项重点内容。

1. 田间试验 田间试验是获得果树最佳施肥量、施肥时期、施肥方法的主要途径，也是筛选和验证果园土壤测试技术、建立土壤测试配方施肥体系的基本环节。通过田间试验，不但要解释试验的结果，能指导生产实践，而且还要摸清果园土壤供肥量、果树各生育期的需肥量、土壤养分丰缺指标、土壤养分校正系数和肥料利用率等基本参数，为果树施肥分区和肥料配方提供依据。

2. 土壤测试　土壤测试是制订肥料配方的重要依据之一，选择适合当地果园土壤、果树生产的土壤测试项目和测试方法，对于果园测土配方施肥来说是相当重要的。通过学习和借鉴国外土壤测试的操作规程，建立适合我国测土配方施肥技术的标准操作规程势在必行。除了常规土壤农化分析外，中国农科院土壤肥料研究所改进的"土壤养分综合系统评价法"、中国农业大学研究的"土壤、植株测试推荐施肥技术体系""Mehlich3 法"等。其中"Mehlich3 法"能适用于更大范围的土壤类型，能同时浸提和测定除了氮以外的多种土壤有效营养元素，此法有望成为土壤测试的通用方法。

3. 配方设计　肥料配方设计是果园测土配方施肥技术的核心。20 世纪 90 年代，我国加入世界贸易组织（WTO）以来，果树专用肥施用面积迅速扩大。全国范围内在通过总结田间试验、土壤测试、果树营养诊断等经验的基础上，根据不同果树施肥区域、不同土壤肥力、不同气候等基础条件，研制相对应的果树施肥配方。

4. 校正试验　为了保证肥料配方的准确性，最大限度地减少果树配方肥料批量生产和大面积施用的风险，必须在每个施肥分区单元设置检验试验：配方施肥、果农习惯施肥、空白对照（不施肥）3 个处理，以当地主栽果树树种为研究对象，检验配方施肥的效果，校正施肥参数，验证并完善果树配方施肥方案。

5. 配方加工　配方能准确地落实到果农的田间是提高和普及果园测土配方施肥技术的最关键的环节。目前，最具有市场前景的配方肥发展模式是科技化引导、市场化运作、工厂化加工、网络化营销。

6. 示范推广　为了促进测土配方施肥技术能真正落实到果品主产区果农的果园中，既要保证技术服务及时到位，又要让果农看到实效并得到实惠，必须创建测土配方施肥示范区，建立样板，全面展示测土配方施肥技术的效果。

7. 宣传培训　宣传培训是提高果农科学施肥意识，改变盲目施肥旧习，是普及果园测土配方施肥技术的重要手段。结合当地实际情况，开展各种形式的技术培训，在果品主产区培养基层科技骨干，及时向果农传授测土配方施肥技术，同时还要加强对各级科技人员、肥料生产企业和营销商的系统培训，建立和健全果树科技人员和肥料经销商持证上岗制度。

8. 效果评价　果农是测土配方施肥技术的最终执行者和受益者，而果品品质又直接影响果树产品本身的商用价值。因此，在果园测土配方施肥的实施过程中必须始终把产量和品质双重目标一起考虑。在对一定施肥区域进行动态调查的基础上，及时获得果农生产情况、市场行情、食品检验等反馈信息，不断完善管理体系和技术服务体系。

9. 技术创新　技术创新是保证长期开展测土配方施肥工作的科技支撑。不断进行田间校验研究、土壤测试和果树营养诊断技术、肥料配方、数据处理与统计等方面的创新研究，促进果园测土配方施肥技术与时俱进。

第二节　北方果树测土配方施肥中确定施肥量的基本方法

果树专用肥料的配方设计，首先要确定氮、磷、钾肥料三要素的用量及相应的肥料组合与配方，然后通过配制与提供果树配方肥料或发放配肥通知单，指导果农科学施肥。果树配方肥料用量的确定，是采用先进的果树营养诊断技术和现代电子信息技术，以养分平衡（目标产量）法、肥料效应函数法、土壤与植株测试推荐施肥方法和土壤养分丰缺指标法等为基本方法，快速而准确地计算和配制最佳施肥量与施肥方案。

一、养分平衡法

养分平衡法又称为目标产量法，目标产量就是计划产量。该法是根据果树长势、产量和质量的构成要素，以果实的目标产量所需养分量与土壤供肥量之差，为估算目标产量施肥量的依据，达到养分的收支平衡。因此，该方法应用最为广泛，计算方便。施肥量的计算公式为：

$$\frac{施肥量}{（千克/公顷）}=\frac{目标产量（千克/公顷）\times 单位产量养分吸收量（千克）-土壤供肥量（千克/公顷）}{所施肥料中养分含量（\%）\times 肥料利用率（\%）}$$

养分平衡法涉及果实的目标产量、施肥量、果园土壤供肥量、肥料利用率和肥料中有效养分含量等五大参数。其中土壤供肥量即为"3414"方案中处理 1（$N_0P_0K_0$）的果树养分吸收量，目标产量确定后因土壤供肥量的确定方法不同，形成了地力差减法和土壤有效养分校正系数法两种。

1. 地力差减法　地力差减法是根据果实目标产量与基础产量之差来计算土壤供肥量和施肥量，计算公式为：

$$\frac{施肥量}{（千克/公顷）}=\frac{（目标产量-基础产量）\times 单位经济产量养分吸收量（千克）}{所施肥料中养分含量（\%）\times 肥料利用率（\%）}$$

基础产量即为"3414"方案中处理 1（$N_0P_0K_0$）的产量。

2. 土壤有效养分利用系数法　土壤有效养分利用系数法是通过测定土壤有效养分含量来计算施肥。计算公式为：

$$\frac{施肥量}{（千克/公顷）}=\frac{单位产量养分吸收量\times 目标产量-土壤测试值\times 2.25\times 有效养分利用系数}{所施肥料中的养分含量（\%）\times 肥料利用率（\%）}$$

3. 有关参数的确定　养分平衡法的优点是概念清楚，应用方便，便于推广。但是须要结合当地果树生产的实际情况、果园土壤肥力特征、果树需肥规律及果实商品价格特点，确定必要的参数，才能取得满意的结果。此外，若施用大量有机肥料，应在计算出的施肥量中适当扣除一部分养分量，否则，容易造成过量施肥，而带来不良后果。

（1）目标产量。可采用平均单产法来确定，以当地前 3 年平均产量为基础，露地果园栽培一般再加 20％左右，保护地果园栽培再加 30％左右的增产量为果实的目标产量。

$$\frac{目标产量}{（千克/公顷）}=[1+增产率（\%）]\times 前 3 年平均产量（千克/公顷）$$

（2）单位产量养分吸收量。是指果树生产每一单位（如每 100千克）经济产量（果实）从土壤中吸收的养分量。

（3）土壤供肥量。土壤供肥量可以通过测定基础产量和土壤有效养分校正系数两种方法估算。一是通过基础产量估算（如"3414"处理 1 的产量），以不施肥（空白）区果树所吸收的养分量作为土壤供肥量。

$$\frac{土壤供肥量}{（千克/公顷）}=\frac{不施养分区果实产量（千克/公顷）}{100}×100\ 千克产量所需养分量$$

二是通过土壤有效养分校正系数估算。为了使土壤测定值（相对量）更具有实用价值，应将土壤有效养分测定值乘以系数进行调整，以表达土壤"真实"的供肥量。将土壤测试值引入土壤供肥量计算式，简便易行的土壤有效养分测试就可代替繁琐的生物试验测定，以解决令人莫测的土壤供肥量。著名土壤测试科学家曲劳将"肥料利用率"引入土壤有效养分方面来，假如土壤有效养分也有个"利用率"问题，那么土壤测试值乘以"利用率"即得土壤真实的绝对的供肥量。为避免"土壤有效养分利用率"与"肥料利用率"在概念上相混淆，我们暂以"土壤有效养分校正系数"来代替。因此土壤供肥量计算公式即变为：

$$\frac{土壤供肥量}{（千克/公顷）}=土壤养分测定值（毫克/千克）×2.25×土壤有效养分利用系数（\%）$$

式中的 2.25 是单位毫克/千克换算为千克/公顷的系数。因为每公顷 20 厘米的耕层土壤重量约为 225 万千克，所以将 2.25 作为土壤养分测试值（毫克/千克）换算成每公顷土壤有效养分含量（千克）的换算系数。

土壤有效养分利用系数的计算公式为：

$$\frac{土壤有效养分}{利用系数（\%）}=\frac{不施养分区果树吸收的养分量（千克/公顷）}{土壤测试值（毫克/千克）×2.25}×100\%$$

本方法提出后，美国、苏联、印度等国的肥料工作者纷纷研究土壤有效养分校正系数，并以此确定各国推荐施肥公式，并在果树生产实践中得到广泛应用。

① 美国 Truog—Stanford 式。

$$Nf=Nc-EsNs/Ef$$

式中：Nf——总需氮量；

Nc——计划产量的吸氮量；

Ns——土壤有效氮测定值；

Ef——肥料氮的当季利用率；

Es——土壤有效氮利用系数。

② 印度 Ramamoorthy 式。

推荐需肥量＝（单位指标产量所需养分量×指标产量）/肥料利用率－（土壤有效养分校正系数×土壤养分测试值）/肥料利用率

③ 苏联养分平衡式。

$$D=A-2.25BK_1/K_2$$

式中：D——总需养分量；

A——计划产量所吸收的养分量；

2.25——把毫克/千克换算成千克/公顷的系数；

K_2——肥料利用率；

K_1——土壤有效养分的利用率即校正系数。

由公式可知，本法中的目标产量所需养分量，肥料中养分含量和肥料利用率皆与养分平衡法相同，唯有土壤有效养分校正系数要进行研究。

（4）确定土壤有效养分系数的方法。

① 设置田间试验。试验方案需设置 NP、NK、PK、NPK 等 4 个基本处理，要有足够的试验点以保证其应用价值。供试树种、品种、树龄等应统一，果实成熟后计产，再计算出需养分总量及无氮、无磷、无钾区的土壤供氮、供磷、供钾量。为准确起见，现在许多科技人员自测果树需肥系数，这就要进行大量的土壤测试工作。

② 测定土壤有效养分含量。在设置田间试验的同时，采集不施任何肥料的土壤样品（"3414"方案中的 $N_0P_0K_0$ 即空白处理）。

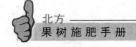

测定土壤中的碱解氮（碱解扩散法）、土壤有效磷（Olsen法）和有效钾（火焰光度法）。

③ 确定土壤有效养分校正系数。按土壤有效养分校正系数计算公式，计算出每一个果园土壤有效养分的利用系数。应注意土壤有效养分利用系数不一定都是小于1的数，也可能是大于1的数，这将取决于养分浸提量的大小。

④ 进行回归统计。以土壤有效养分利用系数Y为纵坐标，土壤有效养分测定值X为横坐标，作出散点图，根据散点图分布特征进行选模，以配置回归方程式（图4-2、图4-3）。

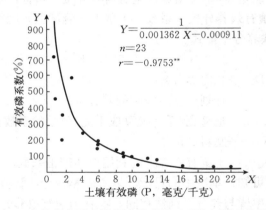

图4-2 吉林省主要土壤的有效磷校正系数与测土值的关系

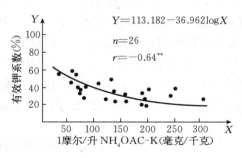

图4-3 浙江省红壤的土壤有效钾校正系数与测土值的关系

⑤ 编制土壤有效养分校正系数换算表。对于基层科技工作者和果园管理者来讲，更需要直观明了的分档数据，以便随时随地计算土壤供肥量。目前，有关果树生产区的土壤有效养分系数换算表较少，可参考大田作物土壤养分系数、土壤测试值与肥料利用率之间的关系（表4-1）。

在引入土壤有效养分校正系数时，必须结合当地实际生产情况，做大量田间试验和土壤有效养分测试工作。在积累大量有效数据的基础上进行生物统计，得出显著或极显著的规律性后方可用于测土配方施肥实践。通过实践获取反馈信息校正养分系数，并在实践中不断修正，才能与生产实际相符，提高测土配方施肥的准确性。

（5）肥料利用率。肥料利用率（系数）是指果树在生长季（年生长周期）从所施肥料中吸收的养分量占施入肥料总养分量的百分数，它也是确定果树最佳施肥量的重要参数。受果树树种与品种、砧木、树龄、肥料品质与投入量、施肥技术、土壤肥力及气候条件等诸多因素的影响，确定肥料利用率的难度很大，可通过查阅国内外资料、参考有关数据及通过田间试验和化学分析来求得。

在目前果园管理水平下，果树对化肥的利用率：氮肥30%～60%；磷肥10%～25%；钾肥40%～70%。有机肥料利用率为：腐熟较好的人粪尿、禽粪等的氮、磷、钾为20%～40%；猪厩肥的氮、磷、钾为15%～30%；土杂肥或泥肥的氮、磷、钾不足10%；豆科绿肥为20%～30%。研究表明，磷肥利用率最低，但其后效很长，氮、钾肥几乎相当。

在确定肥料利用率后，可按基肥和追肥的比例，分别计算出有机肥和化肥的计划施肥量，但是计划施肥量的计算只是一个粗略的估算值。在一般果园施肥中应根据当地肥料的供应情况进行合理的调整，并与其他管理技术相配合进行科学运用，使推荐施肥量更符合实际。

表 4-1 浙江省红壤有效磷、有效钾的土测值与养分系数之间的换算

(作物：玉米)

磷肥力等级	土测值（P，毫克/千克）	养分系数（%）	土壤供磷量（千克/公顷）	磷肥利用率（%）	钾肥力等级	土测值（K，毫克/千克）	养分系数（%）	土壤供钾量（千克/公顷）	钾肥利用率（%）
高	30	28	18.75	12	高	250	32.3	181.5	60
	25	32	18.15	12		240	33	178.5	60
	20	39	17.4	13		230	33.7	174	65
中	19	40	17.25	12		220	34.5	171	65
	18	42	17.1	12		210	35.3	168	65
	17	44	16.95	12		200	36.2	163.5	65
	16	46	16.8	12		190	37.1	159	65
	15	49	16.5	13	中	180	38	154.5	65
	14	52	16.35	13		170	39	148.5	70
	13	55	16.05	13		160	40	144	70
	12	59	15.9	14		150	41.1	139.5	70
	11	64	15.6	14		140	42.2	133.5	75
	10	68	15.3	14		130	43.4	127.5	75
	9	74	14.85	14		120	44.5	120	75
	8	81	14.55	15		110	45.6	112.5	75
低	7	90	14.25	15		100	46.6	103.5	80
	6	101	13.65	15	低	90	47.4	96	80
	5	117	13.2	16		80	47.8	85.5	85
	4	138	12.6	16		70	46.6	75	85
	3	171	11.55	17		60	47.5	64.5	85
	2	228	10.35	17		50	50.4	57	85
	1	—	—	—		40	53.9	48	85

（6）有机肥料施肥量的计算。适宜种植果实商品价值高的果园土壤有机质含量最好达到 2%～3%，或者更高。建立在果园土壤有机质矿化和积累平衡基础上的有机肥料推荐施用量，旨在保持或提高土壤有机质含量水平。若已达到者，则每年只需补充有机质矿化而消耗的数量。一般土壤有机质含量约为 166.2 吨，而年矿化率约为 2%，每年应补充 3.33 吨。例如堆肥有机质含量为 15%，则每年应施堆肥 2.22 吨。若要提高土壤有机质含量，则有机肥用量必须高于补充年矿化率的有机肥用量。但补充量应是循序渐进，每年依次增加为好。

二、肥料效应函数法

肥料对果树的增产效应体现在施肥量、果实产量和品质上，可以用数学函数来表示，即肥料效应函数。可采用"3414"设计方案，通过多点多年的果园测土配方施肥田间试验结果，选出最佳肥料配方施肥方案，确定施肥种类、比例与用量，建立当地主栽果树树种或品种的肥料效应函数。

采用多因子回归设计法，进行单因素、二因素或复因素多水平试验，将结果进行数理统计，求得产量与施肥量之间的函数关系。再根据方程式，不仅可以直观地看出不同营养元素肥料的增产效应及其配合施用的效果，而且也可以分别计算出最佳施肥量、施肥上限和下限，作为某一地区不同土壤肥力的果园配方施肥的依据。

此法的优点是能客观地反映肥效诸因素的综合效果，精确度高，反馈性好；缺点是有地区局限性，需要在不同土壤肥力的不同果园上布置多点试验，积累多年的相关资料，费时较长。

三、土壤养分丰缺指标法

土壤养分丰缺指标法是测土配方施肥最经典的方法。利用土壤养分测试值与果树需肥量之间的相关性，对不同果园不同树种进行田间试验。将土壤测试值以一定的级差进行分级，绘制果园土壤养分丰缺指标及其应施肥料数量检索表。只要取得土壤测定值就可以对照检索表按级确定肥料用量。此法是以"先测土，后效应"。国内外测土配方施肥实践表明，土壤养分丰缺指标法有一整套土壤化学原理和严密的统计系统，若严格遵循，其建议或推荐施肥量就符合生产实际。具体步骤如下。

1. 进行田间试验　在调查了解本地区果园土壤肥力状况和供试养分含量的分布状况的基础上，进行肥料试验的合理布点。点数越多，其结果越有代表性。土壤养分丰缺指标田间试验也可采用"3414"部分实施方案，如"3414"方案中的处理 1 为无肥区（CK）、处理 6 为氮磷钾区（NPK）、处理 2、处理 4、处理 8 为缺素区（即 NP、NK、PK）。栽培的树种，品种和果园管理技术同一般果园，最后计产。

2. 土壤养分测试　对各试验小区或试验树进行土壤有效养分的测试。

3. 求相对产量　在果实收获后计产，以全肥区（或株）最高产量为 100，将其他各缺素区（或株）的产量换算成相对于最高产量的百分数产量（％）。

4. 土壤养分丰缺指标分级　从缺素区或缺素株产量占全肥区（或株）产量百分数即相对产量的高低来表达土壤养分的丰缺情况。相对产量低于 50％的土壤养分为极低；50％～75％为低；75％～95％为中；大于 95％为高，从而确定出某一地区某种树种果园土壤养分丰缺指标及对应的施肥量。对该地区其他的果园，只要测定土壤养分含量，就可以了解土壤养分的丰缺状况，提出相应的推荐施肥量。

土壤养分丰缺指标法的优点是直观性强、定肥简便；缺点是精确度较差。与土壤养分指标等级相应的土壤测试值是一个相对值，仅能表达果园土壤中某种有效养分对果树产量的保证程度或该土壤对某种肥料的反应程度（表 4 - 2）。因此确定了土壤有效养分的丰缺指标，在指导施肥上也仅能达到定性或半定量的程度。欲达到完全定量的水平，还应在不同肥力指标的土壤上设置肥料量试验，确定出各种土壤养分丰缺指标的土壤合理施肥量，用以指导果园管理与施肥。由于土壤理化性质的差异，土壤氮的测定值和产量之间的相关性较差，一般只用于磷、钾肥和微量元素肥的定肥。

表4-2 土壤有效养分肥力指标及其对肥料的反应

肥力等级	有效养分丰缺程度	对果树产量的保证程度（%）	对肥料的反应程度
高	丰富	＞95	肥效不明显或无效
中	中等	70～95	施肥有一定肥效
低	缺乏	50～70	施肥效果明显
极低	极缺乏	＜50	施肥效果很明显

四、土壤植株测试推荐施肥法

土壤植株测试推荐施肥法技术综合了目标产量法、养分丰缺指标法和作物营养诊断法的优点。对于果树，在综合考虑氮肥施用过量、施肥养分比例失衡、田间管理有别于大田作物的前提下，根据氮、磷、钾以及中、微量元素养分的不同特性，采取不同的养分资源优化调控与管理措施。主要包括氮素实时监控施肥技术、磷钾养分恒量监控施肥技术和中、微量元素养分矫正施肥技术等。

1. 氮肥实时监控施肥技术 氮素实时监控施肥技术是在维持合理的根层无机氮供应数量的基础上，实现土壤—作物体系中氮素总平衡。这就是说，作物的氮素供应目标值是根据养分平衡原理的原则，主要满足推荐期间作物氮素的吸收数量、作物正常生长所必须的根层土壤无机氮数量以及氮素损失。一般情况下，果树的目标产量越高，氮素供应的目标值就越大；果树的生长期越长，氮素供应目标值就越大；在同样的目标产量下，漫灌条件下的果树氮素供应目标值通常高于滴灌条件。根据当地目标产量确定果树的需氮量，以需氮量的30%～60%作为基肥用量。还可根据果园土壤全氮含量，同时参照当地土壤养分丰缺指标来确定具体基肥比例。一般土壤全氮含量低时，以果树需氮量的50%～60%作基肥；在全

氮含量居中时，40％～50％作基肥；全氮含量偏高时，30％～40％作基肥。若以 30％～60％基肥比例的用肥量，其计算方法可通过"3414"方案进行田间校验试验。由于在果园土壤中土壤无机氮的残留量差异很大，果园间的无机氮差异有时可达数十倍。所以必须考虑土壤残留氮素，即通过建立果园果树产量与氮肥供应水平梯度的曲线关系，来求得适宜的氮肥用量，也称氮素供应目标值（图4-4）。

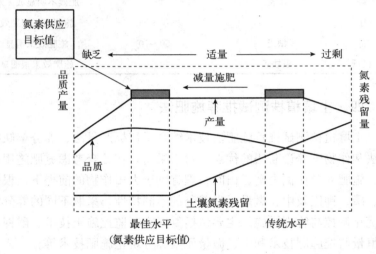

图4-4　果树产量和品质对不同土壤氮素供应水平的反应

因此在果园测土配方施肥工作中，可以通过收集资料建立和修正当地果园不同树种的氮肥施用量。一般情况下，在果园土壤中，土壤无机氮（硝态氮＋铵态氮）的 70％～95％都是硝态氮，因此有条件的果园或果农可在施肥前只测定 0～30 厘米土壤无机氮（或硝态氮）以调节基肥用量。

$$\frac{土壤无机氮}{（千克/公顷）}=\frac{土壤无机氮测试值}{（毫克/千克）}×2.25×校正系数$$

氮肥追肥用量还可根据根层土壤硝态氮测试值来决定和调控氮肥准确用量，这是控制过量施氮或施氮不足、提高氮肥利用率和减少氮素损失的重要措施。

氮肥推荐施用量 ＝ 目标产量需肥量 － 土壤硝态氮供应量
（千克/公顷）　（千克/公顷）　　（千克/公顷）

2. 磷钾养分恒量监控施肥技术　通常土壤对磷、钾等元素的供应具有很大的缓冲性，因此，在施用磷、钾肥时不需要像氮素那样非常精确，可以根据土壤有效磷、有效钾的测定值分组，并考虑果实带走量进行施肥。磷、钾肥用量的推荐指标与大田作物相似，都根据土壤有效磷、有效钾的测试值确定。对于磷肥用量的确定，应根据土壤有效磷测试结果和养分丰缺指标进行分级。当有效磷水平处在中等偏上时，可以将目标产量需磷量（只包括带出果园的果实）的100％～110％作为果树生长季磷用量；随着有效磷含量的增加，需减少磷肥用量，直至不施磷肥；而随着土壤有效磷的降低，需要适当增加磷肥用量。在极缺磷的土壤上，可以施到需磷量150％～200％。在2～3年后再次测土时，根据土壤有效磷含量和果实产量的变化，再对磷肥用量进行适当调整。钾肥用量的确定，首先需要确定施用钾肥是否有效，再参照上述方法确定钾肥用量，但是必须考虑有机肥和秸秆还田带入的钾量。

第五章

北方果树营养诊断与施肥

第一节　果树的无机营养诊断

由于果树营养的特点，决定了它的营养诊断比大田作物复杂。近30年来，通过大量的研究工作，才确立了以叶分析为中心的果树营养诊断法。利用叶分析判断树体营养状况，作为施肥的理论依据。

一、叶分析的基本原理

叶分析作为果树营养诊断方法的前提，是叶组织中各种主要营养元素的浓度与果树的反应有密切关系。它的基本原理是李比希的"最小养分律"，即认为植物体内各种营养元素间的生理功能不能互相代替。在某种营养元素缺乏时，必须及时补给这种元素，植物才能恢复正常生长；而缺素越严重，增加供给的潜在效应越大。Macy（1936）提出了以叶子干物质为基础的"营养元素临界百分数"的概念。他认为一种作物的每一种营养元素都有一个固定的"临界百分数"，如果植物体内该元素浓度超过这个百分数，表示为奢侈吸收，如果低于这个百分数则表示营养缺乏。这个临界百分数是一个概念性的数值，可以说它是一个范围值，当受到其他因子综合影响时会发生变化。但就每一种作物而言，都有可能反映其特点的大体范围。据此，他将植物反应与营养元素浓度的相关曲线划分成若干区域或部分。

1. 最低百分数区　植物体内某营养元素浓度增减变化不大，

而植物反应如生长量、产量、品质等会有较大幅度的增减。

2. 贫乏调节区　植物体内某元素浓度增高，植物反应亦增加。

3. 奢侈吸收区　植物体内某元素浓度增高，而植物反应保持不变。

根据上述分析可知，叶分析的任务在于找出各种临界浓度（营养诊断指标）和找出供试果树营养元素浓度属于哪种情况。特别要指出的是，在许多果园中，某种元素的潜在缺乏常易为人们所忽视。因此，在营养诊断中，要特别注意区分出各种元素的潜在缺乏，以便通过适当的施肥措施加以纠正。

Chapman 和 Reuther 等将营养诊断的指标划分为"缺乏、低量、适量、高量和过量"5 个等级。叶分析可以对照这些指标，并详细调查其果园管理技术措施，以此为基础来指导施肥。但 Bar Akiva 却认为，只有 3 个等级——缺乏、正常、过量——更接近于树体的通常情况。缺乏与过量经常伴随着可见症状的发生，在叶片分析曲线上可以明确地划分其界限范围。

进行果树营养诊断时，还必须注意树体中各种营养元素间要有一定的比例，如果比例失调，某种营养元素打破或失去了生理平衡，即将表现出盈亏的外部症状，并影响生长量或产量。Dumenil 用多重曲线回归测定了叶子各种营养元素的临界水平及其相互平衡关系，并指出，氮或磷的临界浓度并不是一个点，而是一个范围，这个范围既决定于氮或磷营养本身的浓度，也决定于叶子中其他营养元素的水平。在最高产量（或接近最高产量）时，才是氮、磷的平衡临界点。如果有一种营养元素的浓度变低，那么其他元素生理平衡的临界点也将有所降低。Shear 等认为，植物的生长量是叶子中各种营养元素的强度和它们之间的平衡这两个变数的函数。所谓营养强度，指的是叶子中所有有生理功能的营养元素的总当量浓度。在不同的营养强度下，各元素间将有复杂的比率，但是，只有在最适强度和最好平衡条件下，才能获得最高的生长量或产量。当任何元素的浓度发生变化，高于或低于最适强度时，其他元素浓度也随之改变，使各种营养元素达到新的平衡，此时，才能得到新水

平下的最高产量。如果运用正确的取样方法（取样时间与叶位），并考虑了影响叶中营养积累的各种因素，那么叶子组成就是表示植物营养状况的唯一有效指标。

Beaufils 从植物营养平衡的角度出发，提出一种诊断施肥综合法，简称为 DRIS 法。该法系用叶片分析诊断技术，综合考虑营养元素间的平衡情况和影响作物产量的诸因素，研究土壤、植株与环境条件的相互关系，以及它们与产量的关系。在进行大量叶片分析的基础上，记载其产量结果和可能影响产量的各种参数，以此确定 DRIS 法的诊断标准。

叶分析证明，许多因子会影响树体的营养水平，不仅叶片的年龄、梢别和部位有重要影响，而且树种、品种、砧穗组合、立地条件、栽培管理、年份以及结果状况等均对叶片矿质成分有一定的影响。所以，叶分析结果的解释或应用叶分析来指导施肥时，必须考虑这些因素的影响。

二、果树叶样的采集和处理

叶分析的结果能否用于果树营养诊断，在很大程度上取决于样品的采集和处理技术。因为取样时间、部位、数量以及样品处理方法都会显著地影响叶子中营养元素的含量。因此，只有准确地测定结果，才能得出正确的诊断结论，为合理施肥提供科学的依据。

1. 样品的采集

（1）样品的代表性。营养诊断的目的是希望通过对果树叶片样品的分析，获得大量有效数据之后，了解或推断整个果园或某个采样区的树体营养状况。因此，采集的样品对整个果园或某一采样区必须具有代表性。

样品的代表性，与控制采样误差直接相关。从理论上讲，在一个采样区分布的采样点愈多，每个样点的株数愈多，样品的代表性就愈大。在一般情况下，采样区布点的多少和每个点选定株数的多少，取决于果园面积的大小、考察对象的复杂程度和试验要求的精密度等因素。果园面积愈大、对象愈复杂，则采样点数和每点株数都应增加。在理想的情况下，应该使采样点数和每点株数最少，而样品的代表性又是最大，使有限的人力、物力得到最高的工作效率。

在同一采样区内，样点之间、样株之间仍然存在差异。为使样品能充分代表各植株的营养状况，必须多株采样。首先，要保证有足够的样点数，每点有足够的株数，使之能代表采样区植株的营养状况；其次，将要求将采样误差控制到与室内分析所允许的误差较为接近。根据这两个要求，采样点数或每点采集株数，可根据其变异系数和要求的精密度，按下式计算出来。

$$n=(CV/m)^2$$

式中：n——应布的采样点数或每点应采的株数；

　　　CV——变异系数（%）；

　　　m——试验所允许的量大误差（%）。

在一般情况下，室内分析允许误差不超过 5%。如果试验所允许的最大误差不超过 5%，假设株间的变异系数为 20%，于是每个采样点应采的株数 n 为：

$$n=(20/5)^2=16 （株）$$

就是说在这个采样点上，需要从 16 株树上采样组成一个样品，才能满足上述要求。

（2）采样方法。

① 样株的选择。确定了每个采样点的株数后，还必须进一步选定株样。定株的原则是尽量均匀和随机。均匀分布可起到控制整个采样点的作用；随机定株则可避免出现误差的影响。据此，定株以锯齿形（Z 形）或对角线为宜。如设有小区重复，宜用 Z 形取样法，每采样区各重复采 5 株；如不设重复，宜用对角线取样，每个采样区各重复采 25～50 株。若以直线或梅花形定株，则常常易造成系统误差。由于耕作、施肥等农业技术措施往往是顺着某一方向进行的，如果采样的方向与农业操作的方向一致，则样株落在同一条件的可能性很大，这样就容易降低采样的代表性。

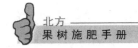

为了某一特定目的（例如缺素或毒害症状诊断）而采样时，则应注意样株的典型性，并应同时选择附近有对比意义的典型正常植株作为对照，使分析结果能在可比的情况下说明问题。为此，选定的两组样株的采样部位和生育期必须相同，否则，比较分析就会失去作用。

② 采样部位。样株选定后，还要决定采样部位。研究证明，叶片组织中营养元素的浓度受枝梢类别、树冠位置等因素的影响。

许多试验证明，在春梢叶龄相同的情况下，营养枝和结果枝叶片中元素含量有明显差异。从实际应用来看，采用营养性春梢中部的叶子为宜。

叶片在树冠上的位置不同，对其元素浓度的影响稳定性不同。因此，在采样时，枝梢种类和叶片在树冠上的位置应统一。通常是从树冠周围的目视高度（1.5～1.7 米），在东南西北各个方向上，选择发育中庸的营养性春梢，由顶端向下取第二至第三叶 1 片（带叶柄）。在 25～50 株树上采 100～200 片叶作为样品。

对于缺素引起的果实生理病害的研究，也可根据病情发生的时期采取果实样品，一般取树冠外围中部的果实或有病症的果实。

③ 采样时期。果树叶片中营养元素的浓度随采样时期和叶龄不同而有显著的变化。所以进行果树营养诊断时，决定采样时期是特别重要的。研究证明，通常选择叶片元素含量的稳定期采集叶片进行分析较为适宜，亦即以新梢停止生长、叶片矿质成分含量变动小的时期为适期。采样适期因树种、品种、气候条件等而异。以往大多数学者认定柑橘叶片分析采叶期为春梢叶片 4～7 月龄。据此，我国柑橘产区营养诊断的采叶期以 8～9 月为宜。对于苹果、梨、杏、桃等果树的采样时期，我国北方大致为盛花后 8～12 周（7～8月）或结果树顶芽形成后 2～4 周，取新梢中部叶子。

采样时间亦应一致。叶片元素含量在一天中略有变化，一日之中以 8～10 时采叶为宜。因为此时树体的生理活动已趋活跃，地下部的根系吸收速率与地上部趋于上升的光合作用强度接近动态平衡。此时树体组织中的养分贮量最能反映根系养分吸收与树体同化需要的相对关系，因此最具有营养诊断意义。

2. 样品的制备

（1）新鲜叶片的处理。采集到的新鲜叶片，要按田间编号、样品号、样品名称、取样日期、部位、取样地点、树的健壮情况、取样人等信息填写标签和田间采样考察表。新鲜树叶可用尼龙纱袋或纱布袋装盛，必须迅速从田间携回试验室立即处理。若不能及时处理，可换上塑料袋，放在−5℃的冰箱里冷藏直至洗涤，这样可保持叶片新鲜，养分不致被淋洗掉。

（2）叶片的洗涤。由于叶子表面有土、尘埃、农药、肥料等污染物，会影响分析结果。因此，必须将这些杂质去除。对柑橘叶片洗涤与否对常量元素的分析影响不大，但对微量元素，特别是锌、锰、铁、铜的影响极大。

洗涤的方法是先将中性洗涤剂配成 0.1%～0.3% 的水溶液，再将叶片置于其中洗涤 30 秒，取出后尽快用清水冲掉洗涤剂，再用 0.2% 盐酸溶液洗涤 30 秒，然后用去离子水洗净（或用蒸馏水，再用去离子水）。整个操作必须迅速（总清洗时间勿超过 2 分钟），尽量避免某些养分的损失。

（3）叶片的烘干。洗净的叶子先用滤纸或纱布将水吸干，为了减少化学变化和生化反应，尽快放入 105℃ 的鼓风干燥箱中烘 20 分钟，然后再在 65℃ 下烘干。如果取样地点没有烘箱时，也可将样品放在干燥空气流通处晾干，不要曝晒，用这种方式干燥的样品，虽然由于呼吸作用，化学成分会有少许变化，但以营养诊断为目的，其影响不大，但不要放在潮湿的地方以免发霉。

果实和叶子同法洗涤，若果皮、果肉分别测定，则要用不锈钢刀将果皮薄薄削下，果皮全部留作分析。果肉可取纵横剖面各一片作为样品；果实样品只能在 60～65℃ 的烘箱中烘干，否则很易霉烂或温度过高而烘焦。

（4）叶片的粉碎。初步干燥的叶子，在磨碎前重新放在 70～

80℃烘箱中，烘干至脆（果实只能在65℃下烘干），取出，放在干燥器中。冷却后，将样品放在干净的塑料袋中，用手在外面轻轻搓碎。然后在玛瑙研钵中研细，或者用玛瑙球磨机或不锈钢粉碎机磨细。若进行常量元素的分析，可使用瓷研钵或一般植物粉碎机。但对于微量元素分析，应特别注意磨具的污染。铜、铁、锌来自干燥器、粉碎机、筛别用的筛子等的污染是众所周知的。所以最好用玛瑙磨具，其次是瓷制磨具。

（5）样品的贮存。干燥磨细的样品，混合均匀后放在灭菌密闭的塑料瓶子里贮存，或贮存于－5℃的冰箱里，则可永久保存而不变质。美国国立标准局贮存的标准植物样品是用γ射线灭菌后贮于密闭的聚乙烯袋中。我国制备的果树标准叶样是装入塑料瓶内置于85℃烘箱干燥12小时，封盖后用钴60-γ射线4.9×10^{-5}戈瑞照射后，在室温下（10～30℃）封存于暗处。

贮存样品时，要特别注意霉变、虫害、鼠害，因为放在塑料袋或塑料瓶中的样品，最易遭受老鼠的损害。在分析称样前，要把样品再次混匀，装在称量瓶里，在70～80℃下烘干8小时（果实在65℃下）取出，放在干燥器中冷却后再称样。

3. 样品的灰化 在进行元素分析之前，需将样品制备成溶液。常用的方法有干灰化和湿灰化两种。干灰化法的优点是操作简便，制备溶液过程中的污染概率较少。硼和钼以干灰化为好。四苯硼钠法测定钾时也以干灰化为最佳。

干灰化的温度不宜超过500℃，时间不宜过长。用高型坩埚比扁形容器要好。若温度过高，有的元素如钾、硼会挥发损失，有的元素如铜、锰、锌会形成不溶于酸的硅酸盐。湿灰化的优点是不受容器限制，一次可消化较多的样品，金属元素不易损失，所需时间较短。缺点是消化过程中易受来自器皿、仪器及所加试剂含有的杂质等污染。特别是所用的酸或碱不纯且用量大时，污染概率较高，对微量元素分析十分不利。

为了节约时间，提高灰化效率，应因地制宜地选择最佳方法，即在同一待测液中测定更多的元素。例如，用H_2SO_4—H_2O_2湿灰化法制备待测液以测定常量元素氮、磷、钾、钙、镁等；采用 HNO_3 - $HClO_4$ 湿灰化法，用原子吸收分光光度计法可同时测定铜、锌、铁、锰等多种微量元素。

三、树体主要无机营养元素的测定

1. 植株全氮的测定

（1）碳、氮自动分析仪测定法。

仪器：碳氮自动分析仪及其附件、万分之一天平等。

试剂：马尿酸（二级）、氧化钴。

测定方法：称取植株样品 0.200 0 克，装入镍舟，与 4 克氧化钴充分混匀，送入碳氮自动分析仪的自动进样器中，15 分钟为一周期，样品自动进入燃烧炉和还原炉，生成的气体进入定量泵，达到检测器，由记录笔记录峰值图谱，数字显示仪显示并打印出峰高。

（2）凯氏定氮法。是植株全氮量测定最经典的方法。

方法原理：植株样品在硫酸钾和硫酸铜混合催化剂作用下，用浓硫酸消煮，使氮转化成为硫酸铵，然后加碱蒸馏，逸出的氨被硼酸吸收，用稀 H_2SO_4 滴定终点，根据标准酸的用量计算出植株含氮量。

测定方法省略。

2. 树体全氮、全磷、全钾等的测定

方法原理：为了便于在同一消煮液中同时测定全氮、全磷、全钾含量，可以选用 H_2SO_4 - H_2O_2 消煮法。该法操作简单快速，适用于成批植物样品的分析，对测定的干扰较少，准确度较高。

测定方法：

（1）消煮液的制备（制备方法省略）。

（2）全氮的测定。H_2SO_4 - H_2O_2 消煮液，可根据要求和条件选用蒸馏法、扩散法、靛酚蓝比色法或其他适当的方法测定全氮含量（具体测定方法省略）。

（3）全磷的测定。样品经 H_2SO_4 - H_2O_2 消煮后的待测液中的

115

磷可以选用在 H_2SO_4 介质中进行的各种钼蓝比色法或者钒钼黄比色法测定。钒钼黄法的灵敏度较低，但适用于含磷较高的植株样品（具体测定方法省略）。

（4）全钾的测定。树体组织中的全钾（和钠）以用 2 摩尔/升 NH_4OAC - 0.1 摩尔/升 $Mg(OAC)_2$ 浸提，直接用火焰光度计测定最为快速方便，测定结果也与用干灰化植物样品的方法相同。

（5）钾、钙、镁、铁、锰、锌、铜自动化分析。

方法原理：目前，钾、钙、镁、铁、锰、锌、铜的分析均用同一消煮液，用仪器分析代替常用化学分析，即简便又快速，准确度高（具体测定方法省略）。

第二节　果树有机营养诊断和
果实品质的鉴定

维持果树正常生长发育，不仅需要各种矿质营养，而且还需要有机营养。光合作用就是绿色植物利用光能将二氧化碳和水合成主要的有机营养——碳水化合物的过程。光合作用中所形成的六碳糖在叶子里首先合成为蔗糖，由叶子运至非绿色部分成为合成淀粉、纤维素或其他多糖的原料。叶绿体中的光合产物则以三碳糖磷酸的形式运至细胞质中，并在那里形成蔗糖或多糖。

果实品质是果品的重要经济性状之一，果实品质的优劣将直接地影响果品的市场价格和果园的经济收入。因此，提高果实品质是果树生产、科学研究中的一个重要目标。在进行果树主产区规划、育种、砧木选择、施肥和土壤管理等工作时，需要测定果实的品质，在果树营养诊断和施肥的研究中，也需要研究果实的品质。人们常以品质最佳的树体中的营养元素含量，作为营养诊断最适量的指标，而把该处理的施肥量作为确定适宜施肥量的重要依据。

科学地找出果实品质的鉴定方法，借以客观地反映果实的真实情况，前人曾作了不少工作，试图用仪器进行测定，以逐步做到果实品质测定指标化或标准化。目前，测定的项目有：仁果类果实的色泽（花青苷）、硬度、可溶性糖、可滴定酸、维生素C和果实大小、果形指数等；仁果、核果类的鞣质的含量以及衡量成熟度的标志内源乙烯的含量等。

一、果实色泽的鉴定

　　红色苹果的鲜艳色泽是人们所喜欢的，因此，果实的着色面积和色素花青苷的浓度是衡量果实品质的重要标志之一。除了树种、品种、气候、地理位置对果实的着色有很大影响之外，施肥对果实的着色有直接的作用。氮肥适量着色好，氮肥过量则贪青晚熟、着色差；增施绿肥、磷、钾、钙和硼肥的着色好。此外，肥料形态、配合比例、施肥时期和施肥方法等，对果实着色都有很大影响。生长调节剂也明显地影响着色。

　　目前，果实的色泽一般用着色面积和果皮花青苷的浓度两个指标来表示。

1. 果实着色面积的调查

　　调查方法：随机取待测样本果实 N 个（一般 $N=100$）。按红色着色面积占果实表面积的百分数分级，自 $0\sim100\%$，级距 20%，分成五级。并求出各级中数 M_1、M_2、$\cdots$、M_5 分别为 10%、30%、50%、70% 和 90%。

2. 果皮花青苷的测定

　　方法原理：苹果皮上的红色是由于果皮中含有一种称为花青素的物质。在自然界里花青素常和糖缩合，成为糖苷的形式存在，苹果皮上的红色，主要成分是氟定3-半乳糖苷（又称为依达因）。花青苷含量多少与果实色泽浓度呈正比关系，因此，可以用95%乙醇和1.5摩尔/升盐酸溶液，按85∶15的体积比混合，作为提取剂，将果皮中的花青苷提取出来，用分光光度计测定其吸光度，计算每 100 厘米^2 果皮中的总吸光度。

二、果实硬度的测定

果实硬度指的是果肉受压时的抗力。它的大小决定于果肉细胞的细胞壁中所含原果胶的多少，这种原果胶不溶于水，也不溶于酒精或乙醚。在果实成熟以前，果细胞壁中含有原果胶较多，果实硬度较大；随着果实逐渐成熟，原果胶转变成易溶于水的果胶（存在于细胞溶液中），果实硬度下降，果肉变绵。

施肥或喷以激素可以显著地影响着果实的硬度，例如，后期施用大量氮肥易使苹果延迟成熟，果实硬度较大；施用钾肥加速果实变绵；喷布 B9，可以提高苹果的硬度。

用于果实硬度测定的仪器包括：HP-30 型果实硬度计（天津津东机械厂产）和 GY-1 型果实硬度计等。

1. HP-30 型果实硬度计 这种硬度计的外壳是一个带有隙缝的圆筒，沿隙缝装有游标，隙缝两侧有刻度，圆筒内装有轴，其一端顶住一个弹簧，另一端旋有压头，当压头受力时，弹簧压缩，带动游标，从游标所示的刻度，读出果实硬度读数。这种硬度计只适用于仁果类，如苹果、梨等硬度较大的果实。压头有两种，截面积有所不同，大的为 1 厘米^2，小的为 0.5 厘米^2。

测定时，将果实待测部分的果皮削掉，使硬度计压头与削去果皮的果肉相接触，并与果实切面垂直，左手握紧苹果，右手持硬度计，缓缓增加压力，直到果肉切面达压头的刻线为止。这时游标尺随压力增加而被移动，所指的数值即表示每平方厘米（或 0.5 厘米^2）上的数值。

2. GY-1 型果实硬度计 这种硬度计虽然也是采用压力来测定果实的硬度，但其读数标尺为圆盘式，当压头受到果实阻力时，推动弹簧压缩，使齿条向上移动，带动齿轮旋转，与齿轮同轴的指针也同时旋转，指出果肉硬度的数值。

这种硬度计可测定苹果、梨的硬度。测定前先调零，转动表盘，使指针与刻度 2 千克重合。压头有圆锥形和平头两种，平压头适用不带皮果肉硬度的测定，圆锥形压头可用于带皮或不带皮的果实，测定方法同 HP‐30 型果实硬度计。

三、果实可溶性糖、还原糖和蔗糖的测定

果实中含有葡萄糖、果糖和蔗糖，总称为可溶性（水溶性）糖。葡萄糖、果糖为六碳糖，称为单糖，含有醛基和酮基，容易被氧化，又称为还原糖。蔗糖是十二碳糖，称为双糖，不易被氧化，又称为非还原糖。测定前要先加酸使之水解，生成一个分子葡萄糖和一个分子果糖，再测定溶液中可溶性糖的含量。由于在未水解的溶液中还有还原糖，故应以二者之差，来计算蔗糖含量。

所有的水果果实都含有葡萄糖和果糖，大部分也含有蔗糖，少数果实，如葡萄不含蔗糖。3 种糖以果糖最甜，蔗糖次之，葡萄糖较差，甜度之比为 100∶66∶45。

苹果的分析结果通常为：可溶性糖为 9％～14％（一般为11％～12％），还原糖 7％～10％（一般为 9％～10％），蔗糖0.7％～5％（一般为 2％～3％）。梨的分析结果通常为：可溶性糖为 7％～14％（一般为 8％～10％），还原糖 6％～9％，蔗糖0.6％～5％。仁果类（苹果、梨）的果糖含量较高，而核果类（桃、李、杏）中葡萄糖含量稍高于果糖。

方法原理：铁氰化钾在碱性溶液中可氧化还原糖，用糖的浸出液滴定已知浓度一定量的铁氰化钾溶液时，铁氰化钾即被还原为亚铁氰化钾，还原糖被氧化成糖酸。溶液中有铁氰化钾存在时，溶液呈现指示剂的颜色。当铁氰化钾全部还原为亚铁氰化钾，再多滴一滴糖液，指示剂就被还原成土黄色的三酚甲烷化合物，根据所消耗的糖液体积，计算糖的含量。

样品的采集：在果园里按照不同处理取树冠外围中部有代表性的无病虫果实若干（不得少于 10 个），带回试验室，把取来的样品果实洗净擦干，或用湿毛巾擦净果皮。分析苹果、梨、葡萄时，需带果皮。剥皮容易的桃样品则应去皮，柑橘要去掉外果皮和里面的白色网纹。西瓜、甜瓜则只取可食部分。葡萄、苹果、梨、桃、李、杏、柑橘和西瓜的种子均应弃去，苹果和梨还应去掉鳞片。取

样时，对苹果、梨、桃、西瓜、甜瓜等新鲜水果，取每个果实中部纵横各一片，用不锈钢刀切碎。柑橘取每个果实对角线的两瓣；浆果（葡萄）取每个果穗的上下左右各方位果实数粒。有时葡萄取其汁液进行分析。

测定步骤：

（1）糖液的提取。用400毫升烧杯，在受皿天平上称取切碎的样品150克，加150毫升去离子水，在高速组织捣碎机上搅拌3分钟。用小烧杯在工业天平上称取浆状物50克（相当于样品25克），用水洗至250毫升容量瓶中，使瓶内液体约为150毫升，用8%NAOH溶液中和溶液中的有机酸，每加1～2滴，摇匀溶液，并将少许红石蕊试纸投入瓶中，直到红石蕊试纸在溶液中明显变蓝为止。将瓶放入80℃的水浴中30分钟，每隔5分钟摇动一次，同时注意调节水浴温度。从水浴中取出瓶，趁热逐滴加入中性醋酸铅，沉淀其中的蛋白质和色素等，每加数滴，充分摇动瓶子，然后静止片刻，观察上层溶液是否清亮，如已清亮就不再加醋酸铅，以防过量，反而使溶液变得混浊无法滤出清液（据经验，25克元帅系苹果约需中性醋酸铅1.6～1.8毫升，含酸多的苹果，如国光，用量稍多些；25克梨则需1.5～3.5毫升），放置数分钟，再加入醋酸铅用量3～4倍的饱和硫酸钠溶液，使多余的铅生成硫酸铅沉淀，将容量瓶放冷，加水至250毫升，摇匀，用滤纸过滤到250毫升三角瓶中，这一糖液，即可用来进行还原糖的测定。

（2）还原糖的预测定。进行正式测定前，应先预测一次。在100毫升三角瓶中，用3个滴定管分别加入1%铁氰化钾溶液20毫升、2.50摩尔/升氢氧化钠溶液5毫升及糖液3毫升，将三角瓶放在有石棉铁丝网的300瓦小电炉上电热煮沸1分钟，加一滴次甲基蓝指示剂，随即边加热边用上述糖液继续滴定，使溶液保持微沸，在接近终点时，每加一滴糖液，都要充分摇动。溶液颜色的变化为绿-红-蓝紫-紫-土黄，从紫色突变到土黄即达到终点。消耗的总糖量（包括先加入的3毫升）在4～6

毫升时，结果最精确。如果消耗糖液超过 8 毫升，表示糖的浓度过淡，可取 10 毫升铁氰化钾溶液及 2.5 摩尔/升氢氧化钠溶液 2.5 毫升与糖液重新滴定。如果煮沸 1 分钟，加次甲基蓝指示剂后溶液立即变黄，说明糖液太浓，需要稀释一倍后再滴定。

（3）正式滴定。从上述预测，即可大致得到与 20 毫升铁氰化钾溶液作用时糖的消耗量，正式滴定时，在 20 毫升铁氰化钾和 5 毫升氢氧化钠溶液中，先加入比上述糖用量少 0.5 毫升的糖液煮沸 1 分钟，加指示剂 1 滴，边加热边逐滴滴入糖液，每加 1 滴都要充分摇动，直到终点为止。

（4）可溶性糖的测定。在还原糖的滴定中，溶液里虽然有蔗糖，但是它不能被铁氰化钾所氧化，所以只能滴定出还原糖的含量。如欲测定蔗糖，则另取糖液加酸水解，转化成等量的葡萄糖和果糖后，再照上述方法滴定。

四、果实可滴定酸的测定

果树的果实和叶子中都含有有机酸，它们是以游离态和结合态（有机酸盐）存在。果实里游离酸最多，而叶中则以有机酸盐为主。这些有机酸主要是苹果酸、草酸、柠檬酸、酒石酸、琥珀酸等，根据树种、品种、地区、栽培条件以及生育时期的不同，其有机酸的成分和含量也不同。没有成熟的果实和嫩叶中含有琥珀酸，而成熟的果实和老叶中主要是苹果酸、酒石酸或柠檬酸；葡萄里是酒石酸；苹果果实中主要是苹果酸；柑橘和柠檬的果实只有柠檬酸。研究果实（或叶）中的酸度，主要是指测定它们的滴定酸，即总酸度。

方法原理：可滴定酸包括所有的游离酸和酸式盐。测定时，用热水将果实中的可滴定酸提取出来，滤液用 0.1 摩尔/升 NaOH 溶液滴定，然后算出 100 克鲜果实中的含酸量。葡萄用酒石酸表示，柑橘以柠檬酸表示，仁果类、核果类及大部分浆果类均以苹果酸表示（具体测定方法省略）。

五、果实淀粉的测定

淀粉是由光合作用形成的单糖缩合而成的一种产物，在果实发育中，叶所制造的碳水化合物运入果实，以淀粉的形式贮藏起来。淀粉在果实中还可通过淀粉酶水解成糖。在果实发育初期，积累大于消耗。因此，淀粉含量不断增长，直至呼吸跃变期后，淀粉加速糖化，分解大于积累，淀粉含量逐渐减少。因此，果实淀粉含量在一定程度上与果实的成熟度有关。

方法原理：淀粉遇碘可生成蓝色络合物，在一定浓度范围内，蓝色的深浅与淀粉的含量成正比。用高氯酸作提取剂。显色后在分光光度计上测定其吸光度；同时，用苹果纯淀粉作为标准进行比较（具体测定方法省略）。

六、果实维生素 C 的测定

维生素 C 又称为抗坏血酸，在动植物的新陈代谢方面起着重要的作用，因为它是调节植物体细胞氧化还原过程的重要因子之一。缺少它，有机体的新陈代谢就会遭到破坏。维生素 C 是果实中所特有的，并且有的果实中含量很高。如猕猴桃，100 克鲜果中含量可达 700～1 100 毫克，100 克鲜枣中也有 350～600 毫克；而柑橘仅含有 55～66 毫克，苹果含有 5～48 毫克，梨含有 3～17 毫克。

一般而言，随着果实的成熟，维生素 C 的含量达到最高，但采收后，活性很快降低，贮藏过程中下降更快，不耐贮藏的品种较为明显。冷藏使维生素 C 的破坏更严重。由于维生素 C 极易氧化，因此，它的测定应在采收的当天进行。

方法原理：维生素 C 结构中有烯二醇存在，因此具有还原性，能将蓝色染料 2，6 -二氯靛酚还原为无色的化合物，其自身则被氧化为脱氢维生素 C。2，6 -二氯靛酚具有酸碱指示及氧化还原指示两种特性，在碱性介质中呈深蓝色，而在酸性介质中呈浅红色（变色范围 pH 4～5）；其于氧化态时呈深蓝色（碱性介质中）或浅红色（酸性介质中），还原态时为无色。据此特性，用蓝色染料碱性的标准溶液滴定果实样品酸性浸出液中维生素 C 到刚变浅红色为终点，由染料的用量即可计算维生素 C 的含量。滴定终点的红色是刚过量的未被还原的（氧化型）染料溶液在酸性介质中的颜色。

通常测定维生素 C 的浸提和滴定都是在 2‰草酸溶液中进行的，目的是保持反应时一定的酸度，避免维生素 C 在 pH 高时易被氧化。此染料不致氧化待测液中非维生素 C 的还原性物质，所以对维生素 C 测定有较好的选择性（具体测定方法省略）。

七、果实单宁的测定

采用 Folin - Denis 法测定果实中的单宁。果实品质好坏，除了糖、酸含量外，还要注意单宁的含量，因为单宁的存在会使我们感觉到果实的酸味增加和食用的味道提高。

单宁又称为鞣酸，它是一类有机酸类复杂化合物的总称。单宁可以分为两大类：一类是可以水解的，遇酸或单宁酶可水解成碳水化合物和多元酚类，如没食子酸和焦性没食子酸，茶叶和柿子里的单宁都属于这一类，这种单宁遇氯化铁溶液变成蓝黑色；一类是缩合单宁，不能被水解，如儿茶素，苹果和葡萄里的单宁属于这一类，它遇氯化铁溶液生成暗绿色。

单宁受氧化酶作用，可以生成褐色和红色的物质。切开或受伤的苹果表面变褐，即是单宁氧化的实例。单宁可以溶于水和酒精，但氧化以后，不溶于水，可溶于酒精、碱或碱金属盐的溶液中。

方法原理：单宁类化合物在碱性条件下，可将磷钨钼酸还原产生蓝色，在波长 760 纳米处有最大吸收峰，蓝色溶液的深浅与单宁含量成正相关，用光电比色计进行测定（具体测定方法省略）。

八、叶绿素的测定

光合作用的实质是叶绿素吸收光能用来氧化水，放出分子氧，并将二氧化碳还原为碳水化合物，成为果树主要有机营养的来源。

这个反应必须借助叶绿素。叶绿素的主要成分为叶绿素 a 和叶绿素 b，均为卟啉化合物，它不溶于水而只溶于乙醇、丙酮、乙醚、乙烷等有机溶剂。叶绿素 a、叶绿素 b 的溶液都有两个吸收峰，一个在蓝紫区，一个在红光区。在蓝紫区的高峰是所有卟啉化合物所共有的，只有在红光区的吸收峰是叶绿素所特有的，我们利用这个特点进行叶绿素的测定。

方法原理：用丙酮提取叶绿素，在特定波长下测定其吸收度，然后用公式计算叶绿素 a、叶绿素 b 和总叶绿素的含量（具体测定方法省略）。

九、叶片和枝条中蛋白态氮的测定

方法原理：在碱性条件下用氢氧化铜沉淀蛋白质，然后按照凯氏定氮法测定全氮。此法的优点是沉淀较快，缺点是有些氨基酸可与铜生成沉淀，使测得的结果偏高（具体测定方法省略）。

第三节　土壤营养诊断

土壤营养诊断是以土壤中各种营养元素的有效含量作基础的，即用化学分析的方法，测定土壤中各种营养元素，了解土壤速效养分的丰缺，从而反映土壤某一阶段的养分供应状况。由于土壤速效养分的含量受多种因素的影响，因此，土壤之间绝对数量差异很大。同时，影响果树生长和养分吸收的因素是动态的，有效养分不断地变化，所以，想找出一种化学试剂模拟果树是怎样吸收养分并非易事。这就需要根据土壤特性来选择适用的提取剂及确定某种测定方法，所测得的土壤有效养分含量与果树生长或产量之间相关系数愈高，表示该方法愈可靠。

一、土壤水分的测定

烘干法方法原理：把土样放在 $105\sim110$ ℃的烘箱中烘至恒重。则失去的重量为水分重量，即可计算土壤水分百分数。在此温度下土壤吸着水被蒸发，而结构水不致破坏，土壤有机质也不致分解。

操作步骤：风干土壤 5 克左右，放入已知重量的铝盒（W_0）中，在分析天平上称重（W_1），去盖放在烘箱中（105～110 ℃）烘 8 小时。取出加盖后，放在干燥器中冷却至室温（约需半小时），取出称重（W_2），再放入烘箱中（105 ℃）烘 3～5 小时，冷却后称重，以验证是否恒重。

计算公式：土壤水分 $=[（W_1-W_2）/（W_2-W_0）]×100\%$

二、土壤酸碱度的测定

土壤酸碱度是影响土壤肥力的重要指标之一，不仅影响土壤养分的转化、存在形态及其有效性，影响肥料的有效施用和土壤微生物的活性，还直接影响果树的正常生长发育。土壤 pH 一般在 4～9，pH 和土壤酸碱度等级标准如表 5-1 所示。

表 5-1　pH 和土壤酸碱度等级标准

pH	土壤酸碱度等级
4.5	强酸性土壤
4.5～5.5	酸性土壤
5.5～6.5	弱酸性土壤
6.5～7.5	中性土壤
7.5～8.5	碱性土壤
>8.5	强碱性土壤

三、土壤碳酸钙的测定

土壤中碳酸钙的含量是表明土壤性质的一个重要指标。对石灰性土壤而言，通常将碳酸钙在剖面中的淋溶、淀积和移动的状态，作为判断土壤形成状况和肥力特征的指标之一。这种土壤中的碳酸盐以碳酸钙为主，但也包含少量的以碳酸镁和水溶性碳酸盐以及重碳酸盐等形态。土壤中碳酸盐的含量与 pH 密切相关，pH 在 6.5

以上时，就可能有极少量的游离碳酸钙存在，随着 pH 增高，碳酸钙也有增长的可能。而有机质的分解所产生的二氧化碳又可使碳酸盐转化为重碳酸盐，降低土壤溶液的 pH。二氧化碳分压大小对 pH 也有重大影响，二氧化碳分压大，则 pH 低，分压小，则 pH 高。因此，石灰性土壤溶液的 pH 常在6.5～8.5。

土壤中碳酸钙的测定方法有气量法和扩散吸收法。

1. 气量法　气量法是一个简易快速的分析方法，同时具有一定的准确度（绝对误差 0.5%）。若用标准碳酸钙系列加酸后所产生的二氧化碳体积绘制标准曲线的方法也很方便，据此测得土样中二氧化碳的体积即可在标准曲线上直接查出碳酸钙重量，再由称取样品的重量就能换算出碳酸钙的百分含量（具体测定方法省略）。

2. 扩散吸收法　对于含碳酸钙较少的土壤（如含 1% 的游离碳酸钙），或施用石灰的红壤，应用扩散法测定碳酸钙的含量是比较适合的。此种方法比较准确地测定 0.2～1.0 毫克二氧化碳，相对误差不超过 0.5%。

方法原理：在扩散皿中扩散出的二氧化碳，被氢氧化钡吸收，形成碳酸钡沉淀。吸收完毕后，用标准酸滴定，即可计算出碳酸钙的含量。用这种方法可以得到较为准确的结果（具体测定方法省略）。

四、土壤可溶性盐的测定

土壤可溶性盐分是用一定的水土比例且在一定时间内浸出土壤中所含有的水溶性盐分。分析土壤中可溶性盐分的阴、阳离子组成和由此确定的盐分类型和含量，可以判断土壤的盐渍状况和盐分动态。因为土壤可溶性盐分达到一定数量后，会直接影响果树根系的生长发育。因此，定期测定果园土壤可溶性盐总量及其组成，可及时了解土壤盐渍化程度和季节性盐分变化动态，据此拟订有效管理措施。

土壤可溶性盐分的测定方法很多，有重量法、电导法、比重计法，还有阴阳离子总和计算法等，在此只介绍通用的重量法和电导法。

1. 重量法　方法原理：吸取一定量的待测液，经蒸干后，称得的重量即为烘干残渣总量（此数值一般接近或略高于盐分总量）。将此烘干残渣总量再用过氧化氢去除有机质后，称其重量即得可溶盐分总量。

2. 电导法　用电导仪测定土壤中可溶性盐分总量，快速，准确，特别对含盐量较低的土壤更为适宜。

方法原理：土壤中可溶性盐分是强电解质，在水溶液中成带电离子，因此溶液具有导电作用，其导电能力的强弱称为电导度。电导仪所测定的就是溶液的电导度。先用重量法测定可溶盐总量，同时再测定该样品的电导率，然后按不同盐分类型分类，用数理统计法绘制土壤中可溶盐总量与电导率的关系曲线。测定时依据溶液的电导率即可查出待测液的含盐总量。由于上述手续繁杂，有人建议直接用电导率来表示土壤总盐量的高低，不必将电导率再换算成全盐量。

五、土壤质地的鉴定

在土壤质地野外鉴定中，各种质地土壤手摸感觉如下。

1. 沙土　干土块不用力即可用手指压碎，肉眼可看出是沙粒，在手指上摩擦时，可发出沙沙声。抓沙一把，用手捏紧，沙粒即行下泻，握得愈紧下泻愈快。湿时不能揉成球，或在水分较多时，能揉成球或粗条，但都有裂缝。胶结力弱，用力即碎。

2. 沙壤土　干土块不用力即可用手指压碎，用小刀在其上刻划条纹，痕迹不整，肉眼可见单粒，摩擦时也有沙沙声。湿土可揉成球，亦可搓成圆条。

3. 粉沙壤土　干土块压碎用力较大，用小刀刻划，痕迹较沙壤土明显，但边缘破碎不齐。干摩擦时仍有沙沙声，湿土可搓成球，稍用力也致散开，有一定可塑性，可揉成圆条，粗约3毫米，手持一端，即破碎为数段。

4. 壤土　干土块压碎时必须用相当大的力量，用刀刻划，刀痕粗糙，唯边缘稍平整。湿土可揉成细圆条，弯成直径2～3厘米

127

的小圆圈时，即出现裂缝折断。

5. 粉沙黏壤土—黏壤 干土块用手指不能压碎，用刀刻划痕迹较小。湿土用力较大也可搓成球，手揉时，不费力即可揉成粗为1.5～2毫米细条，也可变成直径为2厘米的圆环，压扁圆环时，其外圈部分发生裂缝，可塑性较大，可用两指搓成扁平的光面，光滑面较粗糙，不显光亮。很湿的土置于两手指间，再抬手指，黏着力不强，有棱角。

6. 黏土 干土块坚硬，手指压不碎，湿土可揉成球或细条，但仍会发生裂缝，手揉时较费力。干土加水不能很快浸润，黏性大，很湿的土置于二指间黏力较大，有黏胶的感觉。土壤压成扁片时，表面光滑有反光。

7. 重黏土 干土奇坚，以斧打始碎，土块有白痕，并黏附于斧上，湿土可塑性大，黏着力更强，搓成条或球均光滑，手摸感觉细腻，塑性甚大，土壤压成片时表面光滑有亮光。

六、土壤阳离子交换量的测定

土壤阳离子交换量的大小，可作为评价土壤保水保肥能力的指标，是选择果园土壤和合理施肥的重要依据之一。测定土壤阳离子交换量的方法很多，酸性和中性土壤常采用乙酸铵（NH_4OAC）交换法，石灰性土壤可采用氯化铵-乙酸铵（$NH_4Cl - NH_4OAC$）交换法或 $Ca(OAC)_2$ 法。

1. 1摩尔/升 NH_4OAC 交换法（适用于酸性和中性土壤） 方法原理：用1摩尔/升 NH_4OAC 溶液（pH 7.0）反复处理土壤，使土壤成为 NH_4^+ 饱和土。用95％酒精洗去多余的 NH_4OAC 后，用水将土壤洗入开氏瓶中，加固体 MgO 蒸馏。蒸馏出的 NH_3 用 H_3BO_3 溶液吸收，然后用盐酸标准溶液滴定。根据 NH_4^+ 的量计算土壤阳离子交换量。

2. $NH_4Cl - NH_4OAC$ 交换法（适用于 $CaCO_3$ 较少的石灰性土壤） 此法是目前石灰性土壤阳离子交换量测定的较好方法，测定结果准确、稳定，重现性好。

方法原理：土样先用 NH_4Cl 液加热处理，分解除去土壤中的 $CaCO_3$，然后用 NH_4OAC 交换法（如方法1），测定阳离子交换量。

七、土壤水解性氮的测定

1. 扩散法

方法原理：土壤中可水解的氮素通过碱水解后所产生的氨气（NH_3），在塑料小圆盒中扩散，被稀硫酸所吸收成硫酸铵，然后在碱性条件下，与纳氏试剂反应，生成溶解度较小的碘化氨基氧化汞的黄棕色溶液或沉淀，NH_4^+ 愈多，颜色愈深，与标准色卡比较，即可判断出土壤中水解性氮的含量。

2. 纳氏试剂比色法（具体测定方法省略）

八、土壤硝态氮的测定

1. 酚二磺酸法

方法原理：土样用饱和 $CaSO_4 \cdot 2H_2O$ 溶液浸提后，取一份浸出液在微碱性条件下蒸发至干，残渣用酚二磺酸试剂处理，此时 HNO_3 即与试剂生成硝基酚二磺酸。反应物在酸性介质中无色，碱化后则为稳定的盐溶液，可在 400～425 纳米处（或用蓝色滤光片）比色测定。

2. 硝酸试粉比色法

方法原理：同组织中硝态氮的硝酸试粉比色法。

九、土壤速效磷的测定

土壤中全磷的含量高低，只能说明磷的总贮量，不能用来推断果树能利用的速效磷含量的高低。因此，测定土壤中速效磷的含量，对施用磷肥有参考价值。

土壤中的速效磷，由于土壤类型和土壤性质不同，测定方法很多，它们之间的主要差别在于浸提剂的不同。一般在石灰性和中性土壤上用 0.5 摩尔/升碳酸氢钠作为提取剂，在酸性土壤上

用盐酸-氟化铵（0.03 摩尔/升 NH₄F - 0.025 摩尔/升 HCl）作为提取剂都比较好，其测定结果与田间试验的相关性较好。但浸提条件如土液比、温度、时间、振荡方式和强度等因子均影响测定结果，所以，只有用同一方法在相同条件下测定的结果才有相对比较意义，在报告有效磷结果时必须同时说明所用的测定方法。

1. 奥逊法（0.5 摩尔/升 NaHCO₃ 浸提——钼锑抗比色法）

方法原理：石灰性土壤中的磷主要是以 Ca - P（磷酸钙盐）的形态存在，中性土壤中则 Ca - P、Al - P（磷酸铝盐）、Fe - P（磷酸铁盐）都占有一定比例。0.5 摩尔/升 NaHCO₃ 可以抑制 Ca^{2+} 的活性，使某些活性较大的 Ca - P 被浸提出来；同时，也使比较活性的 Fe - P 和 Al - P 起水解作用而浸出。浸出液中的磷用钼锑抗比色法测定。

2. 0.03 摩尔/升 NH₄F - 0.025 摩尔/升 HCl 浸提——钼锑抗比色法

方法原理：酸性土壤中的磷主要是以 Fe - P 和 Al - P 的形态存在，利用 F^- 在酸性溶液中络合 Fe^{3+} 和 Al^{3+} 的能力，可使这类土壤中比较活性的磷酸铁铝盐被陆续活化释放，同时由于 H^+ 的作用也能溶解出部分活性较大的 Ca - P。

十、土壤速效钾的测定

土壤速效钾是当季作物可吸收利用的水溶性钾和交换性钾。而土壤交换性钾又占速效钾总量的 90%。土壤速效钾，目前国内外采用的浸提剂以 1 摩尔/升 NH₄OAC 最为普遍，可用火焰光度计直接测定，也可用四苯硼钠比浊法和亚硝酸钴钠比浊法。

1. 1 摩尔/升 NH₄OAC 浸提——火焰光度法

方法原理：以中性 NH₄OAC 溶液为浸提剂时，NH_4^+ 与土壤胶体表面的 K^+ 进行交换，连同水溶性 K^+ 一起进入溶液。浸出液中的钾可直接用火焰光度计测定。本法测定的速效钾量与钾肥肥效的相关性良好。

2.1 摩尔/升 Na₂SO₄ 浸提——四苯硼钠比浊法

方法原理：待测液中 K^+ 在碱性条件下与四苯硼钠作用生成四苯硼钾白色沉淀，此微细颗粒在溶液中呈悬浮状态，且具有一定稳定时间。根据沉淀的浑浊度可用比浊法测定钾的含量。

十一、双酸法测定土壤中交换性钾、钙、镁、钠

方法原理：本法只适于测定土壤交换量小于每 100 克土毫克当量和有机质小于 5％ 的酸性土壤（pH＜6.5）。测出值为土壤交换性钾、钙、镁、钠的含量。

第四节　果树营养失调及防治

对有无症状的潜在缺素临界指标，可将调查研究和样品分析相结合。即在有缺素症状的果园中，例如，在缺锌果园中，采集该园中尚未表现出小叶或簇叶的新梢中位叶进行分析。通过大量叶分析数据，即可求出潜在缺素临界指标的浓度范围。

对于调查研究和样品分析，最佳方案是田间肥效试验。即在生长正常的果树上布置施肥量试验，肥料用量的级差可以稍大一些，以便找出过多中毒指标。连续进行若干年定位试验，可找出产量最高或品质最好处理的叶子的营养含量即为最适含量。当施肥量较高或出现某元素过剩症状或出现产量下降等，该处理的叶子营养含量即为过多中毒指标。

适宜含量范围也可通过田间调查获得，即从丰产果园中研究连年高产树的营养含量来确定适宜范围。其缺点是，丰产园往往是大肥大水，其树体的营养元素含量常在适宜范围的上限，即在奢侈吸收区域（尚未达到中毒的程度），比用田间试验求出的数值可能要高一些。因为奢侈吸收区，果树的生长发育也很正常，但肥料用量往往有浪费现象。树体中营养状况与果树生长结果的关系如表5－2所示。

表 5-2　树体营养状况与果树生长结果的关系

营养状况	树体生长结果情况
潜在缺乏	叶片诊断值低于指标时，出现缺素症状
临界指标	叶片营养诊断值在指标范围内，可能不表现缺素症状，但产量低品质差。上述两种情况施用该元素肥料时，产量或生长量可明显提高
适宜含量范围	叶片营养诊断值恰在适量点，此时树体的生长、产量和品质都最好。叶片营养诊断值在奢侈吸收区，树体生长良好，但产量保持平稳。不再增加，肥料有过多现象，可能出现离子间的拮抗
过多中毒范围	生长发育不良，产量下降或有明显中毒症状（如叶片边缘枯焦等）

一、氮素失调与防治

1. 氮素缺乏的症状　果树缺氮时树体生长缓慢，新梢生长短，呈直立纺锤状；叶色变淡，从老叶开始黄化，逐渐到嫩叶，不像其他某些元素缺乏时那样出现病斑或条纹，也不发生坏死，并且不易染病，但果实小、早熟、着色好，产量低。几种主要果树的缺氮症状如表5-3所示。

表 5-3　几种主要果树的缺氮症状

果树种类	缺氮症状
苹果	新梢短而细，皮层呈红色或棕色。叶小、淡绿色，成熟叶变黄。缺氮严重时嫩叶很小，呈橙、红或紫色，早期落叶。叶柄与新梢夹角变小。花芽和花减少，果实小，着色良好，易早熟、易落果
柑橘	生长初期表现为新梢抽生不正常，枝叶稀少而小，叶薄并发黄，呈淡绿色至黄色，叶寿命短而早落。开花少、结果性能差

（续）

果树种类	缺氮症状
梨树	叶片呈灰绿或黄色，老叶则变为橙、红或紫色。落叶早，花芽、花及果均少。果实变小，但果实着色较好
葡萄	茎蔓生长势弱，停止生长早，皮层变为红褐色。叶小而薄，呈淡绿色，易早落。花、芽及果均少。果实小，但着色较好
桃树	枝梢顶部叶片淡黄绿色，基部叶片红黄色，呈现红色、褐色和坏死斑点；叶片早期脱落，枝梢细尖、短、硬。果小、品质差，涩味重，但着色较好。红色品种会出现晦暗的颜色
草莓	幼叶淡绿至黄色，生长受阻。成熟叶片早期呈锯齿状红色，老叶草莓变为鲜黄色，局部出现坏死

2. 氮素过剩的症状 树种不同，氮肥形态不同，氮与其他元素间的平衡关系以及根系的活性和氮肥施用时间不同，均使症状各异。氮肥施用过多，则会使果树叶片变大，色浓、多汁，枝梢徒长，抗病能力降低，花芽分化少，易落花落果，果实品质差。几种主要果树氮素过剩症状如表5-4所示。

表5-4 几种主要果树氮素过剩症状

果树种类	氮过剩症状
苹果	植株抗寒力降低，果实变小，采前落果增加；果实成熟期延迟，苹果着色不良，果实硬度降低且不耐贮藏
柑橘	果皮变粗糙，变厚，着色差，尤其是靠近果梗处。果实变小，柑橘酸度增高，不耐贮藏，还可导致某些微量元素缺乏症
桃树	果实成熟延迟，果皮红色减退

3. 氮素失调的防治

（1）氮素缺乏的防治。土壤有机质含量低或多雨水地区的沙质土壤，由于氮素的流失、渗漏和挥发，特别是对于树体较大、处于生长旺季的果树，所需氮素量较多，易造成缺氮。

为防止果树缺氮,首先应保证其正常生长发育所需的氮素营养。对已发生缺氮的果树,应采取土壤补施速效氮肥和叶面喷施相结合的措施,根据土壤条件、果树种类或品种、树龄及不同生育期,确定施用氮肥种类、比例和用量。用 0.3%～0.5%尿素水溶液叶面喷布,间隔 5～7 天,连喷 2～3 次,肥效快而稳。

(2)氮素过剩的防治。土壤中氮素过剩不仅影响果树生长、产量和品质,而且还影响其对磷、铜、锌、锰、钼等元素的吸收。在氮素过剩矫治中,首先应明确引起中毒的氮肥品种、施用方法、施用时期,然后采取相应有效的防治措施。若土壤理化性状变劣时,应增施有机肥料、石膏或石灰等。

二、磷素失调与防治

1. 磷素缺乏的症状　果树磷素供应不足,枝条纤细,生长减弱,侧枝少;展开的幼叶呈暗绿色,叶片稀疏,叶小质地坚硬,幼叶下部的叶背面沿叶缘或中脉呈紫色,叶与茎成锐角;春、夏季,生长迅速的部分呈紫红色;开花和坐果减少,春芽开放较晚,果实小,品质差。几种主要果树的缺磷症状如表 5-5 所示。

表 5-5　几种主要果树的缺磷症状

果树种类	缺磷症状
苹果	叶片稀疏、小而薄,呈暗绿色,叶柄及叶下表面的叶脉呈紫色或紫红色。枝条短小细弱,分枝显著减少,果实小。老叶易脱落,抗寒力变弱
柑橘	花芽分化和果实形成期易发生缺磷症状。表现为枝条细弱,叶片失去光泽,呈暗绿色。老叶上出现枯斑或褐斑。春季花期或花后,老叶大量脱落。果实表面粗糙,果皮变厚,果实空心,果汁变少,酸度增高
梨树	叶片边缘或叶尖焦枯,叶片变小,新梢短,严重时死亡。果实不能正常成熟
葡萄	叶片呈暗绿色,叶面积小,从老叶开始叶缘先变为金黄色,然后又变成淡褐色,再进一步黄色部分整齐向内扩展,叶片中部仍为绿色。秋季失绿叶坏死,以后整个叶干枯

（续）

果树种类	缺磷症状
桃树	叶片由暗绿色变为青铜色或紫色；一些较老叶片窄小，近叶缘处向外卷曲；早期落叶，叶片稀少
草莓	幼叶青绿色，一些较老叶片的叶缘变红，随后呈紫色或青铜色。叶柄鲜红色，叶背中脉和侧脉呈紫色

2. 磷素过剩的症状　当磷肥施用过量时，一般不会引起直接的为害症状，而是影响其他元素的有效性，诱发某种缺素症，如土壤磷过多，则会降低锌、铁、铜、硼等元素的有效性。柑橘施磷过多，不仅诱发上述缺素症，还可能引起"皴皮"果增多。

3. 磷素失调的防治　由于土壤磷易被固定而移动性小，有效性低。因此，防治果树缺磷时，应采取土施和根外喷施磷肥相结合的方法。土施磷肥时最好与有机肥混合后集中施于根际密集层。石灰性土壤宜选用过磷酸钙、重过磷酸钙、磷酸铵等水溶性磷肥。酸性土壤可选用钙镁磷肥、磷矿粉等弱酸溶性或难溶性磷肥。根外追肥可用 $0.5\% \sim 1.0\%$ 过磷酸钙（滤液）、1.0% 磷酸铵或 0.5% 磷酸二氢钾，$7 \sim 10$ 天 1 次，连喷 $2 \sim 3$ 次。

三、钾素失调与防治

1. 钾素缺乏的症状　缺钾症状最先在植株成熟的叶片上表现出来，而处于生长点的未成熟幼叶则无症状。核果类在出现叶缘枯焦前还会发生横向向上卷曲并失绿；坚果类叶柄向后弯曲，叶子大小正常，但卷缩下垂，然后失绿，最后枯焦。几种主要果树的缺钾症状如表 5-6 所示。

2. 钾素过剩的症状　钾中毒症状较少见。土壤高钾会引起其他元素缺乏症，如缺镁、钙、锰和锌等。同时对果实品质影响较大，使果皮粗而厚，果汁液少，固形物含量低以及成熟晚等。

表 5 - 6 　 几种主要果树的缺钾症状

果树种类	缺钾症状
苹果	轻度缺钾的症状与轻度缺氮极为相似。轻度或中度缺钾时，只是叶缘焦枯，呈紫黑色，严重缺钾时，整个叶片焦枯。这种现象先从新梢中部或中下部开始，然后向顶端及基部两个方向扩展。缺钾植株果实小，着色不良
柑橘	老叶上部的叶尖和叶缘部位先开始黄化，并随着缺乏的加剧黄化加剧，果皮薄而光滑。落果严重，容易裂果。抗旱、抗寒、抗病力降低区域向下部扩展，叶片卷缩，在花期落叶严重。果实变为畸形
梨树	叶片边缘先呈深棕色或黑色，以后逐渐焦枯。枝条生长差，果实通常不能成熟
葡萄	叶缘失绿，绿色品种的叶片颜色变为灰白或黄绿色；黑色品种的叶片变为红色至古铜色，叶脉间逐渐失绿，接着叶片边缘焦枯，向上或向下卷曲。严重缺钾时，老叶发生许多坏死斑点，这些斑点脱落后，留下许多小洞。果实小，成熟度不一致
桃树	当年生新梢中部叶片变皱且卷曲，随后坏死。叶片出现裂痕，开裂。叶背颜色呈淡红或紫红色。小枝纤细，花芽少
草莓	小叶中脉周围呈青绿色，同时叶缘灼伤或坏死。叶柄变紫色，随后坏死

3. 钾素失调的防治　果树缺钾，应土施和叶喷相结合。如成年树土施硫酸钾 0.5～1.0 千克/株或施草木灰 2～5 千克/株。若连续施氯化钾，会影响果实品质。

四、钙素失调与防治

1. 钙素缺乏的症状　果树缺钙，首先对根系造成伤害，根尖停止生长，根系变小，常出现根腐。地上部幼叶扭曲，叶缘变形、叶片常出现斑点或坏死，顶芽易枯死。几种主要果树缺钙症状如表 5 - 7 所示。

2. 钙素过剩的症状　土壤中钙过多，会使 pH 升高，从而影响其他元素的吸收，如铁、锌、锰、硼、铜及磷的有效性吸收。

表5-7　几种主要果树的缺钙症状

果树种类	缺钙症状
苹果	新根停止生长早，根系短而膨大，根尖萎枯。嫩叶先发生褪色及坏死斑点，叶片边缘及叶尖有时向下卷曲。较老叶片组织可能出现部分枯死。果实发生苦痘病、水心病、痘斑病等缺钙病害
柑橘	缺钙症多在6月的春梢叶片上发生，先表现为春叶的先端黄化，然后扩大到叶缘部位，病叶的叶幅比健全叶窄，呈狭长畸形，病叶提前脱落。树冠上部常出现枯枝。大量开花及幼果严重脱落，成熟果实畸形，味酸，固形物含量低
葡萄	幼叶叶脉间及叶缘褪绿，随后近叶缘处出现针头状坏死斑点。茎蔓先端顶枯
桃树	顶部枝梢幼叶由叶尖及叶缘或沿中脉干枯。严重缺钙时小枝顶枯。大量落叶，根短，呈球根状，出现少量线状根后根萎枯
草莓	幼叶可能枯死，或仅小叶和小叶的一部分受害，有时在小叶近基部呈明显红褐色。根系先受害，根尖萎枯，根系短。叶尖及叶缘呈烧伤状，叶脉间褪绿及变脆

3. 钙素失调的防治　当果树发生缺钙时，在新生叶生长期可进行叶面喷施 $0.3\%\sim0.5\%$ 的硝酸钙或 0.3% 磷酸二氢钙，隔5～7天喷1次，连喷2～3次。若土壤酸度过大，应土施石灰质肥料，或将石灰、石膏与有机肥混施，每公顷施75千克左右。对缺钙严重的果园，应同时控施氮、磷肥。当果园土壤钙过剩时，应选用酸性或生理酸性肥料。特别是石灰性土壤，可直接施用硫磺粉，每公顷用量210千克。

五、镁素失调与防治

1. 镁素缺乏的症状　缺镁症状首先在老叶上表现出来，叶片失绿，呈条纹或斑点状，几种主要果树缺镁症状如表5-8所示。

表 5 - 8   几种主要果树的缺镁症状

果树种类	缺镁症状
苹果	当年生较老叶片的叶脉间呈淡绿斑或灰绿斑，常扩散到叶缘，并很快变为淡褐至深褐色，1~2 天后即卷缩脱落。枝条细弱易弯，冬季可能发生梢枯。果实不能正常成熟，果小，着色差，缺乏风味
柑橘	症状特征较明显。果实附近的结果母枝或结果枝叶上容易出现缺乏症状。病叶症状表现为与中脉平行的叶身部位先黄化，黄化部位多呈肋骨状。叶片先端和叶基部常保持较久的绿色倒"三角形"。病树易遭冻害
梨树	顶梢上老叶呈深棕色，叶片中部脉间发生坏死，边缘部分仍保持绿色
葡萄	生长中期茎叶开始失绿，逐渐向上延伸至嫩叶。绿色品种的叶脉间变为黄色，而叶脉的边缘保持绿色；黑色品种叶脉间呈红色至褐红（或紫）色斑，叶脉和叶的边缘均保持绿色。病叶皱缩，茎蔓中部叶片脱落
桃树	当年生枝基叶出现坏死区，呈深绿色水渍状斑纹，具有紫红边缘。坏死区几小时内可变成灰白至浅绿色，然后变成淡黄棕色。落叶严重，小枝柔韧，花芽形成大量减少
草莓	较老叶片叶缘褪绿，有时在叶片上或叶缘周围出现黄晕或红晕

2. 镁素过剩的症状   若镁素供应过量时，一般无特殊症状，多伴随着缺钙或缺钾、铁等。

3. 镁素失调的防治   当果树缺镁时，叶面喷施 1%~2% 的硫酸镁，间隔 7~10 天，连喷 4~5 次。若土壤富钾诱发缺镁时，应喷施硝酸钾，抑制钾的吸收，促进镁的吸收。当土壤 pH 在 6.0 以上时，每年可施硫酸镁 450~750 千克/公顷。当土壤呈强酸性时，也可施含镁石灰 750~900 千克/公顷。

六、铁素失调与防治

1. 铁素缺乏的症状   由于铁在土壤中易被固定，在树体中不易移动，因此，缺铁黄叶在果园中是最常见的症状之一。新梢顶端叶片先变黄白色，之后向下扩展。新梢幼叶的叶肉失绿，而叶脉仍保持绿色。严重时可引起梢枯、枝枯，病叶早脱落，果实数量少，果皮发黄，果汁少，品质下降。

2. 铁素过剩的症状 果园中很少看到铁中毒症状，铁过多常呈现缺锰症状。

3. 铁素失调的防治 果树一旦发生缺铁失绿症，应采取应急措施和根本性措施相结合的方式进行防治。

（1）应急措施。可叶面喷施尿素铁、柠檬酸铁或 Fe-EDTA、Fe-DTPA 螯合物，并掌握好浓度，以免发生肥害。也可采取树干注射法、灌根法。0.2%～0.5%的柠檬酸铁或硫酸亚铁注射入主树干或侧枝内。酸性土壤，可施用 10～30 克/株的 Fe-EDTA；碱性土壤可施用 10～30 克/株的 Fe-DTPA 或 Fe-EDDHA，或225～300千克/公顷硫磺粉或选择酸性、生理酸性肥料，以酸化根际土壤，提高土壤中铁的活性。

（2）根本性措施。从根本上根治缺铁黄化，最理想的措施是选择适宜的抗缺铁砧木品种。如以高橙为砧木的温州蜜柑和文旦柚，以枸头橙为砧木的温州蜜柑和本地早、早橘、梗橘等，以小金海棠为砧木的苹果等；靠接耐碱性的砧木品种。

七、锌素失调与防治

1. 锌素缺乏的症状 果树缺锌时，其典型症状是小叶、簇叶病，枝梢顶端生长受阻，枝条长度减小，节间缩短，叶片叶脉间褪绿。几种主要果树缺锌症状如表 5-9 所示。

表 5-9　几种主要果树的缺锌症状

果树种类	缺锌症状
苹果	春季叶片呈轮生状小叶，硬化。枝条顶部叶片呈花叶，有时除了枝条顶部有莲座状叶之外，其余部分呈光秃状（没有叶片）。花芽形成减少，果实小，畸形。缺素第一年后，小枝可能枯死
柑橘	叶片叶脉间出现黄色斑点，且叶片变小，俗称小叶病、斑驳叶。抽生的新梢节间缩短，叶小呈丛生状。冬季落叶严重，出现枯枝。果实品质和产量下降程度因缺素严重性不同而异

（续）

果树种类	缺锌症状
梨树	叶小呈簇状，且有杂色斑点
桃树	叶片褪绿，花叶从枝梢最基部的叶片向上发展。叶片变窄，并发生不同程度皱叶。枝梢短，近枝梢顶部节间呈莲座状叶。花芽形成减少，果实少，畸形

2. 锌素过剩的症状　果树锌过剩的症状与铁过多一样。

3. 锌素失调的防治　果树缺锌时，可叶面喷施 $0.3\%\sim0.5\%$ 的硫酸锌水溶液，或在硫磺合剂中加入 $0.1\%\sim0.3\%$ 的硫酸锌。一般间隔 $10\sim15$ 天，喷 $2\sim3$ 次。土壤施用硫酸锌时，应防止锌过量。若果园土壤呈碱性，在施肥时尽量选用酸性或生理酸性肥料，不能施用磷肥过量。

八、硼素失调与防治

1. 硼素缺乏的症状　果树发生缺硼可导致分生组织（包括形成层）退化、薄壁组织以及维管组织发育不良等。外部症状表现为顶端生长衰弱，叶片出现各种畸形，果实出现褐斑、坏死（缩果）等。几种主要果树缺硼症状如表 5-10 所示。

表 5-10　几种主要果树的缺硼症状

果树种类	缺硼症状
苹果	早春或夏季，顶部小枝萎枯，引致侧芽发育，产生丛状枝。节间变短。叶片缩短、变厚、易碎。叶缘平滑而无锯齿。果实易裂果，出现坏死斑块，或全果木栓化。成熟果实呈褐色，有明显的苦味
柑橘	叶片自枝梢顶部向下脱落。幼叶小，叶片呈水渍状并发展为斑点，叶脉呈裂开状且木栓化，叶尖向内卷曲，带褐黄色。果实有褐色或暗色斑点，或果皮有白色条斑，形成胶状物。果形不正，幼果坚硬
梨树	小枝顶端枯死，叶片稀疏，受害小枝的叶片变黑而不脱落。新梢从顶端枯死，并逐步萎枯，顶梢形成簇状。开花不良、坐果差。果实表面裂果并有疙瘩，果肉干而硬，萼凹末端经常有石细胞。果实香味差，常未成熟即变黄。树皮出现溃烂

果树种类	缺锰症状
葡萄	幼叶呈扩散的黄色或失绿。顶端卷须产生褐色的水浸区域。生长点坏死，顶端附近发出许多小的侧枝。节间特别短，枝条变脆。叶边缘和叶脉开始失绿或坏死。幼叶畸形，叶肉皱缩
桃树	小枝顶枯，随之落叶。出现许多侧枝。叶片小而厚，畸形且脆
草莓	叶片短缩，呈杯状，畸形，有皱纹，叶缘褐色。纤匐蔓发育缓慢。根量很少，果实变扁

2. 硼素过剩的症状　核果类如杏、桃、樱桃、李和洋李及仁果类的苹果、梨中可见硼中毒典型症状：小枝枯死，一年生和二年生小枝节间伸长；大枝和小枝流胶、爆裂、早熟；果实木栓化和落果。苹果早熟和贮藏期短。核果和仁果类，叶子沿着中肋和大侧脉变黄，接着脱落。坚果叶尖枯焦，接着脉间和边缘坏死，老叶先出现症状。

3. 硼素失调的防治　当果树发生缺硼症状时，可用 0.1% ～ 0.2% 的硼砂溶液叶面喷布或灌根，最佳时期是果树开花前 3 周。当土壤严重缺硼时，可土施硼砂或含硼肥料，成年树施硼砂 0.1 ～ 0.2 千克/株，施肥后，注意观察后效，以防产生肥害。

九、锰素失调与防治

1. 锰素缺乏的症状　虽然锰在果树体内的移动性较差，但大多数果树缺锰症状从老叶开始出现，少数树种从幼叶开始失绿，开始在叶子边缘失绿，以后主脉间失绿，主脉附近仍保持深绿色。缺锰和缺铁、缺镁相似，但与缺铁不同的是，不发生在新生幼叶，也不保持细脉间绿色；与缺镁不同的是，缺锰时，脉间很少达到坏死的程度，而且缺锰是出现在叶子充分展开以后。桃树缺锰新梢生长受阻；胡桃缺锰严重时，脉间呈青铜色并坏死，坏死部分不是圆形而带有棱角；美洲山核桃缺锰时，叶子中脉缩短，使小叶呈圆形，并有皱纹，呈杯状上卷，整个叶比正常的小，这种病称为"鼠耳"。几种主要果树的缺锰症状如表 5-11 所示。

表 5 – 11   几种主要果树的缺锰症状

果树种类	缺硼症状
苹果	叶片叶脉间褪绿（通常成 V 形）开始在靠近边缘地方，褪绿慢慢发展到中脉。褪绿部分的细脉不能看见。褪绿常遍及全树，但顶梢新叶仍保持绿色
柑橘	新叶在淡绿色底叶上显现出极细的网状绿色叶脉。老叶的主脉和侧脉呈暗绿色不规则的条状，其间呈淡黄绿色斑块。病斑色泽反差较小。枝梢生长量下降
梨树	叶轻微褪绿，叶脉间出现褪绿，由叶缘开始发生，症状逐渐蔓延至整个植株
桃树	叶脉间褪绿，从边缘开始。顶梢叶仍保持绿色，顶部生长受阻

2. 锰素失调的防治   对于果树缺锰的矫治较缺铁症容易。在酸性土壤上的果树缺锰时，土施或叶面喷施硫酸锰都会取得很好的效果。0.3％硫酸锰水溶液每隔 7～10 天喷 1 次，连续喷 3～4 次。在硫酸锰液中最好加少量石灰或硫磺合剂效果更佳。在碱性土或石灰性土上，土施硫酸锰效果较差，叶面喷施效果较好，若硫酸锰与有机肥混合堆沤后施于根际土壤，效果良好。

第六章

北方果园土壤管理与施肥

我国果园生产现代化的标准是良种化、机械化、水利化、矮密化、良土化。其中良土化是果园土壤管理的重要环节之一，也是建设高标准化果园，保证果树稳产、高产、优质的物质基础。

土壤是果树的重要生态环境条件之一。作为果树立地条件的土壤理化性状与管理水平，与果树的生长发育与结果密切相关。因此，果园土壤管理的目的有以下几点。

① 扩大根域土壤范围和深度，为果树生长创造良好的土壤生态环境。

② 供给与调控果树从土壤中吸收水分和各种营养物质。

③ 增加土壤有机质和养分，培肥地力。

④ 疏松土壤，增强土壤的通透性，有利于根系向水平和垂直方向伸展。

⑤ 保持好水土，修好水利设施，为果树稳产优质奠定基础。

第一节　北方果园土壤管理技术

果园土壤管理，即果园果树株行间空余土地的利用和耕作措施的实施，也称为树下管理。

一、果园土壤管理的目标

果园土壤管理的目标有以下几点。

① 防止或减缓土壤冲刷和风蚀造成的流失，提高土壤保水、

保土、保肥性能，为果树根系生长创造稳定而肥沃的土壤空间，并便于田间农事操作或机械化管理。

② 不断提高土壤肥力，不断改善土壤环境和果园生态条件，创造和建立良好的果园"生物（含果树、杂草、昆虫、微生物等）—土壤—大气"生态平衡体系，提高果园抗御自然灾害的综合能力。

③ 充分利用和开发土地资源，提高土地利用率，提高果园的经济效益和社会效益。因此，果园土壤管理应向机械化、标准化、现代化转变，提高土壤管理科技含量，促进果树产业的持续发展。

二、果园土壤管理方法

纵观世界和我国各地果园土壤管理的经验，管理方法主要有清耕法、清耕—作物覆盖法、生草法、覆盖法、免耕法等。欧美和日本等经济发达国家的果园土壤管理以生草法为主，果园生草面积达 55%～70%以上，甚至高达 95%左右，因这种方法便于机械作业。我国的果园土壤管理长期以来以清耕法或清耕—作物覆盖法为主，占果园总面积的 90%以上。免耕法和覆盖法有一定发展，生草法正在试验推广中。

1. 清耕法 清耕法是指园内长期休闲并经常进行耕作，使土壤保持疏松和无杂草的状态。清耕法一般有秋季的深耕和春夏季的多次中耕及浅耕除草，可使土壤保持疏松，微生物活跃，有机物质分解快，土壤中的养分生物有效性较高。但如长期清耕，也会使土壤有机质减少，土壤结构变坏，影响果树生长发育。秋季深耕一般在 20 厘米，生长季节中耕和浅耕，一般以 5～10 厘米为宜。

2. 清耕—作物覆盖法 即在果树需肥水最多的时期进行清耕，在后期和雨季种植覆盖作物，待覆盖作物长成后适时将覆盖作物翻入土壤中作肥料。这是一种最好的土壤管理方法，它吸收了清耕法和生草法各自的优点，但选择的作物应具备生长期短、前期生长慢、后期生长快、枝叶茂密、翻耕入土后容易分解、耐阴、容易栽培等特点。

3. 生草法　即在除树盘外的果树行间种植禾本科和豆科等草类，并于关键时施肥灌水和刈割后以之覆盖地面。欧美一些国家，果园实施生草法历史长久。实践证明，从水土保持和现代化管理出发，生草法是果园优质高产高效的较理想的方法之一。其优点是有以下几点。

（1）防止或减少水土流失，改良沙荒地和盐碱地。由于生草法减少了土壤耕作工序，草在土层中盘根错节，固土防沙能力很强；同时在生草条件下土壤颗粒发育良好，土壤的"凝聚力"大大增强；生草覆盖地面，地温变化小，水分蒸发少，盐碱土壤返碱减轻。

（2）提高土壤肥力。生草刈割后覆盖于地面，而草根残留于土壤中，增加了土壤有机质含量，改善了土壤结构，协调了土壤水肥气热条件，提高了某些营养元素的有效性，校正果树某些缺素症，对果树生长结果有良好作用。据试验，连续种植5年白三叶草和鸭茅，土壤有机质从0.5%～0.7%提高到1.6%～2.0%以上。由于生草对磷、钙、锌、硼、铁等营养元素的吸收转化能力很强，从而提高了这些元素的生物有效性，所以生草果园果树缺磷、缺钙等病症较少见，并且果树的缺铁黄叶病、缺锌小叶病、缺硼的缩果病等也不多见。

（3）创造生态平衡环境，提高果树抗灾害的能力。生草果园土壤温度和湿度的季节和昼夜变化小，有利于果树根系的生长和吸收活动。雨季时，生草吸收和蒸发水量增大，缩短了果树淹水时间，增强土壤排水能力；干旱时，生草覆盖地面具有保水作用。因此，不论是旱季还是雨季，生草园的果实日烧病害很轻，落花落果的损失也较小。同时，生草条件下果树害虫的天敌种群数量大，增强了天敌控制虫害发生和猖獗的能力，减少农药投入和对环境的污染。所以，生草果园的果实产量和质量一般都高于清耕果园。

（4）便于机械作业，省工省力。生草果园，机械作业可随时进行，即使是雨后或灌溉后的果园，也能准时进行机械喷洒农药和肥料、修剪、采收等自动化作业，不误农时，提高工效。

生草法有以下缺点。

（1）生草与果树争夺肥水问题。生草正在旺盛生长期，其吸收营养能力强于果树，特别是氮素和水分，导致果树根系上浮，生长势减弱。

（2）对土壤理化性状的影响。若长期种草，土壤表层常板结，通气不良，影响果树根系的生长和吸收，因此，应及时清园更新。

目前，我国水土流失严重，土壤贫瘠，劳力紧缺，年降水量在450～750毫米或具有一定灌溉条件的落叶果树栽植区是实施生草法、提高果园总体管理水平的重要途径。宜人工生草的草类包括白三叶草、草木樨、紫云英、苕子、匍匐箭、豌豆、鸡冠草、野苜蓿、多变小冠花、草地草熟禾、野牛草、羊草、结缕草、猫尾草、黑麦草等；野生草类包括狗牙根、羊胡子草、假俭草、车前、三月兰、翻白草、碱蓬、白头翁等。对于果园生草（包括自然生草），有其利也有其弊，掌握科学管理技术非常重要。

4. 覆盖法　果园土壤表面的覆盖，应用的覆盖材料很多，主要有4类：膜质材料、非膜质材料、土壤表面膜制剂和间作物留茬。目前，我国果园土壤应用覆盖技术者多是秸秆覆盖和塑料薄膜覆盖。

（1）秸秆覆盖法。即在树盘下或果树行间的土壤表面上，覆盖厚10厘米左右的秸秆或杂草等，这种方法可以增加土壤有机质、水分和肥力，防止杂草丛生，减小土温变幅，防止水土流失等。但长期覆盖，会使病虫害、鼠害增多，同时还应注意火灾的危害。

（2）薄膜覆盖。薄膜覆盖又称为地膜覆盖，果树上薄膜覆盖较蔬菜或大田作物方便，应用价值更大，尤其是旱作果园和节水果园。它不仅保墒，提高水分利用率和地温，控制杂草和某些病虫害，而且果实早着色、早成熟，提高果实的品质和商品价值。

目前，常用国产薄膜种类有高压聚乙烯、低压聚乙烯、线性高密度聚乙烯、线性与高压聚乙烯共混膜等。

薄膜覆盖技术分人工覆膜和机械覆膜两种。以保墒为目的的地膜应在降水量最少、蒸发量最大的季节之前进行，以带状或树盘覆盖的方式为宜。如北京、河北、山东等一带 3～5 月之前覆盖，减小春旱危害的效果很好。但在果树易发生晚霜危害的果园及冰冻融化迟的地区，不宜早覆膜；以促进果实着色和早熟的地膜覆盖，一般应在果实正常成熟前 1 个月时进行，以全园覆盖为宜。

5. 免耕法 免耕法又称为最少耕作法，即果园土壤表面不进行耕作或极少耕作，而主要用化学除草剂除草的一种土壤管理方法。国外许多发达国家的果园土壤管理多采用这种方法。我国所谓的改良免耕法，采取果园自然生草的方式，以除草剂控制杂草的害处，而利用其有益的特点，主要针对有害杂草而采取相应的措施。

三、幼年果园土壤管理

1. 树盘管理 树冠所能覆盖的土壤范围称为树盘。树盘是随树冠的扩大而增宽的。树盘土壤管理多采用清耕法或覆盖法。清耕法的深度以不伤大根为限，耕深为 10 厘米左右。有条件的地区，也可用各种有机物或薄膜覆盖树盘。有机物覆盖的厚度一般在 10 厘米左右。如用厩肥或泥炭覆盖时可稍薄一些。沙滩地在树盘培土，既能保墒又能改良土壤结构，减少根际冻害。

2. 果园间作 幼年果园土壤管理以间作或种绿肥最好。幼树种植后，树体尚小，果园空地较多，可进行合理间作形成生物群体，群体间可互相依存，充分利用光能和空间，还可改善微区气候，改良土壤，增进肥力，有利于幼树生长，并可增加收入，提高土地利用率。

（1）间作物种类的选择。必须根据果园具体情况选择间作物。应选用植株矮小或匍匐生长的作物，生育期较短，适应性强，需肥量小，且与果树需肥水的临界期错开，与果树没有共同性的病虫害，果树喷药不受影响。还要求耐阴性强、产量和价值高、收获较早的作物。

果园常用的优良间作物有豆科作物中的黄豆、绿豆、菜豆、蚕豆、豌豆、豇豆、花生等；块根、块茎类作物有萝卜、胡萝卜、马铃薯、甘薯等；蔬菜类作物有大蒜、菠菜、莴苣和瓜类等；此外，可间作的药材有白芷、党参、芍药等。在所有间作物中，以豆科作物为最好，它兼有能固定空气中氮素和增加土壤肥力的功能。一般高秆作物如小麦、玉米、高粱等均不宜作间作物种植。这些作物生长期长，需肥水量大，株型高，遮阴严重，不利于果园管理。

为了避免间作物连作所带来的不良影响，还可因地制宜实行轮作制度。山西、辽宁、山东、浙江等省的轮作模式：

①马铃薯—②甘薯—③谷子—①马铃薯；①棉花—②豆类—③花生—④棉花；①花生—②豆类—③甘薯或谷子—①花生；①绿肥—②谷子—③大豆—④甘薯—⑤花生—①绿肥作物。

（2）间作物种植的年限与范围。果园间作期限应根据果树种类、树龄、栽植方式和间作物种类及性状而定。一般果树生长较快，阴地面积大，需肥水多，常与间作物争光、争肥水。若争夺现象严重时，应及时停止间作或缩小间作物种植面积。一般是新植园的前3～5年应该间作，并随树冠的扩大而逐年缩小其间作面积。一般进入结果盛期，全园基本被树冠覆盖，应取消间作。稀植果园可间作，栽植越稀，其间作时间越长。间作物要与果树保持一定距离，尤其是多年生牧草，其根系强大，与果树根系交叉时会加剧争夺肥水的矛盾。

3. 果园种绿肥

（1）种植绿肥的作用。凡是尚有空隙土地并有一定光照的果园，最好种植适宜的绿肥。绿肥是一种饲肥两用的经济作物，可广开肥源，充分利用土地资源。绿肥吸收各种矿质养分的能力特别强，豆科绿肥还具固定空气中气态氮的特殊功能，既含氮又富含有机质，一旦翻入土中腐解后，不仅可以增加土壤营养，还可以改善土壤结构，活跃土壤微生物，协调土壤的水肥气热，调节酸碱度，促进根系生长和吸收及地上部的生长和结实。

（2）绿肥种类的选择。要因地制宜选择绿肥种类。一般应选择适应当地气候、土质，生育期较短，鲜草产量高，对土壤覆盖强，需肥量较小，耐阴、耐瘠薄，与果树需肥高峰期错开的绿肥种类。适应于酸性土壤的有苕子、猪屎豆、饭豆、豇豆、紫云英等；适应于微酸性土壤的有黄花苜蓿、蚕豆、肥田萝卜等；适应于碱性土壤的有田菁、紫花苜蓿等。

（3）绿肥的种植与翻压。播种绿肥后仍需施肥，一般豆科绿肥以磷肥作种肥的同时，适时追施速效性磷肥，可起到"以磷增氮"的作用。

绿肥刈割翻压不宜过迟，也不宜过早。若过早，则产量低，若过迟，则茎干老化，难于腐烂分解。一般宜在开花时翻压。

四、成年果园土壤管理

成年果园土壤管理要根据果园土壤覆盖的程度进行科学的调控。如空隙大，可采用清耕—作物覆盖法或生草法；如土壤空隙小，也可采用清耕法。几种主要方法介绍如下。

1. 耕翻　常结合翻压绿肥进行全园性的翻土，目的是破坏表层土的板结状态，增强透性，增加有机质，促进微生物繁殖活动。根据不同时期的需要，可分为秋耕、夏耕和春耕。

秋耕一般是在落叶后或采实前后进行深耕，有促进多发新根、减少杂草对养分水分的消耗、消灭病虫等作用。秋耕深度一般为20 厘米左右。

春耕应在开春后气温开始回升、树芽萌动前进行，其深度比秋耕稍浅，干旱地区应结合灌水进行。

夏耕是在果树旺盛生长期进行的翻土工作，有疏松表土、增强通透性等作用。其深度更浅，应注意少伤根，以免引起落果。

2. 中耕除草　中耕与除草常常一起进行。主要是破坏土表板结层，切断毛细管，减少水分蒸发，减少旱害与盐害，增强微生物活动，加速养分的有效性转化，提高肥力。同时避免杂草对肥水的争夺，为果树根系生长和吸收创造良好环境。

根据土壤状况来决定中耕除草的时期、次教和深度。在果树生长季节的 4～9 月，雨水多，土壤易板结，杂草生长快，应多次进行中耕；如遇干旱，也要及时中耕，以提高土壤抗旱力。中耕深度，一般为 5～10 厘米。

为了节省劳力，提高工效，大型果园常使用机械中耕或撒施化学除草剂除草。应根据果园主要杂草种类对除草剂的敏感度和忍耐力及除草剂的效能确定适用的除草剂种类、浓度和喷洒时期等，若浓度过高，往往使果树受害。在喷洒除草剂前，应做小型试验，然后再大面积应用。

3. 果园土壤覆盖　成年果园进行覆盖，可以降低土壤冲刷，减少水土流失，稳定地温，保持土壤经常疏松通气，避免杂草丛生，促进微生物和有益昆虫的活动，加速有机质分解，提高土壤肥力等多种作用。

根据果园具体情况，可分为周年覆盖和短期覆盖。短期覆盖主要是在夏季进行，防止土壤冲刷和土温增高。也有冬季覆盖以保温防冻害的情况。覆盖厚度因覆盖物种类而定，常用稻草、麦秸、玉米秸等有机物，一般以10～20厘米为最佳。若因覆盖材料缺乏而中途停止时，则冬季常受冻害，而夏季根系易遭受灼伤和旱害。在现代果园中常以薄膜代替秸秆，其效果同样很理想。

4. 果园培土　一般成年果树，根群分布广泛，因长期雨水冲刷土层变薄，而使根系上浮或根群裸露，易受冻害和旱害而使果树生长不良。因此，可通过经常培土以加深土层，促进根系伸展，扩大吸收范围。果园培土可与耕翻、修筑水利结合进行。

综上所述，几种果园土壤管理方法，在不同生态条件下各有利弊。各果树主栽区应根据当地树种、自然条件、园艺设施等特点，因地制宜、因树制宜地予以灵活选择应用，才能达到果园土壤管理的预期目标。

第二节　北方果园土壤改良技术

我国现代果树产业发展的方针是"上山下滩"，这就决定了绝大多数果树栽植在山区、丘陵、沙滩及盐碱地上。这些地区一般土质瘠薄、结构不良、有机质含量低，不利于果树的生长发育。因此，应通过改良土壤理化性状，使土壤中的水、肥、气、热协调。

果园土壤改良，主要包括深翻熟化、加厚土层、淘沙换土、培土掺沙、低洼盐碱地排水洗碱、酸性土壤增施有机质和石灰等。我国地域辽阔，不良土壤种类繁多，充分开发和利用土地资源，采取经济有效改土措施，建立优质果园，对延长果树寿命和提高经济效益至关重要。

一、果园土壤的深翻熟化

深翻熟化是果园土壤改良的最基本措施，是我国果区果农在长期果树生产实践中创造出来的宝贵经验。如辽宁的放树窝子，河北省涿鹿县的扣地，福建、广东省的培土等都是因地制宜的改土好经验。

1. 深翻对土壤和果树的作用

（1）深翻对土壤理化性状和微生物活动的影响。一般果树根系强大，对土壤通气、透水、供肥保肥性能有一定要求。因此，果树根系入土的深浅，与果树的生长结果密切相关。支配根系分布深度的主要条件有土层厚度和理化性状等因素。深翻结合施入有机肥，则可改善土壤结构和理化性状，增强土壤微生物活性，加速有机质分解，提高土壤熟化度和养分的有效性，增加果树根系的吸收范围，促进其生长和吸收。

（2）深翻对根系的影响。果园深翻可加深土壤耕作层，给根系生长创造了良好的生态环境，促进根系间深层伸展，使根系分布的深度、广度和根的生长量均有明显增加。深翻施肥，改善了土壤的水肥气热条件，不仅促进了根系的生长，也促进了地上部枝梢的生长和结果能力，生长势强，树冠扩大快，结果寿命延长，增产效果显著。由此可见，深翻改土是早果、丰产、稳产的主要措施之一。

2. 深翻时期　实践证明果园四季均可深翻，一般以秋冬季为宜，以秋季为最好。

（1）秋季深翻。落叶果树果园，一般在果实采收后至落叶休眠前结合秋施基肥进行深翻。常绿果树园，如柑橘的秋季深翻需在采果前后进行。此时深翻并结合重施秋肥，气温和土温还都适宜地上部制造养分，并向地上枝干、根部运输。同时根系正是吸收高峰期，深翻可切断一些根系，有利于促进伤口愈合和促发新根，从而增进养分的吸收，提高光合强度，增加树体营养积累，充实花芽，为翌年抽梢结果奠定足够的物质基础。因此，秋季是果园深翻最佳时期。

（2）冬季深翻。入冬后至土壤上冻前进行，操作时间较长。如秋末深翻的土壤或在冬季不太寒冷的南方，入冬后仍可进行深翻。但要及时回填护根，免受冻害。翻后如墒情不好，应及时灌水，使土壤下沉，防止漏风冻根，并使根系与土粒密接。如冬季少雪，翌年春季应及早春灌，除直接供根系生长所需水分外，还有利于有机质的腐烂分解，促进土壤有效养分的转化。但冬季深翻，会使根系伤口愈合很慢，新根也不能再生，北方寒冷地区一般不进行冬翻。

（3）春季深翻。应在解冻后及早进行。此时地上部尚处于休眠期，根系刚开始活动，生长较缓慢，伤根后容易愈合和再生。春季化冻后，土壤水分向上移动，土质疏松，省力省工。北方春旱，春翻后应及时春灌。早春多风地区，春翻过程中应及时覆盖根系，免受旱害。风大干旱和寒冷地区不宜春翻。

（4）夏季深翻。最好在根系前期生长高峰过后、北方雨季来临前后进行。深翻后降水可使土粒与根系密接，不致发生吊根和失水现象，夏季伤根易愈合。雨后深翻，土壤松软，节水省工。但夏季深翻若伤根过多，易引起落果，故结果多的成龄树，一般不宜在夏季深翻。

总之，果园深翻，除北方寒冷、干旱缺水地区外，四季均可进行。翻后均有不同程度的良好效果。但深翻应据树龄、劳力、气候、灌溉条件等灵活运用。

3. 深翻深度　深度以果树主要根系分布层稍深为度，并要考虑土壤结构和土质及气候、劳力等条件。一般深翻的深度为60厘米左右。如山地土层薄，下部为半风化的岩石，或滩地在浅层有砾石层或黏土夹层，或土质较黏重等。深翻的深度一般要求达到80～100厘米；若为沙质土壤，土层厚，则可适当浅些；深根性果树可适当深一些，浅根性果树可以稍浅。

4. 深翻方式

（1）扩穴深翻。又称为放树窝子。扩穴深翻是在结合施秋肥的同时对栽后 2～3 年内的幼龄树果园。从定植穴边缘或冠幅以外逐年向外深挖扩穴，直至全园深翻完成为止。每次可扩挖 0.5～1.0 米，深 0.6 米左右。在深翻中，取出土中石块或未经风化的母岩，并填入有机肥料及表层熟化土壤。一般 2～3 年可完成全园深翻。

（2）隔行深翻或隔株深翻。为避免一次伤根过多或劳力紧张，也可隔行或隔株深翻。平地果园可随机隔行或隔株深翻。隔行深翻分两次完成，也可进行机械操作。等高撩壕坡地果园和里高外低梯田果园，第一次先在下半行给以较浅的深翻施肥，下一次在上半行深翻把土压在下半行上，同时施有机肥料，深翻与修整梯田相结合。

（3）全园深翻。将栽植穴以外的土壤一次性深翻完毕。这种方法一次动工量大，需劳力较多，但翻后便于平整土地，有利于果园耕作。

5. 深翻应注意的事项

① 切忌伤根过多，以免影响地上部生长。深翻中应特别注意不要切断 1 厘米以上的大根，如有切断，则切头必须平滑，以利愈合。如根部带病，可切掉并刮除病部，再涂抹杀菌剂消毒。

② 深翻结合施有机肥，效果明显。深翻中窝施有机肥如绿肥、蒿秆、落叶等 100 千克左右，分层施入，有利于腐熟分解。

③ 随翻随填，及时浇水，切忌根系暴露太久。干旱时期不能深翻，对于排水不良的果园，深翻后应及时打通排水沟，以免积水引起烂根。对于地下水位高的果园，主要是培土而不是深翻，更重要的是深挖排水沟。

④ 做到心土、表土互换，以利于心土风化、熟化。

二、盐碱地果园土壤的改良

1. 盐碱对果树的影响 在盐碱地上栽培果树，主要是土壤含盐量高和某些离子含量高对果树的危害。当土液含盐量在

0.20%～0.25%以上时，果树根系很难从中吸收水分和养分，造成"生理干旱"和营养缺乏。土壤中的盐分主要由 HCO_3^-、SO_4^{2-}、Cl^- 等阴离子和 Na^+、K^+、Ca^{2+}、Mg^{2+} 等阳离子组成，这些离子达到一定浓度时，即影响果树根系的吸收活动，甚至起毒害作用，直接危害果树的生长发育和结实。

一般盐碱土的 pH 都在 8.0 以上，甚至 10.0 以上，使土壤中各种有效养分含量降低，不仅影响肥效，而且使土壤板结，透性差，直接影响果树的正常生长。

2. 盐碱对土壤肥力和耕性的影响　盐碱土有机质含量低，耕性差，土性冷凉，透水保肥性低，土壤微生物种类和数量少，土壤养分转化和利用率低。

3. 盐碱地改良措施　我国约有 0.2 亿公顷盐碱地，其中相当一部分是尚未开发的盐碱荒地。为了充分利用和开发盐碱地、扩大果树种植面积、提高果树产量和质量，在盐碱地建园时，首先必须进行土壤改良，建园后，还应经常保持合理的改土措施。

（1）设置排灌系统，排水防涝，灌溉洗盐。在有水利设施的地区，引淡洗盐是改良盐碱地最快速而有效的方法之一。"盐随水来，盐随水去"是盐分运动的一般规律，也是盐分在土壤中积累和淋溶的主要方式。

在果园顺行间每隔 20～40 米挖一道排水沟，一般沟深 1 米，上宽 1.5 米，底宽 0.5～1.0 米。排水沟与较大较深的排水支渠及排水干渠相连，各种渠道要有一定的比降，以利于排水畅通，使盐碱能排出园外。园内能定期引淡水进行灌溉，达到灌水洗盐的目的。若土壤含盐量达到 0.1%，还应注意长期灌水压碱、中耕、覆盖、排水，防止盐碱上升。

（2）放淤改良盐碱地。放淤（淤灌）就是把含有泥沙的河水，通过渠系统输入事先筑好畦埂的田块，用降低水流速度的办法，使泥沙沉降下来，淤垫土壤。这种方法不仅可以用来改良低洼易涝地和盐碱荒地，而且可以应用在改良沙荒地及其他瘠薄地。我国黄河中下游和中上游地区不少地方应用了放淤措施以改良盐碱地。

（3）深耕施有机肥。有机肥除含有果树需要的营养物质外，还含有机酸。有机酸与碱起中和作用。同时，随有机质含量的提高，土壤的理化性状也将会得到改善，促进团粒结构的形成，提高肥力，减少蒸发，防止返碱。实践证明，土壤有机质增加 0.1%，含盐量约降低 0.2%。

（4）地面覆盖。地面铺沙、盖草或其他物质，可防止盐碱上升。如山西省文水县葡萄园干旱季节在盐碱地上铺 10～15 厘米的沙，或覆盖 15～20 厘米的草，可起到保墒、防止盐碱上升的作用。

（5）营造护园林和种植绿肥作物。种植抗盐碱的护园林可以降低风速，减少地面蒸发，防止土壤返碱。种植耐盐碱的绿肥作物，除增加有机质、改善土壤理化性质外，绿肥的枝叶覆盖地面，可减少地面蒸发，抑制盐碱上升。试验证明，种植抗盐碱的田菁 1 年，在 0～30 厘米的土层中，盐分可由 0.65% 降至 0.36%。如果结合排水洗碱，效果更好。选用耐盐碱的树种、品种、砧木等，也可提高果树自然抗盐碱能力。

（6）化学改良剂。可施用化学改良剂，如石膏、磷石膏、含硫或含酸的物质（如粗硫酸、矿渣硫磺粉等）、腐殖酸类及巧施酸性和生理酸性肥料（如过磷酸钙、硫酸铵等），均能改良盐碱。

三、红黄壤果园土壤的改良

我国南方热带或亚热带高温多湿，红、黄壤果园较为普遍。红、黄壤果园土壤有机质含量少，土粒细，结构不良，且呈酸性反应，铁铝相对积聚，有效磷较少。雨后泥土呈糊状，干旱时土块变得特别坚硬，不利于果树的生长发育。改良措施如下。

1. 搞好水土保持　红、黄壤结构不良，水稳性差，抗冲刷力弱，故应修好梯田或撩壕等水土保持工程，防止水土流失。

2. 增施有机肥料及种植绿肥　红、黄壤土质瘠薄，增加有机质含量，是改良红、黄壤的根本性措施。如增施厩肥，大量种植绿肥。长江以南适种的绿肥品种，冬季以耐瘠薄、耐旱的肥田萝卜、豌豆为宜，在土壤肥力初步改善后可播种紫云英、苕子、黄花苜蓿

等豆科绿肥。夏季可种植猪屎豆；水土流失严重的地段可种胡枝子、紫穗槐等。热带瘠薄地上可栽种毛蔓豆、蝴蝶豆、葛藤等多年生绿肥。种植绿肥作物，除饲养猪、羊、牛等牲畜，过腹还田外，若适期刈青翻压，改土效果更佳。

3. 施用磷肥或石灰 红、黄壤中有效磷严重不足，增施磷肥效果良好。在施用的磷肥品种中，目前多用微碱性的钙镁磷肥，可集中施在定植穴内，促进果树根系生长。旱地柑橘园施磷矿粉效果也较好。在施磷肥时，如能配合氮肥施用，可充分发挥氮磷配施的连带效应。

在红壤中施入石灰，可中和土壤的酸性，改善土壤理化性状，增加有益微生物的活性，促进有机质分解，提高有效养分含量。石灰用量每公顷在 750～1 125 千克。

四、沙荒地土壤的改良

沙荒地包括沿海及河流两岸的沙滩地和旧河道地区。这些地带风蚀流沙严重，形成许多沙丘，地面高低不平，土壤有机质很少，保水保肥力很差，水土流失坡地重于平原。土温随季节、昼夜变化大，不利于果树根系的生长和正常吸收活动。

我国华北平原、内蒙古大部分地区、西北黄土高原、东北松辽平原西部及沿海地区，治理沙荒地是果树生产长期而繁重的任务。

1. 搞好防护林带，林草结合，防风固沙 风沙严重的地区，林草结合的防护林带应尽量地宽一些，并严格管制，禁止放牧。有灌溉条件的果园，对防护林和草地同样灌溉管理，促进林草的生长，充分发挥防护林保水固沙的作用。我国防护林树种有紫穗槐、杨树、榆树、桐树、荆条、酸枣、花椒等。适种防风固沙耐瘠薄的绿肥草种有沙打旺（又称为麻豆秧、薄地瞿）、小冠花、草木樨、田菁等，这些都是肥、饲兼用的绿肥品种，主栽于我国华北、西北、东北等地区。

2. 深翻改良 有些沙荒地在沙层以下有黄土层或黏土层，称为有底沙土。对这类沙荒地，可通过深翻改良土壤，把底部的黄土或黏土翻上来与表层沙土混合。深翻改良包括"大翻"和"小翻"两个步骤。大翻在前，小翻在后，分2～3年完成。大翻就是把沙层以下的黄土或黏土通过挖沟，翻到土壤表层来；小翻就是待翻到土壤表层的黄土或黏土充分自然风化后，再将沙与土充分翻动混匀。深翻沙地，对改善土壤结构，促进果树的生长有明显作用。如在深翻改沙的同时，施入有机肥料将会取得更理想的改土效果。

3. 压土（培土）改良　在沙层下部无黄土层或黏土层的沙荒地，称为无底沙土。这种沙荒地只有通过以土压沙的方法进行改良。以土压沙可以增厚土层，改善土壤结构，防止风蚀和流沙，提高保肥保水能力，培肥地力，同时还可防止土壤返碱。压土相当于施肥，这种以土代肥的效果，一般可维持2～3年。

压土一般在冬春季进行，压土厚度为5～10厘米，即将黄土或黏土铺在沙地表面。压土时必须铺撒均匀，使地面大体平整，将来使整个果园的土壤状况才能均匀一致。一般在压土的当年不刨地，以利于黄土或黏土的风化，并防止风蚀流沙。经过一年后，待翌年土壤解冻后再行翻耕，把土沙充分混匀。

4. 增施有机肥或秸秆覆盖，改土和培肥地力　沙荒地经过深翻和压土改良后，土壤理化性状得到一定改善。但土壤有机质仍较贫乏。建园前或幼树果园，种植绿肥或实施生草制或作物秸秆、杂草覆盖，对固沙及提高土壤肥力，促进幼树生长具有良好作用。

五、山地、丘陵坡地果园土壤的改良

分布于山地、丘陵起伏地形上的土壤，可以统称为坡地土。我国所谓上山的果园，主要是这一类土壤。果树所占的坡地，地面坡度较大，土层薄，水土流失严重，肥力低，致使果树根群裸露，树势衰弱，产量低，寿命短，是制约山地丘陵果园丰产的主要因素之一。因此，作好水土保持工作是改良坡地土的关键。

1. 复式梯田　复式梯田修筑方法是从山顶顺着山坡，沿着果

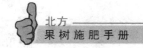
树栽植的等高线为中心，采取里切外垫的方法，将上坡的土切下培于果树台田外侧，施工时要做到保存表层熟土，以利深翻回填，可一次修成，也可在鱼鳞坑的基础上，随着树龄的增长，树冠的扩大，逐年扩大树盘，最终修成里低外高、外棱是软坡的复式梯田。在施工时要做到以下 3 点。

① 田面里低外高，里外相差 30～45 厘米，田面宽约 3 米，呈 50°左右的缓坡，果树着生于田面中部或略靠外侧。

② 从保墒的效果及合理利用土地出发，田面外侧不培硬埂，由疏松的软坡代替，为防止雨水冲刷，利用软坡种植豆类、山药、绿肥作物等。

③ 修筑复式梯田时，梯田内侧和株间两侧深翻宽 50 厘米、深 60 厘米以上，并将沟内生土换熟土。为了提高土壤肥力，同时配施有机肥料、绿肥、秸秆及硫酸亚铁、钙、磷肥等，增强改土效果。

据对山西省吕梁地区复式梯田观察，1990—1993 年调查结果表明：复式梯田加厚了活土层，改善了土壤物理性状，土壤空隙度提高 3%～7%，土壤有机质增加 0.2%～0.3%。土壤疏松、透气、贮水性强，根和微生物活动旺盛，使单位体积内的白色根系增加 2～3 倍，根系吸肥吸水能力增强。

2. 等高撩壕　等高撩壕是我国农民在山地果园创造的一种简易可行的水土保持方法，源于东北辽宁葫芦岛及河北抚宁等果产区，适宜于降水量少的地区采用。

撩壕是在坡地上沿等高线挖成横向的浅沟，在撩壕之前首先测出等高点，以等高线为中线，根据要求的沟宽把土挖出，放于沟的下侧即可。由于是沿等高线撩土为壕，故称为等高撩壕。

撩壕的距离应因地制宜。坡度大的地方距离应近，反之，应远。例如，在 5°左右的缓坡地上，两壕之间的距离为 10 米，10°左右的可为 5～6 米。但一般壕距可等于树的行距。沟的比降可在 3/1 000左右，以利排水。沟宽一般为 50～60 厘米，深为 30～40 厘米。撩壕一般不能一年完成，而是随树龄的增加，逐年完成，还需经常修理。如果沟底不平，可在雨季随时修理校正。

　　果树应栽于壕的外坡，壕外坡的水分、通气条件好，不易积水和冲刷，土层较厚，因而果树生长发育良好。应先撩壕后栽树，也可在栽树后再撩壕，但在栽植前必须为撩壕作准备。栽植不应过深，以免撩壕后埋干，影响果树的生长发育。

　　撩壕将长坡变为短坡，直流改成横流，急流变成缓流。在修筑时土方工程不大，对于控制地表径流，防止冲刷确是一种行之有效的改土措施。同时，修筑撩壕，对坡面土壤的层次破坏不大，果树根系分布均匀。但撩壕没有平坦的种植面，不便于机械耕作与施肥。坡度超过 15°时，撩壕堆土难度大，壕外坡的土壤流失加快。在土层较薄的坡面上，栽植在壕外坡的树根不能穿透沟底向上坡伸展，只能沿壕沟下坡伸展，树势趋弱。因此，撩壕是在劳力不足和薄土层地带可以采用的一种临时水土保持措施。

　　3. 鱼鳞坑　在坡面较陡或支离破碎的沟坡上可修筑鱼鳞坑，按三角形选点布置，挖成半圆形的土坑，在其下沿修筑半圆形的土埂，埂高 30 厘米左右，并在坑的左右角上各斜开一道小沟，以便引蓄雨水。挖鱼鳞坑应"水平"定坑，等高排列，上下坑错落有序，整个坡面构成鱼鳞状，在雨季层层截留雨水，分散山坡地面径流。挖鱼鳞坑一般在植树的上一年雨季挖坑，结合土壤改良，坑的大小为长约 1.6 米，中央宽 1.0 米，深 0.7 米，株行距据树种要求而定，呈"品"字形排列，果树应植于坑的内侧，防止露根。

　　4. 小流域综合治理　必须指出，山地、丘陵地果园的梯田工程、撩壕和鱼鳞坑不能完全控制水土流失，特别是暴雨季节，仍有大量雨水从梯田和鱼鳞坑排出。因此，进行小流域综合治理，治坡与治沟结合，促进农、林、牧、渔协调发展。

　　我国的陕西、山西、河北、山东、四川等地，小流域的综合治理已初见成效。昔日的"山秃坡地陡，薄土乱石沟"已变成"沟沟岔岔打了坝，果树茂盛好庄稼"，生态环境进入良性循环。技术要点如下。

　　（1）治坡先治沟，建造沟坝地。坡地建果园，要想修好梯田，

必须先治理好沟，建造沟坝。治沟从沟头开始，从上到下层层设防。整个小流域的沟底，在筑坝后需几年的时间，才能淤积到一定厚度的土层。沟底不宜种植果树，可以种植其他农作物。沟两侧的坡地栽果树。雨水大或集水面大的小流域，治沟建坝时，应同时建造流水道，以泄洪水。筑坝用石料，尽量就地取材，省工省力。

（2）植被护坡小流域治理。要明确陡坡不耕作、不栽植果树的原则，执行 25°以上保持自然植被的国家水土保持政策。护坡：一是利用自然植被，二是人工植草或栽种低矮的小灌木。

（3）林果牧结合。坡度大的宜林山坡地，抚育自然生长的树木或栽种适宜的薪炭林，有条件的实施封山育林，或与放牧相结合，定期封山、放牧，一定要保持防护林的生长空间，形成林果牧良性循环的农业生态环境。

第七章

北方果树安全施肥技术

　　科学施肥是实现果树生产现代化，保证果树高产、稳产、优质、低耗和减少环境污染极其重要的环节。所谓科学施肥，就是应用现代高新科学技术，根据果树生长发育的需肥规律及其外界影响因素，确定获得最佳经济效益的施肥种类、数量、比例和时期，建立树体养分平衡的最优施肥模式。科学施肥是果树高产优质和经济效益相结合的数量化施肥技术。

　　随着科学技术的不断进步和现代化农业的高度集约化，许多果品主产国或地区积极开展系统和深入的营养与施肥研究，特别是在营养诊断指导施肥方面取得重大突破。20世纪60年代之后，各国科学工作者根据其生态条件，开展了大量系统的施肥技术与树体生长、产量、品质的相关性的研究工作，并直接把形态诊断、叶片分析和土壤测试结合起来，应用于矫治营养失调和指导合理施肥、提高果树施肥的科学水平上，发挥了更大的作用。因此，有许多果品主产国大力推行叶片分析的营养诊断技术，使之成为现代果树管理系统技术的重要组成部分。

　　随着生物技术与电子计算机在推荐施肥技术上的广泛应用，为果树营养诊断的精确性和以养分平衡学说为基础的诊断施肥综合法、测土施肥等施肥技术的新突破，开辟了广阔的道路。

第一节　果树施肥时期

一、确定施肥时期的依据

1. 掌握果树需肥的物候期　物候期标志着果树的生命活动的

强弱和吸收消耗营养的程度。据河北农业大学对苹果、桃、枣等果树[32]P标记观测，发现树体营养的分配，首先是满足生命活动最旺盛的器官，即生长中心，也称为养分分配中心。随着物候期的推进，分配中心也随之转移。在萌发展叶开花期，幼嫩叶、枝和花器需要的营养最多；在果实迅速膨大期，果实需要的营养最多；在花芽分化期，芽内需要的营养最多。又据陕西省果树研究所试验报道，在开花坐果期施肥，其用肥量超过一般生产水平时，仍有提高坐果率的作用；如错过此期施肥，则往往加剧生理落果。这说明适期施肥，即抓住果树肥料显效期，是合理施肥的关键。同时，果树的物候期有重叠现象，从而影响分配中心的波幅，出现养分分配和供需的矛盾。

果树在年周期中不同物候期对各种营养元素的需要量各异。一般是萌发抽梢展叶时，需氮素最多。在生长中期和果实迅速膨大期，钾的需要量增高，80%～90%的钾是在此期吸收的。磷的吸收在生长初期最少，花期以后逐渐增多，以后无多大变化。

不同果树种类，其需肥最多的时期不同。如板栗从萌芽至果实迅速膨大，吸氮量逐渐增大，直至果实迅速增大增重时，其吸收量最大。又如柑橘类果树几乎全年都在吸收氮，但吸收高峰在温度较高的仲夏；而磷的吸收主要在枝梢生长旺盛期，冬季很少；钾的吸收主要是在5～11月。

根系活动状况也是确定施肥时期的标志之一。一般落叶果树，萌芽前根系开始生长和吸收。因此，施肥应于萌芽前进行，过早，易流失；过迟，会导致枝梢徒长，造成落果。中后期供氮时应在新梢停长和根系生长高峰期进行，否则会促进二次枝梢生长，影响坐果、成花和安全越冬。常绿果树根系和枝梢生长与地区气候有关，有的地区根系开始活动于萌芽之前，有的地区一年抽发3次梢，有的地区终年温暖则一年抽发4次梢。因此，施肥也必须依据根系和枝梢活动时期及高峰次数而定。

2. 掌握土壤中营养元素和水分变化规律　土壤营养元素的动态变化与土壤耕作制有关。清耕果园，一般是春季氮素含量少，夏季有所增加；钾素含量与氮素相似；磷素含量则不同，春季多夏季较少。间作的果园其土壤中养分含量又有所不同。若间作豆科作物，春季氮素较少，夏季因固氮菌的作用使土壤中氮素增多，特别是种豆科绿肥且进行压绿后，后期氮素增加更多。上述因素也是确定施肥时期的依据之一。

土壤中水分的含量不仅影响营养元素的有效化，而且也影响肥效。土壤水分适度，能加速肥料的分解与吸收；水分过多，养分流失严重；水分过少，施肥有害而无利，由于肥分浓度过高而产生肥害。因此，应根据果园土壤水分变化规律或结合灌水施肥。

3. 掌握肥料特性 肥料种类不同，施肥时期也有所差异。易流失挥发的速效性或施后易被固定的肥料，如碳酸氢铵、硝酸铵、过磷酸钙、微量元素肥料等宜在果树需肥稍前施入；缓效性肥料如有机肥料，需经微生物腐解矿质化后才能被果树吸收利用，故应提前施入。同一种肥料因施用时期不同而肥效各异。如同量的硫酸铵秋施较春施开花百分率高，干径增长量大，一年生枝含氮量也高。因此，肥料应在临界期或最大效率期施用，才能充分发挥其最佳肥效。追氮时期不同对苹果品质的影响也不同，前期追施氮肥，苹果着色好，蜡质较多，成熟早；追氮肥越晚着色越差，蜡质层薄，成熟期晚。因此肥料最佳施用期因树种、品种、树龄及土壤供肥状况和气候条件而异。

对常绿果树和落叶果树施用氮磷钾复合肥料，因元素间的比例适当，不仅能促进根系吸收，而且还能促进碳水化合物的形成、转化、转运与积累，是提高果树产量、改善果品质量、平衡树体养分的优选配方。因此，根据不同物候期不同树种、品种的生长发育规律，施用适宜配比的复合肥料，对科学用肥、提高肥效是非常必要的。

二、基肥和追肥施用时期

1. 基肥施用时期 基肥是指在较长时期供给果树多种养分的基础肥料，以有机肥为主，如腐殖酸类肥料、堆肥、厩肥、粪肥、

圈肥、绿肥等，令其逐渐分解，不断地供给果树生长季节所需的大量元素和微量元素。

基肥以秋施为好。早熟品种在采收后，中晚熟品种在采收前，宜早不宜晚。秋施有机肥料，有机物腐烂分解时间长，矿质化程度高，更好地协调土壤中水肥气热平衡，促进根系吸收与生长。同时，有利于果园积雪保墒，提高地温，减少冻害。

寒冷地区在果树落叶后土壤结冻前施基肥，因地温降低，伤根不易愈合，肥料分解慢，效果不如秋施基肥。春施基肥，因肥效迟缓而不能及时满足早春根系生长所需；到后期往往导致枝梢再次生长，影响花芽分化和果实发育。因此，基肥施用时期应因地、因树而异。

据中国果树所试验表明，同量有机肥料连年施用比隔年施用增产效果好。所以，每年秋季以氮、磷、钾化肥与有机肥配合基施，肥效更佳。

2. 追肥施用时期　追肥是在基肥基础上的补肥，是根据果树各物候期需肥的特点和缺肥情况而及时适量补施速效肥料。追肥是在果树生长旺盛期间施用的肥料，其作用是调节生长结果的矛盾，保证高产、稳产、优质。从理论上讲，萌芽、开花、坐果、抽梢、果实迅速膨大、花芽分化等时期，都是需肥的关键时期，也是追肥的显效期。但在不同树种、品种，不同树体以及不同的土壤营养状况等条件下，其追肥时期也有所不同，并不是每一株树的每一个时期都需追肥，要根据果树长势与需肥情况而定，否则会打破正常的平衡，不利于果树正常生长与结实。

追肥的时期与次数与气候、土质、树种、树龄、树势等条件有关。高温多雨或沙质土壤，肥料宜流失，追肥次数宜多；寒冷少雨地区，果树生长季节短，肥料流失量少，追肥次数可少一些。结果树、高产树追肥次数宜多。一般一年追肥 2～4 次。根据实际情况，可酌情增减。一般果树适时追肥期如下。

（1）花前（萌芽）追肥。此时正值果树萌芽开花、根系生长的生理活跃初期，需要消耗大量营养物质。但早春土温较低，吸收根发生较少，吸收能力也较差，主要是靠消耗树体贮存养分。若树体营养水平较低，此时氮肥供应不足，则导致大量落花落果，树势减弱。因此，对弱树、老树和结果过多的大树，此期应加大氮肥用量，促进萌芽、开花整齐，提高坐果率，加速营养生长。若树势强，秋施基肥数量充足时，花前肥也可推迟到花后。

苹果大年春季追氮，可提高坐果率，但对营养生长不利，树势弱，应引以为鉴。我国北方果树产区早春干旱少雨，追肥必须结合浇水，肥效迅速。

（2）花后追肥。花后追肥也称为稳果肥，是在落花后坐果期施入。花后也是果树年周期中需肥较多的时期。此期幼果细胞分裂增生，枝梢迅速抽发，特别是对氮素需求量大。追施以速效氮肥为主，配施少量磷、钾肥，能促进枝梢生长，扩大叶面积，增加叶绿素含量，提高光合效能，有利于碳水化合物和蛋白质的形成，减少生理落果。一般果园花前肥和花后肥可互相补充，如花前肥追施量大，花后可少施或不施。但这次追肥必须根据果树的生物学特性和需肥特性酌情施用。

（3）果实膨大期追肥。此期正值部分新梢停长，花芽开始分化，生理落果前后，果实生长迅速，需肥水量大。追肥可提高光合强度，促进养分积累，提高细胞液浓度，有利于果实肥大和花芽分化。此次追肥既保证当年产量，又为翌年结果奠定营养基础，对克服大小年结果尤为重要。据全国苹果树的施肥期报道，花芽分化期追肥是国光苹果氮肥最大效率期，施肥增产效果明显。

此期主要是追施氮肥和磷肥，并适当配施钾肥。追肥不能过早，正赶上新梢生长和果实膨大期，施肥反而容易引起新梢猛长，造成大量落果。对结果不多的大树或新梢尚未停长的初果树，要注意氮肥适量施用。据国外报道，晚夏施肥对花的质量和提高坐果率均有良好作用，在商品性果树产业中应用广泛。

（4）果实生长后期追肥。此期追肥主要为解决大量结果造成树体营养物质亏缺和花芽分化的矛盾。尤以晚熟品种后期追肥更为重要。据中国农业科学院果树研究所（1958）试验，不同追氮期，在

休眠期和萌芽后，分别测定枝条中氮、淀粉含量及酶活性，均以秋季追肥为高，说明此期追肥是提高树体营养水平的关键时期。据山东农业大学园艺系（1972）试验，对盛果期苹果大树，秋季基肥结合追肥，施用适宜比例的氮、磷、钾肥，使树体内钾和碳水化合物含量增高，果实着色好。

果树一年 4 次追肥难度较大，但只要针对果树生长结果的具体情况，重点追施 2 次即可。落叶果树重点施好基肥和花芽分化肥，常绿果树重点追施前期催春梢肥和后期壮果肥。

第二节　果树施肥方法

果树主要是靠根系从土壤溶液中吸收各种营养物质，枝、叶、果实也具有一定的吸收能力。果树施肥方法主要有两种：即土壤施肥和根外施肥。只有根据果树地上部和地下部动态平衡关系，选择科学的施肥技术，才能提高果树对肥料的利用率。

一、土壤施肥（根际施肥）

根部施肥必须掌握根系的生长、分布、吸收特性，才能将肥料施到最适宜的吸收部位，充分发挥肥料的最大效能。

（一）施肥部位

一般果树水平根的分布要比树冠扩展范围广而远，往往超过树冠直径的 1～2 倍；垂直根多在 100 厘米范围内。吸收水分和养分的细根，水平方向多分布在树冠稍远处，垂直方向多密集于 20～40 厘米。所以将肥料均匀地施在根系密集层为最理想。由于根系具有趋肥性，生长方向常以施肥部位而转移，因此，将肥料施在比根系集中分布的位置略深稍远些，可诱导根系向纵深发展，扩大吸收面积，以增强树体的抗逆性。施肥深度和广度随树种、品种、树龄、环境条件、栽培技术和肥料种类等而变化。幼树根系浅，分布范围小，以浅施为宜。树龄大，根系扩展范围广，扎得深，应扩大施肥范围和深度。

据对 25 年生的苹果树进行施肥部位试验，除无肥区外，在树干附近（0～0.914 米和 0～1.829 米）施肥的树体表现最差，叶色浅，落叶早。而在树冠外缘或稍外缘施肥的效果最好。

（二）施肥方法

1. 理论依据　果树根系的生长，具有向肥性。由于施肥方法不同，根系分布也有很大差异。例如，对成年苹果园采用全园施肥和轮状施肥对比试验，结果表明：全园施肥区各类根量多，分布均匀，范围也广。轮状施肥区根量少，分布不均，一般仅在施肥沟附近分布最多。且全园施肥区较轮状施肥区单株产量高，平均果重大。

试验观察 28 年生的慈梨（株行距 3.6 米×3.6 米），轮状施肥不如沟施或全园撒施再锄入园内，后者的树体生长发育较好。因为成年树根系已布满全园，局部施肥不能满足果树生长发育对养分的需要。还观察到施肥中有许多细根密集，但枯死根很多，且有细根越多的部位，枯死根也越多，这与局部施肥过量，根系生长受阻而腐烂枯死有一定的关系。从根系分布密度来看，实践证明，全园施肥和轮状施肥交互采用为最好。

根的向肥性，不仅在于水平分布的根，而且垂直方向的根也有这种特住。因此，有机肥料深施、广施，可诱导根系向土壤不同层次纵深生长；反之，浅施肥料，则根系分布也浅。而根系分布的深浅，还与果园管理制度有关。生草法果园，因草根群争夺水分养分，果树根系常上翻变浅。

关于施肥深度的影响，也与根系分布情况、肥料种类、施肥时期有关。一般在生长后期或休眠期，即使断伤部分根系，影响也不大；但在生长季节伤害根系，会破坏吸水和蒸腾的平衡关系，对果树的生长发育不利。因而基肥深施为好，追肥则以浅施为安全。在降雨多的地区或地下水位高的果园，土壤有浸水可能的地块，基肥深施，因土壤通气不良，易产生有害的还原物质如硫化氢等而引发根系致毒腐烂。所以多雨低洼地区的果园，应特别注意排水、中耕、改善土壤通气状况，以防毒害。

肥料性质不同，施肥方法也有所不同。有机肥料分解慢，肥效长，宜堆沤后作基肥，均匀深施；速效性的化肥，肥效短且易溶于水，在土壤中渗透性强，一般宜作追肥浅施。

综上所述，红壤山地果园增施有机肥料和石灰，能促进磷肥发挥肥效；磷肥与有机肥混施较单施效果好；深施比浅施好；集中施比分次施好。

在现代果园施肥中，特别强调根据果树种类、环境条件及栽培措施等因素，进行综合分析，以确定施肥时期、施肥量、施肥方法及肥料种类，最终达到科学施肥，经济用肥，提高肥料利用率的目的。

2. 生产上常用的施肥方法

（1）环状施肥。又称为轮状施肥，是在树冠外围稍远处挖一环状沟，沟宽30～50厘米，深20～40厘米，把肥料施入沟中，与土壤混合后覆盖。此法具有操作简便、经济用肥等优点，适于幼树使用。但挖沟时易切断水平根，且施肥范围较小，易使根系上浮分布表土层。

（2）放射状沟施肥。是在树冠下，距主干1米以外处，顺水平根生长方向放射状挖5～8条施肥沟，宽30～50厘米，深20～40厘米，将肥施入。为减少大根被切断，应内浅外深。可隔年或隔次更换位置，并逐年扩大施肥面积，以扩大根系吸收范围。

（3）条沟施肥。即在果树行间，树冠滴水线内外，挖宽20～30厘米，深30厘米的条状沟，将肥施入，也可结合深翻进行。每年更换位置。此法适宜于宽行密株栽植的果园，便于机械化。

（4）穴状施肥。即在树冠外围滴水线外，每隔50厘米左右环状挖穴3～5个，直径30厘米左右，深20～30厘米。此法多用于追肥，如施液态氮、磷、钾肥或人粪尿、沼气肥液等，以减少与土壤接触面，免于土壤固定。

（5）全园施肥。即在果园树冠已交接，根系已布满全园时，先将肥料撒于地面，再翻入土中，深约30厘米。但因施肥浅，常诱发根系上浮，降低根系抗逆性。若与其他施肥法交替施用，可互补不足，充分发挥肥效。

（6）灌溉式施肥。即将溶解度大的肥料溶于水中，结合浇水，与冲灌、喷灌、滴灌相结合施入土中。实践证明，任何形式的灌溉施肥，由于施肥均匀，根系吸收面积大，既不伤根，又保护耕作层土壤结构，节省劳力，供肥及时，肥料利用率高，增产效果明显。灌溉式施肥，对树冠相接的成年树和密植果园更为适合。

（三）果树根部常用肥料种类与特性

肥料的性质不同，施入土壤后的转化各异，对果树年周期中各生育阶段的营养作用及其后效也各不相同。因此，了解和掌握各种肥料的特性，对平衡树体养分，提高肥效是至关重要的。

1. 有机肥料　有机肥料种类很多，主要有人畜尿、厩肥、堆肥、绿肥、饼肥、泥土肥、糟渣肥、腐肥、生活垃圾、污泥等。有机肥是一种完全肥料，含有丰富的有机质和果树所需的多种营养元素，施用有机肥料是农业生产中能量和物质循环不可缺少的环节，也是生产无公害果品的重要措施之一。有机肥料除具有营养作用、增加果树产量、改善果品质量外，在改良土壤和培肥地力方面具有独特的效果。

由于有机肥料施入土壤后需经微生物分解重新合成腐殖质，并释放无机态养分供果树根系吸收，因此肥效迟缓而持久，适合做基肥施用。有机肥与速效性化肥混合施用可增进肥效，缓急相济，互补长短，充分发挥各自的增产潜力和养地效果。

2. 化学肥料　根据肥料中养分种类与形态，可分成化学氮、磷、钾肥，钙、镁、硫肥，微量元素肥料和复混肥料几大类。化肥具有养分含量高、肥效快、易被根系吸收等特点，但其易挥发、流失、淋洗、固定，利用率低，易污染环境。因此化肥易做追肥土施或叶面喷施，肥效显著。

二、根外施肥（叶部喷肥）

根外追肥就是将肥料配成一定浓度的溶液，喷洒在树冠上的一种施肥方法。此方法简单易行，用肥量少，肥效快，并可与某些农

药混用，省工省事，同时也可补充树体对水分的需要。特别是在产量高、干旱的季节，由于果实对光合物竞争力强，致使根系生长欠佳，根外追肥效果更好。在缺乏灌溉条件和根系受损的条件下，或在间作果园，合理的根外追肥能提高坐果率，促进果实肥大，增进品质，充实枝条，增强抗性等。

（一）影响根外追肥效果的因素

1. 肥液在果树叶面上存留的时间与数量　只有使足够量的营养液较长时间保留在叶面枝干上，才能被其充分吸收。

① 喷布量。肥液在一定浓度范围内，树体上的存留量与喷洒量成正比，但超过一定限度则肥液会大量流失。一般最适喷布量，以液体将要从叶片上流下而又未流下时为最佳。

② 树体表面的结构特点。果树叶片的直立与平滑度以及气孔的凸起或凹陷，毛状体的多少、角质层厚薄等均会影响肥液吸收量与存留时间。如毛状体多的表面，常因液珠被支撑而不能直接与叶表面接触，使其难于吸收。

2. 肥料特性与施用

① 肥料的种类与浓度。不同肥料进入叶内的速度有明显差异。肥液进入叶片的速度，是决定其能否作为根外追肥的重要条件之一。同时肥液浓度与进入速度有关。多数肥料，一般是浓度愈高，进入愈快，但氯化镁的进入速度与浓度无关。

② 肥液的酸碱度。在碱性溶液中有利于阳离子（如 K^+、Mg^{2+}、Ca^{2+} 等）吸收，在酸性介质中有助于阴离子的吸收。

3. 树体生育状态与叶片结构

① 幼叶生理机能旺盛，吸收强度大，气孔所占比例大，有利于养分吸收。

② 叶背面气孔多，角质层薄，并具有疏松的海绵组织和大的细胞间隙，有利于肥液渗透而被吸收。

4. 气候条件　高温能促进肥液浓缩变干，易引起气孔关闭而不利于吸收。根外追肥的适温是 18～25 ℃。因此，若夏季最好在10 时前和 16 时后进行。湿度较高时喷施效果较好。在气温高时喷施雾滴不可过小，以免水分迅速蒸发而发生肥害。

（二）根外追肥注意事项

1. 掌握配制适宜的肥液浓度　在不发生肥害的前提下，尽可能使用高浓度的肥液，最大限度地满足果树对养分的需求。但必须先做小型试验，确定其不会引起肥害，然后再大面积喷施。浓度大小与树种、气候、物候期、肥料种类关系密切。一般在气温低、湿度大、叶片老熟时，肥料对叶片损伤轻的可使用浓度大些，相反，则必须小一些。

2. 适时喷洒　在果树急需某种营养元素且表现出缺素症状时，喷施该元素效果最佳。一般果树在花期需硼量较大，此时喷施硼砂或硼酸，均能提高坐果率。当叶面积长到一定大小时喷施最佳。幼叶对肥液反应敏感，但叶面太小，接触概率也越小。

3. 确定最佳喷洒部位　不同营养元素在树体中的移动性和再利用率各不相同，因此喷施部位也有所区别。微量元素在树体移动性差，最好直接喷于最需要的器官上，如幼叶、嫩梢或花。如硼应喷到花朵上可提高坐果率，钙喷到果实上可防止生理缺钙或提高果实耐贮性。

4. 选择适宜的肥料品种，防止产生肥害　不同树种对同一种肥料反应不同。苹果喷施尿素效果明显，柑橘次之，其他果树较差。梨和柿吸收磷最多，柑橘和葡萄次之。同时应根据肥料特性和树种等配制适宜浓度并确定施用次数，以免产生肥害。

根外追肥只作为土施的补救措施，不能代替土壤施肥。

（三）根外追肥常用肥料种类与适宜浓度

1. 氮素的叶面喷施　用于叶面喷施的氮肥品种有尿素、硫酸铵、硝酸铵、氯化铵等，其中以尿素较好。因为尿素是中性有机态的含氮化合物，分子体积非常小，扩散性强，极易透过细胞膜而进入细胞内，且吸湿性强，喷后叶片保持湿润状态，吸收速度快。因此，无论是老叶或幼叶；还是软叶或硬叶均能吸收良好。虽然含氮量高（46%），但喷后对果树一般无毒害作用。而硫酸铵和硫酸钠等，因果树选择性吸收，SO_4^{2-} 和 Na^+ 易在树体内积累，如喷施过

量，对果树生长有害。

尿素适于多种果树的叶面喷施，吸收速度也快。喷后吸收速度与树种以及叶片所处的内外条件有关。

为防止落果，较早喷施效果好；树体缺氮时，多次喷施效果更好。例如，为提高落叶果树的产量，可在5月至6月下旬，大体喷施4次，即开花期、落花期、落花10天后及疏果后。若为了促进砧木生长，一般在展叶后喷布。对苹果羽纹病危害植株的恢复，在5月至8月下旬喷布。为使柑橘类增产，一般在4月上旬至7月中旬喷布。为防止柑橘类隔年结果，可在10月下旬至1月中旬喷布。对苹果如喷布太晚，则果实着色差，成熟晚；若开花前喷布，则能提高坐果率和加深果色；早期苹果（成年）喷布尿素对叶绿素含量较土施高。

尿素加表面活性物质，可提高叶面吸收速度。尿素也可与其他农药混合喷布，对尿素的吸收与农药药效均无不良影响。如尿素加入0.3%的石灰，可减轻药害，即因石灰为"安全剂"，使叶部缓慢吸收尿素，免于药害；如用尿素和波尔多液混合喷布，可减轻对葡萄叶部受损伤；尿素和硫酸镁混喷矫治苹果缺镁症时，可互相影响吸收速度。实验证明，钙盐和镁盐会降低尿素的吸收作用。

机械化喷施尿素时，雾粒小效果好，若同时添加"展开剂"，以雾粒附着叶片而不致滴下为度，叶片正反面均匀喷布，效果更佳。

2. 磷素的叶面喷布　常用于叶面喷施的磷素肥料中，有磷酸铵、过磷酸钙、磷酸一氢钾、磷酸二氢钾等，其中以磷酸铵效果最好，喷施浓度为0.5%～1.0%。试验证明，磷酸铵叶面喷施能促进新梢和根系生长及花芽分化的效果。并认为磷肥由叶部吸收后，运输到新梢、干和根部。

3. 钾素的叶面喷布　叶面喷施的钾盐有氯化钾、硫酸钾、硝酸钾、磷酸一氢钾和磷酸二氢钾等，其中以磷酸二氢钾效果为最好。钾素可促进果树新梢和根系生长，可减轻柑橘的皱皮病和浮皮果等生理病害的发生。钾素也能自叶部吸收而转运至树体的各个部位。

4. 氮、磷、钾三要素与其他营养元素配合喷施　据试验，氮、磷、钾三要素混合喷施则效果更好。同时对 18 年生葡萄混喷过磷酸钙 3.0%、钾盐 0.5%、智利硝石（NaNO₃)₂0.1%、硼酸 0.05%、硫酸锰 0.02%，于开花前、浆果结实后和浆果生长期共喷 3 次（单喷或混合喷）每次喷布时的混合液中都加入波尔多液。试验结果表明，三要素与微量元素配合的根外追肥，对葡萄的增产效果显著。但三要素喷布区与对照区产量相近，仅浆果含糖量有所提高。可见在土壤肥力较高的果园，或微量元素缺乏的果园，三要素必须适量配合微量元素的施用。

第三节　现代果园施肥新技术

一、穴贮肥水新技术

穴贮肥水是山东农业大学束怀瑞教授等推广的一种施肥新技术，适用于山地、坡地、滩地、沙荒地、干旱少雨的旱垣果园土壤的肥水管理，是一种节约灌溉用水、集中施用肥水和加强自然降水的蓄水保墒新技术。其主要技术规程如下。

1. 深挖贮肥水穴　春季于果树发芽前，在树冠外缘下方根系密集区内均匀挖直径 30～40 厘米、深 40～50 厘米（依土层厚度、根系分布状况而定）的穴，穴的数量依树冠大小、土壤状况而定。山地果园或幼树的树冠小时挖 3～4 个穴，7～8 年生冠径 3.5～4 米时，挖 4～5 个穴，成年大树挖 6～8 个穴。

2. 穴贮肥水　把穴挖好后，每穴内直立埋入一直径 20～30 厘米、长 30～40 厘米的草把。草把是用玉米秆、麦秸、谷草、杂草等捆扎而成，并在水、尿混合液或 10% 的尿素液中进行浸泡 1.0～2.0 天，使其充分吸收肥水。草把上端比地面低约 10 厘米，在草把四周用混有少量磷、钾、氮肥（每穴用过磷酸钙 50～100 克、硫酸钾 50～100 克、尿素 50 克）的土壤埋好，踏实。

草把上端覆少量土，再施入尿素 50～100 克，或以氮、磷、有机肥比例为 1：2：50 的混合肥料与土拌匀后回填于草把周围空隙中踏实，使穴顶比周围地面略低，呈漏斗状，以利于积水。最后每穴再浇 7～10 千克水，然后将树盘地面修平，以树干为中心覆以地膜，贴于地面，四周用土压好封严，并在穴的中心最佳处捅一孔，孔上压一石块，以利保墒。覆膜面积依树冠大小、贮肥穴的数量而定。8～10 年生的乔化苹果树覆膜为 4.2 米，成年大树为 6.2 米。

3. 适时追肥浇水 覆膜后的施肥灌水都将在穴孔上进行。一般在花后、新梢停长及采果后 3 个时期，每穴各追施 50～100 克复合肥或尿素，由小孔施入穴中。土壤瘠薄地，在雨季还可以增施一次化肥。土壤较肥沃的果园，每穴每次追肥 50 克，肥力低的增至 100 克。覆膜后至新梢旺长后期，每隔 10～15 天浇水 1 次，每次每穴 3～5 千克，由穴孔浇下。如遇雨可少浇或不浇。为防杂草生长顶破地膜，应在覆膜前向地面喷一次除草剂。覆膜后，如有杂草生长，可在膜上适当压土抑制杂草生长。

4. 穴贮肥水的效果 穴贮肥水加地膜覆盖技术，可以局部改善果园土、肥、水状况，使 1/4 的根系能生长在肥水充足而稳定的环境中。贮肥穴内的草把可作为肥水的载体，可改善土壤的通透状况，增加土壤有机质含量，促发果树新根大量形成，增强了根系吸收合成功能，树势健壮，产量高，品质优。

实践证明，穴贮肥水技术方法简单易行，取材方便，投资少，节水省肥（一般可节水 70%～90%，省肥 30% 左右），增产、增质、增效显著。

二、农用稀土微肥应用技术

稀土微肥是以稀土元素为主的一种新型的微量元素肥料。稀土元素是镧系元素及与镧系性质极相似的钪、钇等共 17 种元素的总称。其在果树栽培中的作用是近年才被发现并应用于农业生产的。农用稀土主要是以除去放射性杂质的氯化稀土作原料，加工制成的硝酸稀土的无机盐或有机盐。1983 年全国稀土农用协作网会议统一定名为"农乐益植素"（硝酸稀土）和"常乐益植素"（氯化稀土）。

1. 农用稀土微肥应用效果　目前我国有 20 多个省、直辖市在苹果、梨、枣、柑橘、龙眼等多种果树上进行稀土微肥的研究和应用。实践证明，稀土微肥可增强果树的吸收功能，延缓衰老，提高叶片光合强度、果树的抗逆性，促进早熟，改善果实质量。例如，20 年生的国光苹果树，在果实膨大期或盛花期、果实着色期，喷施 100～1 000 毫克/千克稀土微肥，可提高春梢叶内氮、磷、钾含量 14.2%～14.8%，叶重增加 11.4%，叶绿素含量达 13%，光合强度为 9.1%～20.6%，并提早成熟 10～15 天，色泽艳丽，红色均匀，有光泽，花青苷增加 1～3 倍，全红果增加 11.5%～13.9%，产量提高 11.6%～20.8%，果重增加 6.9%。

梨树应用稀土微肥，可增加产量和果实中钙含量，延长果实的贮藏期，降低梨黑心病的发生概率。

稀土在葡萄、枣、核桃、板栗、山楂、草莓等多种果树上应用，均有增产增质的效果。

2. 稀土微肥施用方法及浓度　施用方法有叶面喷施、土壤沟施、浸种、拌种、浸蘸接穗等。最常用的方法是叶面喷施。

叶面喷布时期，大致在果树盛花期和幼果膨大期。施用浓度因树种、生育期而异，一般浓度为 400～700 毫克/千克，而苹果、桃、梨为 500～1 000 毫克/千克。

配制方法是：先用醋或硝酸、盐酸将水（50 千克）的 pH 调至 4.8～5.0，然后加稀土 50～100 克，最后加 20～35 克中性洗衣粉，搅拌均匀后即可使用。在盛花期、幼果肥大期、采果前 1 个月各喷 1 次。李、杏等发育期短的果树只喷前 2 次即可。

3. 施用稀土时应注意的事项

① 肥效与土壤中可给态稀土含量有关。含量低的沙质土壤、石灰质土壤，施用效果好。

② 树种不同，对稀土反应不同。其中梨最敏感，浓度在 1 000 毫克/千克时，一般会发生伤害；苹果在 2 000 毫克/千克时，会产

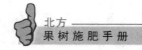

生伤害；葡萄忍耐力最强，在 10 000 毫克/千克时，才会产生危害。应在果树最佳显效期内喷施为最好。

③ 稀土可与酸性农药混合施用。与三唑酮、溴氰菊酯、代森锌、杀虫双、三氯杀螨醇混用无不良影响，可节约劳力，降低成本。但与其他农药混合使用时，需按农药说明书，通过严格试验后再混用。

④ 应在无风的晴天 16 时后喷施最好，喷后遇雨应重喷。

⑤ 新型产品的施用。目前市售络合稀土或络合稀土复混肥、稀土生物肥、稀土—农药混配剂等新型产品，可土施也可喷施，但要先试验后施用为好。

三、树干强力注射施肥技术

1. 强力注射施肥的原理　树干强力注射施肥技术是将果树所需要的肥料从树干强行直接注入树体内，靠机具持续的压力，将进入树体的液体输送到根、枝和叶部，可直接为果树吸收利用，并贮藏在木质部中，长期发挥效力。还可及时矫治果树缺素症，减少肥料用量，提高利用率，不污染环境。

2. 强力注射施肥技术

（1）强力注射施肥机具。强力树干注射机现有 3 种型号，由中国农业科学院果树研究所与西南交大合作研制。

① 气动式强力树干注射机。压力稳定，能不断将肥液压入树体，但携带不便。

② 手动式强力树干注射机。手工操作方便，工效低。

③ 注射及喷雾两用机。是在手动式强力树干注射机的基础上改造而成。既可注射树干又可喷雾施肥，也可喷农药防病虫害。它比一般喷雾机密封好，压力大，雾滴小，效率高。

（2）操作规程。先用钻头的曲柄钻，在树干基部（愈靠近根基愈好）垂直钻 3 个深为 3～4 厘米的孔，然后用扳手将针头旋入孔中，针头与树干结合要紧密牢固，针头尖端与孔底要留有 0.5～1.0 厘米的空隙。摇动拉杆，将注泵和注管吸满肥液，排净空气，连接针头，即可注肥。注射中应观察压力表读数，使压力恒定在10～15兆帕，以保证肥液连续进入树体。

目前，多用此法来注射铁肥，以治疗果树失绿症。配制好的1％左右的硫酸亚铁溶液，pH应为3.8～4.4，淡蓝色透明，不宜久置。若出现红棕色沉淀，应调节pH使沉淀消失，否则

不能应用。铁肥用量依树体大小和失绿程度而定。一般是树体大，失绿严重，注射量大；反之，注肥量可酌情减少。干周40厘米以上的树，硫酸亚铁每株注射量为20克以上，失绿严重时可注射30～50克。

据试验，注射时期以春秋两季效果最好。春季在春芽萌动前愈晚注射愈好；秋季以果实采收后愈早注射愈好。因为此期树液流动好，肥液在树体内分布均匀。生长旺季注射铁肥，若浓度、方法不当易产生肥害，造成叶片枯焦死亡，树势急剧变弱。

（3）强力注射施肥的效果。苹果、梨缺铁黄化树，强力注射铁肥复绿剂后，第三天黄化叶脉复绿，5～6天叶面开始变绿，长出的新生叶也呈绿色，10～15天后，全树叶片恢复正常，并呈浓绿色，且有光泽，一次注射有效期可达4年以上。

据报道，苹果和梨树在花前20天左右，每株强力注射磷酸二氢钾3克＋尿素1.5克＋葡萄糖2克＋200毫升水的营养液，对短果枝叶片均有明显的增大和增厚作用，坐果率也有所提高；桃树每株注射硫酸亚铁2克＋硫酸锌1.5克＋葡萄糖2克＋水200毫升，可矫治缺铁缺锌症；樱桃盛花期每株注入磷酸二氢钾2克＋稀土4克＋尿素1.5克＋葡萄糖2克＋水200毫升的营养液，可提高坐果率13％，果实色泽鲜艳，含糖量高，裂果明显减少。

四、管道施肥喷药技术

管道施肥喷药技术也称为叶部喷灌施肥技术，是采用大贮藏肥池（或药池）统一配制肥液（或农药），用机械（如水泵）为动力将肥液（或药液）压入输送管道（用钢管或耐压塑料管制成）系统，直接喷施于树体上的一种施肥新方法，也是测土配方叶部施肥

自动化、精准化发展的结果。通过管道系统有效地施用肥料或农药等，多用于露地种植的大型果园，可节约化肥 10%～30%，节水效果也很明显，且成本低，效益高，是现代果园配套管理技术之一。其缺点是当风速大或喷嘴发生故障时可能会使肥料喷布不均。适用于管道施肥的肥料种类及操作技术如下。

1. 肥料种类选择 适宜于管道施肥的肥料品种必须具有易溶、速效、不易结晶或沉淀等特点，配制成肥液后应为清液或悬浮液，不易堵塞管道和喷头，喷雾效果好。

（1）清液体肥料。清液体肥料是流质态，在溶液中含有的养分易从大贮藏桶（或池）中用泵抽出或自行流出。液体肥料的成分，可以只含一种或者含数种营养成分的混合物。

（2）固体肥料。可以溶解到喷灌水流中的固体化肥很多，它们的养分种类与浓度因树种、物候期、土壤等而异。固体化肥可以在另一敞口桶中配制好后再抽入灌溉水流中，也可以放在密闭容器中，一部分喷灌水由旁通管迂回流过这一容器，由进来的水流连续溶解固体化肥，直到肥料用完为止。

（3）悬浮液肥料。近年来由于悬浮液肥料的应用，能生产高商品价值的果品，故用量和品种日益增加。同时，悬浮混合物比相应的清溶液养分含量高而用量少，制造、运输、施肥费用较低，并能在一定的灌水量与流速条件下保持肥料以悬浮态均匀分布。

2. 注入方法

（1）自流混合。在泵吸水侧注入离心泵，从自由水面如沟渠或池塘抽水，在吸水管内形成负压。可以利用这一减压吸肥液入泵。肥液从敞口桶中经过一段软管或管道进入泵的吸水管，流入滤用阀门控制，这一连接必须密闭，防止空气进入泵中。另一段软管或管道边接泵的出水管用以向肥料桶灌水。

（2）压力泵注入。使用透平泵时，轮叶没入水中，肥液（或农药）可以在压力下注入喷灌管道。可以用一个小型的旋转泵、齿轮泵、活塞泵等把肥液（或农药）从桶中压入管道。

通过管道系统有效地施用肥料、杀虫剂、杀菌剂、除草剂等，省肥省药省工，耗能少，成本低，提高果品质量，增加经济收入，是现代果园配套技术之一。

五、根系灌溉施肥技术

根系灌溉施肥实际就是灌根施肥技术。它借助于滴灌输水系统，根据果树需肥特性，将肥液注入管道，随同灌溉水一起施入土壤。由于节水省肥，特别适合于缺水少雨的丘陵山区和沙漠土壤、盐碱地及经济效益高的花卉、果树、蔬菜、保护地栽培等作物上应用推广。

随着我国水资源危机的日益加剧，我国北部、西北部绝大部分旱地果树区节水灌溉已成为果品产业中急待解决的难题。广大旱地果产区的果农因地制宜地创造出许多节水省肥的施肥新技术，产生了极大经济效益。

1. 管道滴灌施肥新技术 借助于滴灌管道系统，将含有可溶性化肥的滴灌水在低压情况下，通过等距离细管和滴头直接滴入果树根区土壤中。进入土壤的肥液，借助毛管力的作用湿润土壤，而直接被根系吸收，肥效高，省肥节水。通过控制滴头数量和流速的方法来调控用水施肥量。目前，这项技术要求投资大，科技含量高，多用于经济效益高的大型果园和智能化温室群内果品生产中。滴灌施肥一般比喷灌施肥节水约 60%，节能和减少养分流失。同时在果树生长旺盛期需要大量养分时，可及时将养分输送到近根周围的土壤中，起到了节水省肥的双重作用。由于滴灌施肥的滴头堵塞与管道维护是问题的关键，所以一定要把握好肥料质量，肥液配制，灌水水质等技术难关。

滴灌系统由以下 3 部分组成。

① 首部枢纽。自压滴灌必须修建压力池，机压滴灌必须由水泵加压。首部附属设备有流量表、化肥罐、压力表、过滤器等。

② 管路系统。一般分干管、支管、毛管三级。

③ 滴头。滴灌施肥时，依果树根系吸收强弱、需肥特性及肥

料种类而确定施用浓度。如钾肥浓度为 2 毫克/千克时，供肥后继续滴灌 4～5 小时，5 天后钾可向下层土壤移动达 80 厘米，向四周移动 150～180 厘米；硝酸铵浓度 1～2 毫克/千克时，供肥后向土壤下层移动达 100 厘米以上，向四周移动达 120 厘米。

2. 简易滴灌施肥技术

（1）塑料袋贮肥水器。容肥水量在 30～50 千克的塑料袋（可用不漏水的旧化肥袋代替），并准备一些扎捆用的细铁丝。滴管为直径 3 毫米的塑料管。每株树需 3～5 个水袋（据树冠大小而定）。每袋需配备 10～15 厘米长的塑料滴管。

把塑料滴管短截成 10～15 厘米的小段，其中一端剪成马蹄形。在马蹄形的端部留一约为 3～5 毫米（高粱粒大小）的小孔，其余部分用火烘烤黏合。把滴管的另一端平剪插入塑料袋 1.5～2.0 厘米，然后用细铁丝扎紧固定。捆扎时要特别注意掌握好松紧度，过紧则出水慢，过松则出水快或漏水。出水量 2 千克/小时左右，合 110～120滴/分钟。

（2）埋设塑料袋贮肥水器。在树冠外围垂直投影的地面上挖 3～5 个等距离的坑，深 20 厘米左右，倾斜度 25°，宽依水袋大小而定。将制作好的水袋放入坑内。水不要平放，平放压力小出水难。放好后将滴管埋入 40 厘米深的土层中。滴管所处位置要在树冠外缘的下方，这样有利于水肥被根系吸收。为防止塑料袋老化，可在袋上覆膜，或用尼龙化肥袋或薄土等物遮盖。

据实践证明，采用塑料袋滴灌施肥的苹果树，在需肥期滴灌两次尿素（浓度 0.3%～0.5%），叶绿素含量、坐果率均比滴灌不施尿素有所提高。

3. 简易渗灌施肥技术　简易渗灌施肥技术是山东省沂蒙山区和山西省运城县、临猗县果农根据当地的生产条件，在管道滴灌的基础上，改进兴起的一种节水灌溉施肥方法。

（1）修建蓄水池。地上部修建蓄水池，半径为 1.5 米，高 2.0 米，容水量约为 13 吨。渗水管为直径 2 厘米的塑料管，每隔 40 厘米左右两侧及上方打 3 个针头大的小孔（孔径 1.0 毫米），渗水管埋入地下 40 厘米左右。行距 3 米的果园，每行宜埋 1 条；行距 4 米以上的每行埋 2 条。每个渗水管上安装过滤网，以防堵塞管道。渗幅纵深为 90～100 厘米，横向 155 厘米。根据果树长势，需施肥时，可将化肥直接投入贮水池，也可先溶解过滤后再输入流水道，肥液随水流渗入根际土壤，直接被根系吸收，肥效高，节水省肥。

（2）埋设皿灌器。渗灌也可利用果树皿灌器（已获国内发明专利）。皿灌器是一种陶罐，可容水 20 千克，将肥料投入罐内随水慢慢渗入根部土壤层。渗水半径为 100 厘米。注肥液 15 千克，7 天渗完。此法对矫治果树缺素症效果特别好。

4. 根系饲喂施肥技术　根系饲喂施肥技术是借助渗灌施肥的原理，在果树缺乏某种微量元素，采用其他施肥方法难以奏效时所应用的急救措施。特别是石灰性土壤果树缺铁黄化病的矫治，效果特别明显。

操作方法：早春于果树未萌芽前，将装有相当于叶面喷施适宜浓度的肥液的瓶子或塑料袋（内装 200～300 毫升肥液），埋于距树干约 1.0 米处，将粗度约 5 毫米的吸收根剪断放入瓶或袋中，埋好即可。

根系饲喂法在苹果、梨、桃、柑橘类果树上矫治缺铁黄化病效果很好。施用最佳时期为果树落叶后或翌年春季萌芽前。果树生长期灌根时，必须严格掌握肥液浓度，以免发生肥害。

第八章

北方果树典型树种施肥技巧

第一节　苹　　果

一、苹果生长对环境的要求

（一）苹果根系生长发育规律及影响因素

根系是苹果重要的吸收器官，苹果正常生长发育所需的矿质营养与水分主要是通过根系来吸收的。除此之外，苹果根系还是养分的贮藏器官，苹果落叶前，叶内的养分回流到枝干，很大一部分再从枝干回流到根系中，这一特征对于多年生的苹果具有重要意义，苹果第二年生长发育所需的养分多来源于此，贮藏养分的水平决定花芽分化质量，并且对果树的抗寒性等有很大影响。苹果根系还是重要的合成器官，其新根中合成的细胞分裂素等活性物质对苹果正常生长发育起着不可替代的作用。苹果根系还具有运输和固定作用，对于养分上下交换和抗倒伏有重要意义。

1. 根系的生长动态

（1）根系的生命周期。根系都要经过发生、发展、衰老、更新和死亡的过程。寿命最短的根是吸收根，寿命最长的是骨干根，贯穿整个生命周期。从苹果的整个生命周期来看，苹果定植后先从伤口和根颈上发出新根，幼树阶段垂直根生长旺盛，到初果期时即达到最深深度，因此，定植时要求大穴栽植，结果以后开始扩穴；初果期以后的树以水平根为主，同时在水平骨干根上发生垂直根和斜生根；到盛果期根系占空间最大，此时，根系的发生量也达到最大；盛果后期时，骨干根开始更新死亡，地上部分也开始更新衰老。

（2）年周期的生长变化动态。苹果的根系没有自然休眠，只要条件适宜根系全年都可生长。器官生长发育有稳定的发生规律，在大田条件下全年都保持有活跃新生根，而冬季新生根的功能明显减弱，呈白色初生结构，增长很慢，吸收功能低。在生长季有明显而稳定的高低潮生根表现，一般有3个高峰。第一次为春季高峰，在发芽后，正常树细根量大，而骨干性生长根比例小，多发生在秋生根的延伸定位区，这次发根是受秋季生根多少的制约，秋季不生根或少生根则春根就难以生长，这次发根的发根量和发生期，对地上部短枝、长梢下部叶质量功能有决定作用。在沿海地区和用 M26作砧木的，由于地温上升慢，而新梢根发生迟，时常在早春发生冻旱害而抽梢枯死。第二次高峰在夏季，有补偿生长特征，若春季高峰不形成或新栽树，这次高峰强度大，新生根量大，时间也提前。如果这次高峰过强，易造成新梢旺长，叶分化差，不易成花，而延迟结果。正常丰产稳产树这次高峰不宜过强，根量不过大，在春季根多的情况下，这次高峰期短，发根时间晚。第三次高峰从秋季9月下旬开始，一般延续时间较长，强度不大，受地上部负荷和秋梢量的制约，若负荷过大或早期落叶树和不生秋梢树则无秋季高峰发生，甚至不发生秋根，严重影响越冬和春季发根。

新栽树都在夏季地上新梢旺盛生长后开始生根，多是骨干性不定位发根，一年只有2个高峰，一次在5～6月，一般为新梢停长期；另一次在秋季。细根吸收量少，不易形成花芽而延迟结果。

（3）年周期根系生物量变化。研究表明，不同时期生物量变化与果树养分状况有密切的关系，苹果树生物量随物候期进展而增长。从3月26日至4月30日，整株生物量维持在8～10千克；4月30日至9月21日，由于果实、叶片和新梢的迅速生长，与4月30日相比，到9月21日，整株生物量增加了133%，达22千克；之后整株生物量变化很小。其中1月15日的生物量没有包括果实收获以及落叶的生物量，因为此时果实与树叶已不存在。地上部生物量与整株有相似的动态变化规律。根系生物量年周期内在2.9～5.2千克范围变化，自3月26日至7月30日，根系生物量

变化很小，其快速生长出现在 7 月下旬后，9 月下旬以后基本不再增加。

2. 影响苹果根系发生及生长的因素

（1）树体内部因素对根系的影响。苹果根系的发生及生长、养分及水分的吸收运输和合成所需的能量物质都依赖于地上部营养的供应。光合作用不足首先影响的是对根系的供应。维持较高水平碳水化合物积累和保证碳水化合物有节奏分配利用是保证根系生长的先决条件。

早春根系生长所需的养分主要是贮藏营养，上一年秋季的管理水平及当年开花的多少对早春根系生长有很大影响。上年秋季管理较差造成贮藏营养不足或开花过多造成消耗太大，均会减少春季发根高峰，对苹果当年后期生长发育极为不利。生殖器官对养分竞争最强，开花、坐果及果实膨大均为各个时期苹果生长中心，养分优先供应其生长。因此，疏花疏果、合理负荷、减少无效消耗是保证根系正常生长的有效措施。叶片是光合作用的主要场所，保护叶片、提高光合效能是提高树体碳水化合物水平的关键措施。

（2）外界环境条件对根系的影响。与地上部分相比，苹果根系对不良的外界环境条件更敏感。根系中最敏感的是吸收根，在良好的条件下，其寿命仅为 1～2 周。改良土壤（或局部改良土壤）为根系发生生长创造良好土壤环境，是促进根系发生生长，增强根系功能的有效措施。

土壤水分也是制约根系生长的环境因素之一，当土壤可利用水分下降时，短期内根毛增多，然后停止生长，并开始自疏死亡。当土壤水分过多，则影响土壤透气性，根系处于厌氧环境引起生理干旱，严重时也造成根系死亡。苹果根系要正常生长，田间最大持水量应为 60%～80%，在此范围内，越接近 60%，越有利于吸收根发生，越接近 80%，越有利于生长根发生。在水分管理上，应因树的具体情况区别对待，对幼旺树应适当偏旱，促进吸收根发生，抑旺促花；对衰弱树应适当增加水分供给，促进生长根发生，恢复树势。一般情况下，苹果正常生长发育，要求土壤水分相对稳定。

对多数落叶苹果来说，根系生长最适宜温度一般在 14～25℃。根系开始生长的温度在 7℃以上，正常生长的最高温度为 30℃以下。年周期中，早春温度太低和夏季地表温度太高是制约根系生长的两个不利因素，可以通过覆膜和覆草等措施来解决。

土壤养分含量不像通气、水分和温度条件那样成为根系生长的限制因子。苹果根系生长有明显的趋肥性。贫瘠土壤虽然有利于根系的建造，但根系的功能低，吸收效率低；肥沃的土壤根系发育良好，吸收根多，持续活动时间长。有机质含量也是影响根系的重要因素之一，在沙滩地果园尤为重要。优质丰产果园要求有机质含量在 1％以上。氮和磷可刺激根系的生长，缺氮或缺磷均可限制根系的生长。

水、肥、气、热是对根系生长影响最大的 4 个环境因子。综合来看，在一定土壤范围内从地表越向下，温度和水分越适合根系生长，而通气和养分状况越不适合根系生长；反之，越靠近地表，通气和养分状况越好，更适合根系生长，而温度和水分状况恶劣，不适合根系生长。因此，苹果根系既不能分布在地表，也不能集中分布于较深土壤层次中，而是主要分布在 10～50 厘米土层中，这一土层称为根系集中分布层。

（二）芽、枝、叶、果的生长特性及影响因素

1. 芽的分化与萌发　　生长芽长在枝上，随着枝条伸长在叶腋中产生芽原始体，再逐渐分化出鳞片、芽轴、节、叶原基等。位于枝条基部的芽无叶原基或只有 1～2 片叶原基，多形成潜伏芽，一般情况下不萌发，受到刺激时方能萌发。

芽的形成当年多不萌发，经过自然休眠后气温平均在 10℃左右时开始萌发。但在受到强烈刺激时，当年也会萌发生长。

2. 枝条的生长及类型　　新梢生长的强度，因品种和栽培技术的差异而不同，一般幼树期及结果初期的树，其新梢生长强度大，为 80～120 厘米；到盛果期生长势显著减弱，一般为 30～80 厘米；盛果末期新梢生长长度更加减弱，一般在 20 厘米左右，大部分苹果产区新梢常有两次明显生长，分别称为春梢和秋梢，春、秋梢交

界处形成明显的盲节。肥水管理不合理的果园，往往是春梢短而秋梢长，且不充实，对苹果的生长发育极为不利。优质丰产树要求新梢长度在 30～40 厘米，春、秋梢比值在 2～3，这也是判断施肥是否合理的重要反馈指标。

按枝条的发生习惯和功能可以将苹果枝条分为长枝、中枝、短枝、徒长枝几种类型。

3. 叶片生长

① 叶原基开始形成于芽内胚状枝上。芽萌动生长，胚状枝伸出芽鳞外，开始时节间短叶形小，以后节间逐渐加长叶形增大，一般新梢上第七至第八节的叶片才能达到标准叶片的大小。根据吉林省农业科学院果树研究所的调查，苹果成年树约 80% 的叶片集中在盛花后较短时间内，这些叶片是在上一年叶内胚状枝上形成的。当芽开始萌动生长，形成的叶原基也相继长成叶片，约占总叶数的20%，是新梢生长继续延伸而分化的后生叶。

② 叶幕的结构与苹果树体生长发育和产量品质密切相关。丰稳产园叶面积指数一般在 3.5～4.0，且在冠内分布均匀。叶幕过厚，则树冠内膛光照不足，内膛枝不能形成花芽，枝容易死亡，反而缩小了树冠的生产体积。生长中在保证适宜叶面积的基础上，要注意提高叶片质量（厚、亮、绿），并使春季叶幕尽早建成，秋季延迟衰老，减少梢叶过度及无效消耗。

4. 开花、结果　开花一般平均气温在 8 ℃以上时花芽开始萌动，日温达到 15 ℃以上时多数苹果品种即开花。不同地区开花早晚主要与当地、当年的气温有关。

开花过程要顺次经过花芽膨大—芽开绽—花序露出—花序分离—初花—盛花—落花几个阶段。开花早晚和花期长短除了与品种有关之外，还与气温和湿度有很大关系。如气候冷凉、空气湿度大，则开花期延长；如高温、干旱，则花期短。多数品种的花期适温为18 ℃左右。

苹果是异花授粉果树，生产上必须配置一定数量的授粉树，同时要在花期选择花粉量多、授粉结实率在 40% 以上、授粉亲和力高、有较高经济价值的品种，采其花粉进行人工授粉。另外，要创造适宜的传粉条件，在自然条件下苹果是靠昆虫、风力实现传粉，因此花期放蜂有助于传粉。花粉粒落到雌蕊的柱头上后很快就发芽产生花粉管，在适宜条件下，24 小时便可伸入子房内胚囊完成受精过程，最多不超过 3 天。经过受精的花朵子房内胚和胚乳开始发育，进一步发育成幼果。花期时的温度对授粉、受精影响很大。花粉发芽和花粉管生长需要温度在 10～25 ℃，以 20 ℃左右为最好，因此花期温度、晴天对传粉、受精最有利。

5. 果实的生长发育和成熟 苹果结果枝通常分为 4 类，即短果枝（＜5 厘米）、中果枝（5～15 厘米）、长果枝（＞15 厘米）及健壮长梢的腋花芽枝，苹果不论幼树或成年树，除少数品种外，一般皆以短果枝结果为主。成花难易因树种而异，一般一个健旺的长梢要 3～4 年才能结果，所以幼树提前结果，必须轻剪长放，进入结果期的树，在施肥种类和数量上要注意对短果枝的形成和健壮生长有利。

从细胞学角度来分，果实从小到大要经过细胞分裂，增加细胞数量和增大细胞体积。在细胞分裂期果实的纵径增加较快，细胞体积膨大期横径增长加快。因此，细胞分裂期长，则有利于纵径增长，果形指数大，表现高产。

果实发育前期主要是细胞分裂，需要较多的蛋白质，其主要来源是树体贮藏的营养，如果此时贮藏营养不足或营养消耗过多，则会影响细胞分裂。因此要对花多的树在花前追肥，特别是补充氮、磷肥和水分，并进行花前复剪以节省养分。

果实膨大期则主要是增加碳水化合物和水分，充实细胞，增大体积。应保证光合作用正常进行，提高光合作用效率，保证有足够的碳水化合物流入果实。

（三）对土壤条件的要求

土壤支持果树生长，为果树提供水分及矿质营养。因此，果园施肥必须了解土壤的物理、化学及生物性状，做到因地制宜制订施肥方案。

我国土壤养分状况为有机质和氮素含量普遍较低，磷、钾素次之。近年来，随着施肥量的增加，单位面积产量的提高，北方缺磷和南方缺钾面积有所扩大。土壤中的氮除少量呈无机态外，绝大部分呈有机态存在。土壤有机质含量越高，含氮量也就越多，一般来说，土壤全氮量为有机质含量的 $1/20\sim1/10$。一般认为土壤有机质大于 2.5% 为宜，$1\%\sim2.5\%$ 为中等，小于 1% 为低。我国土壤有机质含量普遍较低，除东北黑土有机质和氮含量较高外，其他地区均处于较低水平，尤其是华北平原、黄土高原地区最低。

我国各地区土壤耕层的全磷含量一般在 $0.05\%\sim0.35\%$。东北黑土，宁夏、新疆、甘肃等沙漠土磷含量较高，分别可达 $0.14\%\sim0.35\%$ 和 $0.17\%\sim0.26\%$，其他地区磷含量较低。

我国各地区土壤钾含量变化范围在 $0.52\%\sim2.8\%$，速效钾含量为 $40\sim45$ 毫克/千克，我国主要土壤耕层全钾含量，总的趋势是从东到西，从南到北含量逐渐增加。

植物所需微量元素主要来源于成土母质，不同的成土母质形成的土壤微量元素含量不同。如北方黄土母质形成的碱性土壤可能缺铁，而南方酸性土壤一般不缺铁，石灰性土壤缺锌、缺锰；我国西北、华北地区，包括华北平原和黄土高原，可能是缺铁、缺锌、缺钼地区。

二、苹果养分吸收规律

我国苹果主要分布在渤海湾和黄土高原两个主产区，在渤海湾产区四季分明、降水量充沛。黄土高原产区前期干旱少雨、灌溉条件差，后期多雨，其生长发育动态和养分累积动态有别于其他产区。

1. 苹果氮素吸收累积年周期动态

（1）新生器官氮累积量。苹果树新生器官（果实、叶片和新梢）中氮含量与氮累积有规律性变化。果实、叶片和新梢中的氮含量都是前期高，后期降低，可能是随其生长氮素被稀释。新生器官中氮累积量随果树生长而增加。苹果树年周期不同生育阶段以叶片氮累积量最多。

（2）氮素利用与施肥推荐。对盛果期大树而言，树体的需氮量主要是果实和叶片带走的氮。7 月 30 日至 9 月 21 日，富士苹果树（苹果产量 3.2 吨/亩[①]）根系从土壤中吸收了 6.62 千克/亩的氮素，占吸收总量的 58.8%；自 9 月 21 日至 1 月 15 日，果树从土壤中吸收氮素 4.86 千克/亩，占吸收总量的 43.2%，其从土壤中吸收氮素主要分果实膨大期和秋季收获后两个时期。果实与叶片年带走 4.4 千克/亩的氮。果树（苹果产量 3.2 吨/亩）年推荐施纯氮15.3 千克/亩，秋季果实收获后基施氮 6.48 千克/亩，7 月下旬前追施氮 8.82 千克/亩。产 100 千克苹果，需要吸收氮素 0.4 千克，果园施用纯氮 0.5~0.7 千克。

2. 苹果磷素吸收累积年周期动态

（1）树体不同器官磷含量和磷累积。果实、叶片和新梢中磷含量表现出前期较高、中后期较低的消长变化。早春叶片中磷含量较高，幼果期果实中磷含量较高，果实成熟期新梢中磷含量较高，表明年周期内磷的分配随生长中心的转移而转移。樊红柱等研究发现，从 3 月 26 日至 7 月 30 日，枝、干和根系中磷含量分别降低了52.1%、38.6% 与 50.0%，枝、干和根系磷含量在同一物候期无显著性差异；7 月 30 日以后，各器官磷含量有不同程度的增加，枝、干和根系磷含量休眠期达最高；9 月 21 日，枝、干及根系磷含量达显著性差异水平；休眠期根系与枝、干磷含量达显著性差异水平。果实成熟时叶片和新梢磷含量较高，休眠期根系磷含量最高。

（2）磷素利用与推荐施肥。从 3 月 26 日至 7 月 30 日，果树基本上没有从土壤中吸收磷素营养，新生器官生长所需要的磷素营养主要来自上一年不同器官贮存养分的转移。从 7 月 30 日至 9 月 21日，树体磷累积量从 0.56 千克/亩增加到 1.78 千克/亩，根系吸收磷素 1.22 千克/亩；9 月 21 日至 1 月 15 日，磷累积量从 1.78 千

---

① 亩为非法定计量单位，1 亩=1/15 公顷≈667 米[2]。——编者注

克/亩增加到 1.94 千克/亩，其中果实和叶片分别为 0.31 千克/亩
与 0.21 千克/亩；表明根系继续从土壤中吸收磷素 0.69 千克/亩。
所以年周期内果树磷素吸收总量为 1.91 千克/亩，且主要集中在两
个阶段，果实膨大期吸收量为 1.22 千克/亩，果实采收至休眠期吸
收量为 0.69 千克/亩，分别占吸收总量的 63.8% 和 36.2%。按照
施肥量＝(果树吸收量－土壤供应量)/肥料利用率，土壤供应量按吸
收量的 1.2 倍计，肥料利用率为 30%。苹果树（苹果产量 3.2 吨/
亩）年推荐施纯磷 3.19 千克/亩，果实收获后秋季基施磷 1.15 千
克/亩，果实膨大期前追施磷 2.03 千克/亩。每生产 100 千克苹果，
需要施 P_2O_5 磷 0.3~0.4 千克。

3. 苹果钾素吸收累积年周期动态

（1）树体不同器官钾累积变化。樊红柱等研究发现，苹果树年
周期内树体中钾累积量变化可分为以下 4 个阶段。

第一阶段：3 月 26 日至 4 月 30 日，整株中钾累积量变化很
小，枝、干和根系中钾累积量均有不同程度的下降，分别降低了
36%、11% 和 18%，而叶片钾累积量从 1.00 克增加到 11.42 克。
这一阶段根系吸收较少的钾素养分，可能一方面是由于土壤温度恢
复较慢，低温下根系活力不高，另一方面是由于春季干旱，土壤水
分缺乏，限制了土壤养分的有效性及根系对养分的吸收能力。

第二阶段：自 4 月 30 日至 7 月 30 日，整株钾累积量从 39.75
克增加到 72.58 克，果树从土壤中吸收了大量的钾。不同器官中钾
累积量明显增加，其中果实与新梢增加较多，分别增加了 224% 和
160%，叶片钾累积量增加了 104%，而根系钾累积量仅增加
了 21%。

第三阶段：7 月 30 日至 9 月 21 日，整株钾累积量从 72.58 克
下降到 63.92 克，可能的原因是叶片分泌物带走一定量的钾素。果
实中钾累积量从 11.65 克增加到 23，44 克，增加了 101%，其余
器官钾累积量均有不同程度的降低。

第四阶段：9 月 21 日至 1 月 15 日，整株钾累积量从 63.92 克
下降到 49.65 克，但 1 月 15 日整株中钾累积量没有包括果实采收

时带走的 23.44 克钾，以及果实成熟时叶片钾累积量 10.34 克。事实上整株钾累积量从 63.92 克增加到 83.43 克，说明在果实采收后根系仍继续吸收一定的钾素养分。随着养分回流，树体钾累积量明显增加。

（2）钾素利用与施肥管理。年周期内果树总吸收钾素为 5.81 千克/亩，分别在幼果期吸收 3.64 千克/亩，占吸收总量的 62.7%，秋季吸收 2.16 千克/亩，占 37.3%。果园（苹果产量 3.2 吨/亩）年推荐施纯钾 7.26 千克/亩，幼果期追施钾 4.55 千克/亩，秋季基施钾 2.7 千克/亩。生产 100 千克苹果，需要吸收钾素 0.4 千克，果园需补充施用纯 K_2O 0.5～0.6 千克。

三、营养元素的作用及缺素症状

1. 营养元素的作用

（1）氮。氮素是苹果必需的矿质元素中的核心元素，在一定范围内其施用量与苹果的产量、品质密切相关。适量施氮不仅能提高叶片的光合速率，增加光合叶面积，还能促进花芽分化，提高坐果率，增加平均单果重。

氮的吸收、运转、分配与贮藏、再利用特性：苹果根系可以从土壤中吸收无机氮与简单的有机氮，但以无机氮为主。根系吸收的无机氮主要是硝态氮和铵态氮。大多数苹果硝酸还原在根内进行，在田间条件下，其木质部汁液内基本测不到硝酸盐。施肥时期不同，氮素分配与对苹果生长发育的影响也不同，试验结果表明，春季施氮肥，当年叶片、新梢及果实的氮肥利用率最高，而第三年这些部位的氮肥利用率最低，表明这些部位的氮含量比其他部位更依赖当年苹果的吸氮量。春季大量施氮常使这些部位的含氮量超过实际需氮量，造成氮素浪费，而且对当年的开花坐果影响较小。

（2）磷。苹果根系对土壤中磷的利用能力相当强，既能吸收水溶性磷（即使浓度很低），也能吸收弱酸性磷，甚至难溶性磷，这可能与苹果的根系分泌物以及菌根有一定关系，吸收到苹果树体内的磷，可以全方位转移，既能从老叶转移到幼叶，也能从幼叶转移

到老叶，既能向上迁移，也能向下迁移。

磷能促进 CO_2 的还原固定，有利于碳水化合物的合成，并以磷酸化方式促进糖分转运，不仅能提高产量、含糖量，也能改善果实的色泽。磷营养水平高时，就能有充足的糖分供应根系，促进根系生长，提高吸收根的比例，从而改善整个植株从土壤中摄取养分的能力。供磷充足能使果树及时通过枝条生长阶段，使花芽分化时，新梢能及时停止生长，促进花芽分化，提高坐果率。此外，磷还能增强树体抗逆性，减轻枝干腐烂病和果实水心病。

苹果缺磷时，花芽形成不良，新梢和根系生长减少，叶片变小，积累的糖分转化为花青素，使叶柄变紫，叶片出现紫红色斑块，叶缘出现半月形坏死。此外，果实色泽不鲜艳。但含磷过高，会阻碍锌、铜、铁的吸收，引起叶色黄化，当叶片磷锌比值大于100时，将会出现小叶病。

（3）钾。钾在茎叶幼嫩部位和木质部、韧皮部的汁液中含量较高，这对提高上述部位的渗透势和根压、促进水分吸收和保持很有意义。在苹果树干、多年生枝条和根中钾含量较少。然而，随着物候期的变化，各器官中钾含量也发生变化。晚秋进入休眠时，有许多钾离子转移到根部，也有一部分钾随着落叶返回土壤中。

苹果需钾量大，增施钾肥能促进果实增大，增加果实单果重。森一山崎试验结果表明，钾浓度从 0 毫克/千克提高到 100 毫克/千克，红玉和国光苹果的单果重分别从 136 克和 94 克提高到 211 克和 207 克，而且高钾处理后含糖量高，色泽好。最近在不同果园中的研究结果表明，供钾 0～150 毫克/千克范围内，苹果产量随土壤含钾量的增加而提高，但土壤供钾过多也不利于产量提高。

苹果钾素水平的高低影响氮素同化，特别是硝态氮的还原转化。因为钾对还原酶有诱导作用。此外，钾在氮同化过程中的许多方面发挥独特作用。氮、钾配合施用并保持适宜比例对苹果产量、品质、发病率、着色度都有明显影响。

（4）钙、镁。钙主要以被动吸收（扩散、质流）进入苹果树内，且在树内再利用率很小，一旦进入叶片，通常就很难再流出供应其他器官。所以老叶中含钙量较多，虽然钙的移动性小，但翌年春季从树体永久性结构中重新动用的钙能提供新梢、叶片、果实所需钙的 $20\%\sim25\%$。

适量的钙除了能保护细胞膜、提高苹果品质、延长保存期之外，还可以减轻 H^+、Na^+、Al^+、Fe^{3+} 等的毒害。

苹果树整体缺钙情况十分少见，但苹果果实缺钙却比较普遍。通常果实钙含量较低，大约是其临近叶片钙含量的 $1/40\sim1/10$。苹果果皮中钙含量低于 700 毫克/千克或果肉中低于 200 毫克/千克时，易产生苦痘病、软木栓病、痘斑病、心腐病、水心病、裂果等生理病害，尤其低钙情况下更易发生。

镁是叶绿素的组成部分，缺镁时果树不能形成叶绿素，叶变黄而早落。

（5）微量元素。果树需要的营养元素除氮、磷、钾、钙、镁等大量元素外，还需要铁、锰、锌、硼等微量元素。铁对叶绿素的形成起重要作用，果树缺铁时，也不能合成叶绿素，幼叶首先失绿，叶肉呈淡绿或黄绿色。随病情加重，全叶变黄甚至为白色，即我们平时常说的黄化现象——黄叶病。锌是许多酶类的组成成分，在缺锌的情况下，生长素少，植物细胞只分裂而不能伸长。硼是苹果必需的微量元素之一，它在细胞膜水平发挥作用，调节离子、代谢物和激素的跨膜转运，对细胞膜结构和功能的完整性有重要作用，充足的硼素供应能增强植物的抗逆性，适量的硼可以改善果实品质，使着色提前，可溶性固形物含量增加，可滴定酸下降，维生素 C 提高。施硼可使苹果硬度提高。

2. 缺素症状及矫治方法　缺素症状及矫治方法如表 8－1 所示。

四、苹果树科学施肥技术及方法

（一）施肥量的确定

苹果树体每年养分的吸收量近似等于树体中养分含量与第二年新生组织中养分含量之和。专家建议，苹果的最佳施肥量是果实带

表 8-1　苹果营养元素的生理作用和缺素矫治方法

元素	元素作用	缺素症状	叶面矫治方法
氮	蛋白质、核酸、叶绿素、维生素、生物碱、酶和辅酶系统的组成成分	从基部老叶开始出现均匀失绿黄化，叶小直立、无枯斑、新梢生长细而短、秋天落叶早、秋季叶脉稍红，树皮由淡褐色至褐红色，果实小而色浓、产量低	生长期喷0.3%～0.5%尿素
磷	核酸、核苷酸、植酸钙镁等组成部分、参加蛋白质合成和光合作用碳水化合物的代谢	从基部老叶开始，叶片狭长、圆形、嫩叶深绿色（暗绿），较老叶则带有青铜色或深红褐色，老叶脉间常有淡绿色斑点，叶柄及枝干为不正常紫色，新梢变短，果实早熟，对花芽形成和结实极为不利	生长期喷0.1%～0.3%的磷酸二氢钾
钾	蛋白质合成、光合作用中光合化合物运输调节，原生质的胶体状态，对作物氮代谢也有影响	中部叶先黄化，继而老叶，最后新叶叶脉失绿，叶尖枯焦，变枯叶子发皱并两边卷起，果实色泽、大小、品质均降低	生长期喷0.1%～0.3%磷酸二氢钾或0.5%的硫酸钾
钙	影响根和新梢生长，是果胶酸钙的组成成分，调节蛋白质与钙离子的作用，调节细胞代谢	首先出现在梢顶部，顶芽易枯死，叶中心有大片失绿变褐和坏死的斑点，梢尖叶片卷缩向上、发黄，果实易发生苦痘病、水心病等	生长期对果实喷2～3次0.3%的氯化钙
镁	叶绿素、植酸盐的组分，促进磷酸酶、葡萄糖转化酶的活性，促进糖类代谢	失绿首先出现在基部叶叶脉间，脉间枯焦一直延伸到边缘	生长期喷0.1%～0.2%硫酸镁
铁	影响叶绿素形成，参与叶绿体蛋白质形成，呼吸酶中也含铁	新梢顶部嫩叶淡黄色或白色，逐渐向老叶发展，严重时叶片有棕黄色枯斑，叶角焦枯，新梢先端枯死	喷0.2%～0.3%柠檬酸铁或硫酸亚铁

（续）

元素	元素作用	缺素症状	叶面矫治方法
锌	碳酸酐酶等的组成成分，影响生长素的形成以及氧化还原过程	近新梢顶部叶片小，有不规则的小斑点，边缘呈波纹状，成束的长在一起，莲座状叶（小叶病），花芽减少，果实小，产量低	新梢生长期喷 0.2％～0.3％硫酸锌
硼	氧化还原系统需要硼加速碳水化合物运输，促进氨素代谢，对生殖器官发育有重要作用	枝条上出现小的内陷坏死斑点和木栓化干斑，果实表现为缩果病	喷 0.1％～0.2％ 硼酸或硼砂
钼	硝酸还原酶的成分	低 pH 时发生梢尖叶片脉间黄色，下部叶片边缘焦灼，比较少见	喷 0.05％钼酸铵
铜	氧化还原酶的组成成分，参与氧化还原反应，促进叶绿素形成	新梢死去，叶色似火且梢尖叶变黄，结果少，早期落叶，比较少见	喷施0.01％～0.02％硫酸铜溶液

走量的 2 倍，这样有近 50％的剩余。因此，确定苹果施肥量最简单可行的方法是：以结果量为基础，并根据品种特性、树势强弱、树龄、立地条件及诊断的结果等加以调整。

$$施肥量 = \frac{果树吸收肥料各元素的量 - 土壤供给量}{肥料利用率}$$

果树吸收肥料各元素量 = 果树单位产量养分吸收量 × 产量

土壤供给量 = 土壤养分测定值 × 0.15 × 校正系数

1. 根据产量 根据化肥试验网的资料，一年中，幼树期果树每株施 0.25～0.45 千克氮，初果期 0.45～0.90 千克氮，生长结果期 0.90～1.4 千克氮，盛果期 1.4～1.9 千克氮。

山东地区苹果盛果期，平均亩产 2 500 千克以上的，每生长 100 千克果实施纯氮 0.7 千克、纯磷 0.35 千克、纯钾 0.7 千克、有机肥 150 千克。

陕西渭北成龄果园，亩产 1 500～200 千克，每生产 100 千克苹果施纯氮 0.5～0.7 千克、纯磷 0.3 千克、纯钾 0.5～0.6 千克、有机肥 150 千克。

2. 根据树龄　根据试验结果及综合有关资料确定不同树龄的苹果年施肥量（表 8 - 2）。具体到某种肥料可以根据纯养分量及化肥中本养分的百分含量进行换算，在生产上提倡采用复合肥或专用肥。苹果秋施复合肥（20 - 10 - 10）每亩 20～30 千克；3 月上中旬施复合肥（20 - 10 - 10）每亩 55～70 千克，6 月上中旬施复合肥（10 - 10 - 20）每亩 46～56 千克；对晚熟品种在 8 月上旬增施复合肥（10 - 10 - 20）每亩 14～28 千克。

表 8 - 2　不同树龄苹果的施肥量

树龄（年）	有机肥（千克/亩）	尿素（千克/亩）	过磷酸钙（千克/亩）	硫酸钾或氯化钾（千克/亩）
1～5	1 000～1 500	5～10	20～30	5～10
6～10	2 000～3 000	10～15	30～50	7.5～15
11～15	3 000～4 000	10～30	50～75	10～20
16～20	3 000～4 000	20～40	50～100	20～40
21～30	4 000～5 000	20～40	50～75	30～40
>30	4 000～5 000	40	50～75	20～40

3. 根据土壤分析结果　土壤分析在诊断过程中的作用：土壤的物理、化学特性可以提供许多有用的信息。首先根据土壤中各元素的有效浓度可以得知土壤能提供多少可用元素，而土壤物理结构特点又是施肥时考虑肥料利用率的重要依据。土壤分析可以使营养诊断更具针对性，分析土壤的组成可知在一定阶段内哪些元素可能缺乏，哪些基本不缺，哪些肯定会缺，从而可以有目的地针对这些元素进行施肥。

但大量研究表明，土壤中元素含量与树体元素含量间并没有明显的相关关系，因而土壤分析并不能完全回答施多少肥的问题，所以它只有同其他分析方法相结合，才能起到应有的作用。中等肥力水平的土壤条件下，成龄果园一般每亩施纯氮 12.5 千克、纯磷 5

千克、纯钾 15 千克。根据山东果园土壤有效养分与产量品质关系制订的分级标准如表 8-3 所示。

表 8-3 果园土壤养分含量分级指标

养分种类	极低	低	中等	适宜	较高
有机质（％）	<0.6	0.6～1.0	1.0～1.5	1.5～2.0	>2.0
全氮（％）	<0.04	0.04～0.06	0.06～0.08	0.08～0.10	>0.1
速效氮（毫克/千克）	<50	50～75	75～95	95～110	>110
有效磷（毫克/千克）	<10	10～20	20～40	40～50	>50
速效钾（毫克/千克）	<50	50～80	80～100	100～150	>150
有效锌（毫克/千克）	<0.3	0.3～0.5	0.5～1.0	1.0～3.0	>3.0
有效硼（毫克/千克）	<0.2	0.2～0.5	0.5～1.0	1.0～1.5	>1.5
有效铁（毫克/千克）	<2	2～5	5～10	10～20	>20

（二）施肥技术

苹果施肥一般分作基肥和追肥两种，具体的时间，因品种、树体的生长结果状况以及施肥方法而有差异。不同时期，施肥种类、数量和方法不同。

1. 基肥 以施用有机肥料为主的基肥，最宜秋施。秋施基肥以中熟品种采收后、晚熟品种采收前为最佳。秋施基肥，具有以下优点：第一，在秋季，苹果主要根系分布层的土壤温度比较适宜，根系生长量大，施肥后有利于根系吸收；第二，秋季昼夜温差大，太阳辐射中的散射光比例增加，施肥后有利于提高叶片的光合效率，增加碳水化合物的积累；第三，秋施有机肥料，有较充分的时间供根系吸收、转运，并在树体内贮藏起来。基肥，要把有机肥料和速效肥料结合施用。有机肥料，宜以迟效性和半迟效性肥料为主，如猪圈粪、牛马粪和人尿粪，根据结果量一次施足。速效性肥料，主要是氮肥和过磷酸钙。为充分发挥肥效，可将几种肥料一起堆腐，然后拌匀施用。基肥施肥量，按有效成分计算，宜占全年总施肥量的 70％左右，其中化肥的量占全年的 2/5。

2. 追肥　指生长季根据树体的需要而追加补充的速效肥料，追肥因树因地灵活安排。

（1）因树追肥。

① 旺长树。追肥应避开营养分配中心的新梢旺盛期，提倡"两停"追肥（春梢和秋梢停长期），尤其注重"秋停"追肥，有利于分配均衡、缓和旺长。应注重磷、钾，促进成花。春梢停长期追肥（5 月下旬至 6 月上旬），时值花芽生理分化期，追肥以铵态氮为主，配合磷、钾，结合小水、适当干旱、提高浓度、促进花芽分化；秋梢停长期追肥（8 月下旬），时值秋梢花芽分化和芽体充实期，施肥应结合补氮，以磷、钾为主，注重配方、有机充足。

② 衰弱树。应在旺长前期追施速效肥，以硝态氮为主，促进生长。萌芽前追氮，配合浇水，加盖地膜。春梢旺长前追肥，配合大水。夏季借雨勤追，猛催秋梢，恢复树势。秋天带叶追，增加贮备，提高芽质，促进秋根。

③ 结果壮树。追肥目的是保证高产、维持树势。萌芽前追肥，以硝态氮为主，有利于发芽抽梢、开花坐果。果实膨大时追肥，应以磷钾为主，配合铵态氮，加速果实增长，促进增糖增色。采后补肥浇水，协调物质转化，恢复树体，提高功能，增加贮备。

④ 大小年树。"大年树"追肥时期宜在花芽分化前 1 个月左右，以利于促进花芽分化，增加翌年产量。追氮数量宜占全年总施氮量的 1/3。"小年树"追肥宜在发芽前，或开花前及早进行，以提高坐果率，增加当年产量。追氮数量应占全年总施氮量的 1/3 左右。

（2）因地追肥。根据土壤类型、保肥能力、营养丰缺具体安排。

沙质土果园：因保肥保水差，追肥少量多次浇小水，勤施少施，多用有机态和复合肥，防止肥分严重流失。

盐碱地果园：因 pH 偏高，许多营养元素如磷、铁、硼易被固定，应注重多追有机肥、磷肥和微肥，宜与有机肥混合施用。

黏质土果园：保肥保水强，透气性差。追肥次数可适当减少，多配合有机肥或局部优化施肥，协调水气矛盾，提高肥料有效性。

3. 根外追肥　在苹果生长季中，还可以根据树体的生长结果状况和土壤施肥情况，适当进行根外施肥。

（三）施肥方法

1. 环状施肥　特别适用于幼树基肥。在树冠外沿 20～30 厘米处挖宽 40～50 厘米、深 50～60 厘米的环状沟，把有机肥与土按 1∶3 的比例和一定量的化肥掺匀后填入。随树冠扩大，环状逐年向外扩展。此法操作简便，但断根较多。

2. 条沟状施肥　在树的行间或株间隔行开沟施肥，沟宽、沟深同环状沟施肥。此法适于密植园。

3. 辐射状施肥　从树冠边缘向里开 50 厘米深、30～40 厘米宽的条沟（行间或株间），或从距树干 50 厘米处开始挖放射沟，内膛沟窄些、浅些（约 20 厘米深、20 厘米宽），树冠边缘沟宽些、深些（约 40 厘米深、40 厘米宽），每株 3～6 个穴，依树体大小而定。然后将有机肥、轧碎的秸秆、土混合，根据树的大小可再向沟中追适量氮肥、磷肥，根据土壤养分状况可再向沟中加入适量的硫酸亚铁、硫酸锌、硼砂等，然后灌水，最好再结合覆盖或覆膜。

4. 地膜覆盖、穴贮肥水法　3 月上旬至 4 月上旬整好树盘后，在树冠外沿挖深 35 厘米、直径 30 厘米的穴，穴中加一直径 20 厘米的草把，高度低于地面 5 厘米（先用水泡透），放入穴内，然后灌营养液 4 千克，穴的数量视树冠大小而定，一般 5～10 年生树挖 2～4 个穴，成龄树 6～8 个穴，然后覆膜，将穴中心的地膜截一个洞，平时用石块封住防止蒸发，由于穴低于地面 5 厘米，降雨时可使雨水流入穴中，如雨水不足，每半个月浇水 4 千克，进入雨季后停止灌水，在花芽生理分化期（5 月底至 6 月上旬）可再灌营养液 1 次。这种追肥方法断根少，肥料施用集中，减少了土壤的固定作用，并且草把可将一部分肥料吸附在其上，逐渐释放从而延长了肥料作用时间，且草把腐烂后又可增加土壤有机质含量。此法比一般的土壤追肥可少用一半肥料，是一种经济有效的施肥方法，增产效应大。施肥穴每隔 1～2 年改动一次位置。

5. 全园施肥　此法适于根系已经布满全园的成龄树或密植园。将肥料均匀地撒入果园，再翻入土中，缺点是施肥较浅（20 厘米左右），易导致根系上浮，降低根系对不良环境的抗性。最好与放射沟状施肥交替施用。

（四）优质果园土肥水管理技术

1. 土壤管理

（1）深翻熟化土壤。在幼树定植后的前几年内，每年结合秋施基肥从定植穴外缘开始，向外挖环状沟，沟宽 80～100 厘米，深 40～60 厘米，拣净石块，掺入杂草和有机肥料，直至全园翻遍为止。

（2）土壤改良。对土层薄、根系裸露的果园，秋冬季要进行树盘或全园压土，加厚土层；沙地或黏土果园，可采用掺黏土或掺沙的办法；为使新压土与原土融合，压土前应先刨地，厚度一般在 5～10 厘米，并混匀。

（3）果园间作。为充分利用土地，建园初期，果园行间可种植花生、豆类等矮秆固氮作物，禁止种植高秆作物和秋菜。

（4）果园生草。在果树行间种植豆科或禾本科草种，亦可自然生草，并对生草进行施肥、灌水、刈割等管理，生草若干年后，应进行间隔深翻，使草更新复壮。常用的草类有三叶草、黑麦草、毛苕子等。

（5）果园覆草。一般在 5 月上旬以后、地温已经回升时进行。每亩覆草 1 500 千克，覆草厚度 20～25 厘米。为防风防火，应在树盘上零星压土，树干周围 50 厘米内留空不覆草，以保证根茎活动和上下流通。在覆草前，应施足氮肥（一般每株施 0.5～1 千克尿素），并中耕除草，整平地面。

2. 果园施肥

（1）基肥。秋季果实采收后施入，以有机肥料为主，如堆肥、厩肥、圈肥、粪肥以及绿肥、秸秆、杂草等，混加少量氮素化肥。施基肥的数量一般占全年果树施肥总量的 70%，具体亩施肥量按 1 千克苹果 1.5～2 千克优质农家肥标准施入，一般盛果期苹果园每亩施 3 000～5 000 千克有机肥。基肥一般多采用环状沟施、放射状沟施、多点穴施等法，沟深 60～80 厘米。密植园和成龄结果园也可采用地面撒施法，撒后深翻 20 厘米。

（2）土壤追肥。土壤追肥以化肥为主，生长期一般每年追肥 3 次。第一次在萌芽前后，以氮肥为主；第二次在花芽分化及果实膨大期，以磷、钾肥为主，氮、磷、钾混合使用；第三次在果实生长后期，以钾肥为主。

（3）根外追肥。根外追肥应根据树体生长和结果需要结合喷药进行，一般每年喷 4～5 次，生长前期 2 次，以氮肥为主；后期 2～3 次，以磷、钾肥为主，可补施果树生长发育所需的微量元素。

3. 灌水　总的灌水原则是春季灌水促进梢叶生长建造；5 月下旬至 6 月控制灌水以控制梢叶生长，积累养分，促进花芽分化；7～8 月排水防涝；秋季灌水促进根系生长并防止叶片早衰，提高叶功能，加强营养积累和贮藏；落叶后灌水保证苹果树安全越冬。

第二节　梨　　树

一、梨树生长对环境条件的要求

1. 温度　梨树喜温，生长期需要较高的温度，但休眠期却需要一定的低温。热量不够会限制梨树生长，一般以≥10 ℃的日数不少于 140 天为栽培区界限；需冷量一般要求小于 7.2 ℃的小时数为 1 400。但品种间差异很大，有的品种如砂梨需冷量很小，甚至没有明显的休眠期。梨树开花需要 10 ℃以上的气温，14 ℃以上时开花较快。花粉发芽也需要 10 ℃以上气温，24 ℃左右时花粉管伸长最快，低于 4～5 ℃即发生冻害。但当温度达到 35 ℃以上时，生长受到阻碍。

2. 光照　梨树喜光，年光照在 1 600～1 700 小时以上的地区，生长结实良好。一般要求一天内有 3 小时的直射光为好。当光照不足时，会影响当年果实的大小、花芽分化，并直接导致出现大小年现象。

3. 水分 梨需水量在 353～564 毫米。砂梨的需水量最多，在降水量为 1 000～1 800 毫米的地区，仍能正常生长；白梨、西洋梨主要产在 500～900 毫米降水量的地区；秋子梨最耐旱，对水分不敏感。久旱久雨都对梨树生长不利，在生产上要及时旱灌涝排，尽量避免土壤水分的剧烈变化。

4. 土壤 梨树对土壤条件要求不是很严，沙土、壤土、黏土都可以栽培，但仍以土层深厚、土质疏松、给排水良好的沙壤土为宜。我国著名的优质梨产地，大都是冲积沙地，或保水、保肥良好、土壤通透性好的山地，或土层深厚的黄土高原。梨喜中性偏酸的土壤，pH 在 5.8～8.5 生长良好。土壤中氯化钠、碳酸钠和硫酸钠等有害盐类，可使土壤溶液浓度大于植物细胞液浓度，迫使细胞液反渗透，造成质壁分离，严重的可致梨树凋萎枯死。与其他果树相比，梨树比较耐盐碱，当含盐量达到 0.1%～0.2% 时，仍可正常生长，但超过 0.3% 时，即受害。不同的砧木对土壤的适应能力也不相同，砂梨和豆梨要求偏酸，杜梨可偏碱，且杜梨比砂梨和豆梨耐盐力都强。多数研究表明，最适宜梨树生长的土壤含水量是田间最大持水量的 60%～80%。

此外，梨树的正常生长需要土壤提供各种不同的矿质元素，土壤中的氮、磷、钾、钙、镁、硫等大、中量元素与铁、锌、硼、锰、铜等微量元素需要达到一定的平衡关系。总之，只有当土壤的水、肥、气、热、微生物、酸碱度等诸多因素稳定而协调时，梨树才能正常生长、发育和结果。

二、梨树生长发育需肥特征

1. 梨树生长发育规律

（1）根。根系是果树吸收矿质营养和水分的主要器官。了解果树根系生长发育规律，加强根系管理，对于提高养分利用效率，实现优质、高产极为重要。梨树的根系发达，但须根较少。育苗时需要先移栽或切断主根，促发侧根。梨树根系较深，成层分布，但第二层常少而软弱。垂直根生长到一定深度，即不再延伸，有时甚至死亡，而由侧生骨干根中开张角度较小的和水平骨干根中向下生长的副侧根，与垂直骨干根共同形成下层土中的根系。根系主要由主根、侧根、须根和根毛4部分组成。其中，根毛是直接从土壤中吸收水分和养分的器官，侧根又分为垂直根和水平根，一般情况下垂直根分布的深度为2～3米，水平根分布一般为冠幅的2倍左右，少数可达4～5倍。但在个别适宜根系生长的地区，根可达11米以下。根系分布的广度、深度和稀密情况，受砧木种类、品种、土壤理化性质、土层深浅和结构、地下水位、地势、栽培管理等因素影响较大。

总体而言，根系多分布于肥沃的上层土中，20～60厘米土层中根系最多最密，占60%以上，80厘米以下根量少，150厘米以下更少。水平根越接近主干，根系越密，越远则越稀，树冠外一般较少，且大多细长少分权。距主干1米以内的根占总根量的60%左右。粗度在1毫米以下的细根主要分布在树冠下10～50厘米的土层内。树龄小时，根系可水平伸展超过树冠数倍，5年生梨树的根冠比平均为4.7；随树龄增大，根系水平伸展减慢，成年树（盛果期）根冠比一般在2左右。

梨树的根系活动比地上部生长早1个月。一般每年有两次生长高峰。5月底至6月初，新梢停止生长后，根系生长最快，形成第一次生长高峰。7月中旬至8月下旬几乎停止生长。9月下旬又开始生长，10～11月出现第二次小高峰。落叶后10天左右或迟至11月中旬，北方寒冷地区被迫进入休眠状态。地温达到0.5℃时根系开始活动，土壤温度达到7～8℃时，根系开始加快生长，13～27℃是根系生长的最适温度。达到30℃时，根系生长不良，达到31～35℃时根系生长则完全停止，超过35℃时根系就会死亡。土壤水分也会影响根系生长。

（2）枝条。梨树的枝条是由梨芽萌发后形成的，按枝条的生长结果习性，一般将枝条分为营养枝和结果枝两类。营养枝是指未结果的发育枝，按长度分为长枝（＞20厘米）、中枝（5～20厘米）、短枝（＜5厘米）；按生长发育时间可分为新梢、一年生枝、二年

生枝及多年生枝。枝条上着生花芽，可以开花、结果的枝称为结果枝。按长度分为长果枝（＞15厘米）、中果枝（5～25厘米）和短果枝（＜5厘米）。

（3）芽。梨树的芽为晚熟性芽，一般当年不萌发，第二年抽生一次新梢，很少发二次枝。梨树的芽可分为叶芽和花芽两类。叶芽分为顶芽和腋芽。顶芽着生于枝条的顶端，芽较大，较圆；腋芽着生于叶腋间。自春季叶芽萌动开始，叶芽经历4个时期完成分化。

梨树的花芽为混合芽，既可开花又能抽生枝叶。按芽的着生位置不同，分为顶花芽和腋花芽。花芽分化经历生理分化期、形态分化期和性细胞形成期3个阶段。值得注意的是，花芽分化第一个阶段中形成的鳞片是芽好坏的鉴别标志。鳞片因品种、营养状况、枝龄、树势等不同而有差异，所以鳞片的多少、大小可以作为母枝好坏、树势强弱以及营养状况的判断依据。大部分品种的花芽分化自6月中下旬开始，6月底至8月中旬为大量分化阶段，15～20年生的树比老树要迟10天左右。花芽分化开始迟的，因分化及发育的时间短，常会出现营养不足、开花时花朵数少、坐果能力差等现象。因此，应重点抓好5月下旬前的肥水管理，防止因肥水不足造成花芽分化不良，影响第二年的梨果产量。

（4）叶。梨树叶片从萌发到展叶大约需要10天，全树的叶片迅速生长期在4月下旬至5月上旬，约15天的时间。成叶至展叶到停止生长需16～28天。叶片生长过程中，叶面无光泽，但在停止生长时（展叶后25～30天），全树叶片几天内，一致出现油亮光泽，生产上称为"亮叶期"。亮叶期是叶片功能最强的时期，表明叶面积已基本形成，此时芽也进入了质变期。在亮叶期前或亮叶期采取促进花芽分化或果实膨大的管理措施，效果尤佳。

（5）花。梨的花序为伞房花序，萼片5片，三角形，基部合生筒状，花瓣5枚，白色离生。雄蕊20个分离轮生，柱头3～5个离生，雌蕊显著高于雄蕊。大部分品种每个花序可开花5～10朵，通常分为少花（＜5朵）、中花（5～8朵）和多花（＞8朵）3种类型。一般在4月上中旬开花，花期8～10天。梨是异花授粉果树，品种内授粉坐果率极低，因此生产中应注意配备一定数量的授粉树，并采取人工辅助措施，以确保高产、稳产。

（6）果实。花授粉受精后开始进行幼果发育，果实的发育受种子发育的影响。种子发育分为胚乳发育期、胚发育期和种子成熟期3个时期；与之相对应的果实发育也分为3个时期，即第一速生期、缓慢生长期和第二速生期。第一速生期是从落花后25～45天至果实直径达到15～30毫米时，此期间果肉细胞迅速分裂，细胞数量增多，幼果的纵径生长快于横径，果实呈长圆形。缓慢生长期为胚的发育时期，果实增长缓慢，主要是胚和种子的发育充实。第二速生期是在种子充实之后，果实细胞体积迅速增大，直到成熟。据研究发现，从5月下旬至6月上旬在细胞中开始出现淀粉，到7月急剧增加，7月下旬最多，8月逐渐渐少，9月上旬淀粉几乎消失。糖分为还原糖和非还原糖。还原糖自6月末至7月上旬开始增加，8月下旬达到高峰；非还原糖7月下旬开始增加，8月上旬逐渐上升，直到采收为止。

2. 矿质元素在梨树生长中的主要作用

（1）氮。氮是构成植物蛋白质的主要元素，也是叶绿素、维生素、核酸、酶和辅酶系统、激素、生物碱及许多重要代谢有机化合物的组成成分。氮对梨树的生长有深刻影响。据内藤报道，在沙培条件下，施氮区梨树总量比无氮区增加67％。氮素能够促进梨树根系生长，还能促进其花芽分化。氮素供应水平、供应时间直接影响梨果的大小、品质和风味。林氏等的实验表明，如果氮素早期供应不足，果实细胞的分裂和发育较差，果形小，易早熟。如果氮素一直供应到生长后期，则细胞发育良好，果实大，细胞壁薄，产量高。但应注意，过量施氮会导致果实含糖量下降。

（2）磷。磷是核酸及核苷酸的主要组成元素，也是组成原生质和细胞核的主要成分，对植物的代谢过程有重要影响。磷能加强植物的光合作用和碳水化合物的合成与转运，促进氮素代谢。同时，磷还能加强糖类的转化，有利于各种有机酸和三磷酸腺苷（ATP）的形成。供应梨树适量的磷，能明显促进细胞分裂，使梨果细胞数

量多、个体大，并使新根发生快，花芽分化多。梨树缺磷时，叶子边缘和叶尖焦枯，叶子变小，新梢短，果实不能正常成熟。

（3）钾。钾是多种酶的催化剂，参与有机糖和淀粉的合成、运输和转化，对植物代谢过程至关重要。钾能调节原生质的胶体状态和提高光合作用的强度，可促进蛋白酶的活性，增加植物对氮的吸收，还能提高植物的抗逆性，减轻病害，防止倒伏。适量的钾能促进梨树细胞分裂，促进细胞和果实增大。钾素还能提高梨果中糖分、维生素 C、氨基酸等物质的含量，改善果实色泽和耐贮性能。

（4）钙、镁、硫、氯。钙对植物体内碳水化合物和含氮物质代谢有一定的影响，能消除一些离子（如铵、氢、铝、钠）对植物的毒害作用。梨果迅速膨大期需要大量的钙，以满足初生细胞壁和细胞膜的形成需求。不仅如此，钙还被认为是细胞内功能调节的第二信使。与钙调蛋白（CAM）结合形成的复合体能激活 DNA 激酶和多种蛋白质激酶。钙处理的梨果更耐贮藏，皮部花斑麻点少，且果皮不易皱缩。钙素不足，梨树体及果实易产生如黑心病等多种生理病害。

镁是植物体内叶绿素和硫酸盐的主要组分，能促进磷酸酶和葡萄糖转化酶的活化，有利于单糖的形成。镁还能促进植物体内维生素 A 和维生素 C 的合成，从而有利于果品品质的提高。

硫是构成蛋白质和酶的必要成分，对促进植物根系的生长发育具有良好的作用。

氯在叶绿体内光合反应中起着不可缺少的辅助酶作用。

（5）铁、锰、硼、锌、铜、钼。铁是叶绿素合成中某些酶或酶辅基的活化剂，直接或间接参与叶绿素蛋白质的形成，缺铁会导致植株失绿症。铁还能促进植物呼吸，加速生理氧化。锰是叶绿体的组成物质，同时在叶绿素合成中起催化作用，对光合作用有决定性影响。梨树缺锰后，叶绿素减少，光合作用降低。但锰过量时，对植物有毒害作用。硼能加速植物体内碳水化合物的运输，增强植物光合作用，促进根、茎等器官生长，还能促进早熟，改善品质，增强抗逆性。锌能保持植物体内正常的氧化还原势，对某些酶具有活化作用。还可影响植物氮素代谢，并与生长素的形成有关。但锌过量时，对植物有毒害作用。铜是植物体内各种氧化酶活化基的核心元素，能促进叶绿素的形成，提高植物的抗逆性，但铜盐稍多即产生严重毒害。钼是植物体内硝酸还原酶的组成成分，在硝态氮还原过程中起电子传递作用。可促进维生素 C 的合成，提高叶绿素的稳定性。

3. 梨树需肥特征

（1）梨树吸收养分的周年动态。年周期中梨的生长发育大致分为 4 个阶段，深入了解各个阶段的生长发育特点和营养需求特性，对于合理施肥至关重要。

① 萌芽至开花期。花朵、新梢、幼叶中的氮、磷、钾含量都较高，尤其氮的含量最高。尽管此阶段树体对养分需求较为迫切，但主要依靠树体上一年的贮藏养分，较少利用土壤中的养分。

② 新梢旺盛生长期。该时期树体生长量大，是氮、磷、钾利用最多的时期，以吸收氮最多，钾次之，磷最少。氮和钾的利用高峰均在 5 月；磷需求相对平稳增长；钙需求的快速增长期出现在盛花期后 10～50 天。

③ 花芽分化和果实迅速膨大期。果实膨大需要较多钾素，氮次之，磷仍较少。钙素在盛花期后 70～79 天是稳定供应期，盛花后 79～90 天是缓慢增长期，成熟前是第二个快速增长期。

④ 果实采收至落叶期。采果后，树体进入养分蓄积时期，其根系生长还有半个月高峰期，这正是梨树积累营养的关键时期，因此在实际生产中要注意营养元素的供应。

（2）养分需求量。根据梨树枝、干、根、叶和果养分含量，可推算出在每公顷产 37 500 千克梨果的条件下，每生产 100 千克梨果所需的纯养分量，分别为氮 0.45 千克、磷 0.09 千克、钾 0.37 千克、钙 0.44 千克、镁 0.13 千克，氮、磷、钾比例约为 1：0.2：0.8。

三、元素缺乏症状

梨树在生长过程中，如果营养元素供应不足，会出现相应的缺素症状。发现缺素症后，要首先从土壤紧实度、pH、施肥及矿质营养亏缺、旱涝灾害、环境等方面进行综合分析，确定造成发育异常的原因。必要时应将病叶与正常叶片进行比较、测定、分析，从而判断出病因，进而采取合理的施肥等补救措施（表8-4）。

表8-4　梨树营养诊断

元素	成熟叶片含量		缺素症状	施肥补救
	正常	缺乏		
氮（克/千克）	20～24	<13	生长衰弱、叶小而薄，呈灰绿或黄绿色，老叶变成橙红色或紫色，易早落；花芽及花、果实均较少，果小但果色较好，果较甜	雨季或树梢快速生长期喷施 0.3%～0.5%的尿素溶液
磷（克/千克）	1.2～2.5	<0.9	叶色呈紫红色，新梢和根系发育不良，植株瘦长或矮化，易早期落叶，果实较少，树体抗旱性减弱	展叶期叶面喷施0.3%的磷酸二氢钾，或2.0%的过磷酸钙
钾（克/千克）	10～20	<5	新生枝条中下部叶片边缘先显枯黄色、后呈焦枯状，叶片皱缩，严重时整叶枯焦；枝条生长不良，果实小、品质差	每株追施0.5千克硫酸钾或6～7月份喷施0.3%磷酸二氢钾3次
钙（克/千克）	10～25	<7	新梢嫩叶出现褪绿斑，叶尖及叶缘向下卷曲，褪绿部分逐渐变成暗褐色形成枯斑，并逐渐向下部叶片扩展	叶面喷施浓度小于0.5%的氯化钙或硝酸钙4～5次

（续）

元素	成熟叶片含量		缺素症状	施肥补救
	正常	缺乏		
镁 （克/千克）	2.5～8	<0.6	叶绿素减少，从基部叶始出现失绿症，上部叶片呈深棕色，叶面间出现枯死斑，严重时从基部开始落叶	严重者根施镁肥，较轻者叶面喷施3%硫酸镁3～4次
硫 （克/千克）	1.7～2.6	<1.0	初期幼叶边缘淡绿或黄色，逐渐扩大，仅在主、侧叶脉结合处保持楔形绿色斑，最后幼嫩叶全部失绿	结合补铁、锌时喷施硫酸亚铁或硫酸锌以补充硫素
铁 （毫克/千克）	80～120	<20	出现黄叶病，多从嫩叶开始，叶肉失绿变黄，病情加重则全叶变白，叶面出现褐色焦枯斑，枯斑脱落后顶芽枯死	叶面喷施0.5%的硫酸亚铁或树干注射0.08%的硫酸亚铁溶液
锌 （毫克/千克）	20～60	<10	叶小而窄，簇状，有杂色斑点，叶缘向上或不伸展，呈淡黄绿色；节间缩短，细叶簇生、花芽减少、不易坐果	用0.2%的硫酸锌加0.3%的尿素及0.2%的石灰水混喷
锰 （毫克/千克）	30～60	<14	叶片出现肋骨状失绿，叶脉保持绿色，多从叶梢中部开始失绿	叶面喷施0.3%的硫酸锰溶液2～3次
硼 （毫克/千克）	20～25	<10	小枝顶端枯死，叶子稀疏，果实开裂而疙瘩，未熟先黄；树皮腐烂	花前花期喷施0.5%的硼砂溶液
铜 （毫克/千克）	8～14	<5	叶绿素稳定性下降，顶叶失绿；梢间变黄，结果少，品质差	叶面喷施0.05%的硫酸铜溶液

四、梨树科学施肥技术及方法

1. 施肥种类 梨园养分管理应坚持以有机肥为主，配合施用各种化学肥料的原则。梨树上可使用的肥料有农家肥、商品肥料和其他允许使用的肥料。农家肥包括堆肥、沤肥、圈肥、沼气肥、绿肥、秸秆肥、饼肥和泥肥等；商品肥料包括商品有机肥、腐殖酸类肥料、氨基酸类肥料、有机复合肥、无机肥、叶面肥、有机无机复合肥等。具体而言，应根据果树营养需求特点和土壤供应养分状况，做到"缺什么，补什么"。确定果树是否缺乏某种营养元素的方法主要有以下几点。

① 果树表现外观缺素症（表8-4）。

② 果树树体器官养分含量低于正常值。

③ 果园土壤养分低于正常值。

④ 施用某种养分表现增产及促进生长作用。

2. 施肥量 确定梨树施肥量的原则是生长"需要多少，就投入多少"。如果土壤养分丰富或梨树生长需要养分量较少，就应减少肥料投入；若土壤养分较少、供应不足或生长需要量较大，则应增加投入量。下面将详细介绍几种梨树施肥量的确定方法。

（1）根据产量确定。不考虑养分损失的情况下，计算公式为：

某元素施入量＝产量水平×单位产量该元素吸收量－土壤供给量－其他供给量

研究发现，在亩产2500千克梨果的水平下，每生产100千克梨果约需供应纯氮0.45千克、纯磷0.09千克、纯钾0.37千克、纯钙0.44千克和纯镁0.13千克。

（2）根据树龄确定。不同树龄施肥量有所不同。表8-5列出了几种常用的肥料用量，如施其他肥料要进行养分量换算，在生产上提倡采用复合肥或专用肥。

（3）根据土壤的肥力水平确定。研究证实，在中等产量水平和中等肥力水平的条件下，梨每亩年施肥量（33株/亩）为尿素26千克，磷肥（普通过磷酸钙）67千克，氯化钾（养分含量60％）

20千克。土壤有效养分在中等水平以下时，增加25%～50%的量；在中等水平以上时，要减少25%～50%的量，特别高时可考虑不施该种肥料。

（4）根据树势确定。主要是根据树体的长势长相及枝条、叶片、果实、根系等特有的症状来判断某些矿质元素的盈亏，并以此来指导施肥。

表8-5 不同树龄梨的施肥

树龄（年）	有机肥 （千克/亩）	尿素 （千克/亩）	过磷酸钙 （千克/亩）	硫酸钾或氯化钾 （千克/亩）
1～5	1 000～15 00	5～10	25～30	5～10
6～10	2 000～3 000	10～15	35～50	5～15
11～15	3 000～4 000	10～30	55～75	10～20
16～20	3 000～4 000	20～40	55～100	15～40
21～30	4 000～5 000	20～40	55～75	20～40
>30	4 000～5 000	40	55～75	20～30

（5）根据田间肥料试验结果确定。根据试验目的的不同，有多种不同的试验方案。这里仅举一例，对该方法加以说明。

为了确定氮肥用量对梨树产量和品质的影响，可设5个处理：①CK（不施肥）、②$N_高$＋$PK_{优化}$、③$N_中$＋$PK_{优化}$、④$N_低$＋$P_{优化}$和⑤农民习惯施肥。其中$N_中$和$PK_{优化}$均为根据调查结论得到的N、P、K优化用量，$N_高$用量为$N_中$的2倍，$N_低$肥料用量为$N_中$的1/2。根据此试验结果，即可得出适宜于该试验梨树的施氮量。如想使氮肥用量更加精确，可进一步增加氮素用量处理。如增设$N_中$的1.5倍、$N_中$的0.75倍等处理。其他元素用量可仿此确定。

3. 施肥时期 我国梨树施肥一般分基肥和追肥（分为根部追肥和根外追肥）两种。

（1）基肥。以有机肥为主，配合适量的氮、磷和钾肥，在秋季采果后至落叶前结合深耕深翻施入。

（2）追肥。根部追肥分为花前追肥、花后追肥、果实膨大期追

肥和采后追肥 4 个时期，通常在各时期中选择 1～3 次进行；根外追肥，即叶面喷肥，一般在花后、花芽形成前、果实膨大期及采果后进行，但在具体应用时应根据树体的营养需求确定。具体情况如表 8－6 和表 8－7 所示。

表 8－6　不同梨树基肥与追肥时期及特点

树龄（年）	基　　肥	追　　肥
1	定植肥：亩施有机肥 1000 千克、磷酸二铵 3 千克	6 月中旬，亩施磷酸二铵 5 千克、或亩施尿素 2 千克、过磷酸钙 10 千克
2～5	秋季基肥：亩施有机肥 1 500 千克、复合肥（20 - 10 - 10）10～15 千克；或亩施有机肥 1 500～2 000 千克、尿素 5 千克、过磷酸钙 10～15 千克、硫酸钾 3 千克	3 月中旬，亩施复合肥（20 - 10 - 10）10～15 千克，或亩施尿素 5 千克、过磷酸钙 10～15 千克，硫酸钾 3 千克； 6 月中旬，亩施复合肥（10 - 10 - 20）15～20 千克，或亩施过磷酸钙 10～15 千克、硫酸钾 3 千克
6～10	秋季基肥：亩施有机肥 2 000～3 000 千克、复合肥（20 - 10 - 10）10～20 千克；或亩施有机肥 2 000～3 000 千克、尿素 5～10 千克、过磷酸钙 10～20 千克、硫酸钾 3 千克	3 月中旬，亩施复合肥（20 - 10 - 10）20～40 千克，或亩施尿素 5～10 千克、过磷酸钙 15～20 千克、硫酸钾 3 千克； 6 月中旬，亩施复合肥（10 - 10 - 20）30～40 千克，或亩施过磷酸钙 10～20千克、硫酸钾 10 千克
11～25	秋季基肥：亩施有机肥 3 000～4 000 千克、复合肥（20 - 10 - 10）20～30 千克；或亩施有机肥 3 000～4 000 千克、尿素 10～20 千克、过磷酸钙 20～30 千克、硫酸钾 5 千克	3 月中旬，亩施复合肥（20 - 10 - 10）55～70 千克，或亩施尿素 10～20 千克、过磷酸钙 35～40 千克、硫酸钾 10 千克； 6 月中旬，亩施复合肥（10 - 10 - 20）30～40 千克，或亩施过磷酸钙 50 千克、硫酸钾 20 千克； 晚熟品种 8 月上旬，亩施复合肥（10 - 10 - 20）15～30 千克，或亩施硫酸钾 5～10 千克

（续）

树龄（年）	基　　肥	追　　肥
25～30	秋季基肥：亩施有机肥3 000～4 000千克、复合肥（20-10-10）30～35千克；或亩施有机肥3 000～4 000千克、尿素10～20千克、过磷酸钙20～30千克、硫酸钾5千克	3月中旬，亩施复合肥（20-10-10）50～80千克，或亩施尿素20～30千克、过磷酸钙35～40千克、硫酸钾10千克； 6月中旬，亩施复合肥（10-10-20）40～50千克，或亩施尿素5千克、过磷酸钙50千克、硫酸钾20千克

注：有机肥、磷、钾均应深施（土层20～60厘米）。

表8-7　梨树叶面肥喷肥的适宜浓度和时期

种类	浓度（%）	时　　期	作　　用
尿素	0.3～0.5	花后，5月上中旬喷1次	提高坐果率，促进生长及果实膨大
硫酸铵	1.0		
磷酸铵	0.5～1.0	5月下旬至8月中旬喷施3～4次	促进花芽分化和果实膨大，提高品质
磷酸二氢钾	0.3～0.5		
硫酸钾	0.3～0.5	发芽前	
硫酸锌	0.3～0.5	发芽后	防治缺锌
硼酸	0.2～0.5	花前或花后	防治缺硼
硫酸亚铁	0.3～0.5	发现黄叶病时	防治缺铁病
过磷酸钙浸出液	1.0～3.0	缺磷时	补充磷素
草木灰浸出液	2.0～3.0	缺钾时	补充钾素

4. 施肥位置和方法

（1）基肥。

① 条状沟施肥法。适于密植梨园定植时采用，结合深翻熟化土壤进行。定植时挖宽、深各1米的沟，第二年在梨树两侧50厘米处各挖宽50～70厘米、深80厘米的施肥沟，将秸秆混少量有机

肥填入沟下部，将肥料和表土混合后施入中部。3～4年全园深翻施肥1次。

② 全园撒肥。适于成龄树，效果较好。在全园深翻沟施一遍基肥之后，则可深翻20厘米，采用全园撒施。

③ 环状施肥法。适于挖穴栽植的幼园。在树冠外30厘米处挖30～50厘米宽、80厘米深的环状沟，将有机肥料与表土混合均匀施入，最上层盖耕层以下的生土。

④ 放射沟施肥法。适于成龄梨园。以树干为中心，在树冠四周等距离挖4～6条放射沟，内深25厘米，向外逐渐加深40厘米，沟宽40～50厘米。自树冠半径处向外挖，沟一半在冠内，一半在冠外。将肥料与表土混合均匀施入，开沟位置要逐年变换。

⑤ 穴施。适于稀植成年大树。在稀植大树树冠范围的边沿一带挖深、宽各30～50厘米的坑，施入基肥。

（2）根部追肥。有灌溉条件的梨园，追施尿素、硫酸铵时以撒施为主，撒后立即浇透水。

（3）叶面喷肥。按浓度将可溶性肥料溶于水中，搅拌均匀，喷施到叶片背面。最好与农药混合，同时喷施。对于草木灰、过磷酸钙等需要配制浸出液的肥料，应提前用少量水浸泡12小时，取澄清液，再按浓度要求配制。

（4）注射施肥。该法是用强力注射或滴定的方法将肥料液体注入树体内，对缺素症具有较好的治疗效果。

第三节　桃　　树

一、桃树生长发育对环境条件的要求

（一）桃树生长发育特点

桃树的不同品种在形态特征、生长结果习性、物候期等方面有共同特点。桃树是落叶小乔木，树干长势弱，萌芽力和发枝力均强，在年生长周期中有多次生长的特性，可利用二次枝或三次枝加速培养树冠。桃树生长迅速，但寿命较短，经济寿命一般 15～20 年。树体寿命长短依品种、砧木、土壤、气候和栽培条件不同而有差异。一般以中短果枝结果为主的华北系统桃比中长果枝结果为主的华南系统桃寿命短；同一品种用山桃或用本砧比用毛桃作砧木的树寿命短；山地的桃树比平地的桃树寿命短；如加强肥水，合理负载，搞好综合管理，则寿命会相对延长。

1. 根　桃树为浅根系果树，一般根系主要集中在 10～40 厘米土层中，在干旱条件下垂直根可深入土壤深层。根在一年间有两个生长高峰，第一次在 7 月中旬以前，生长迅速。第二次在 10 月上旬以后，但生长势较弱。在年生长周期中，根系和其他器官相比较，开始活动最早，停止生长最晚。处于地下部的根没有自然休眠期，只有在环境条件不适合的情况下被迫停止生长。早春，当土壤温度在 0 ℃以上时根系就能顺利地吸收并同化氮素；当地温上升到 5 ℃左右时，就有新梢开始生长。桃树根在 15 ℃以上能旺盛生长，22 ℃时生长最旺，而后随着土壤温度上升，根的生长速度减缓，26 ℃时根系生长完全停止。10 月，当土温稳定在 19 ℃左右时，根系再次进入生长高峰，但生长势较弱，生长期也短。

2. 枝条　桃树的枝条分生长枝和结果枝两类。生长枝按其生长强弱分为徒长枝、发育枝和叶丛枝，前两种主要形成树冠骨干，叶丛枝节间短，叶片密集，常成莲座状短枝，长度在 1～3 厘米。结果枝按长度可分为徒长性果枝、长果枝、短果枝和花束状果枝。长度在 60 厘米以上的果枝为徒长性果枝，一般有副梢，其花芽质量稍差，但可以结果。长度在 30～60 厘米的为长果枝，一般无副梢，花芽充实，是大多数品种的重要结果枝。幼树这类枝较多，且多长在树冠的中上部，随树龄增大，长果枝减少。长度在 15～30 厘米的为中果枝，粗如筷子，生长充实，结果能力可靠。长度在 5～15 厘米的为短果枝，多发生在各级枝的基部或多年生枝上，大部分是单花芽，复花芽很少。短于 5 厘米的为花束状果枝，除顶芽是叶芽外，侧芽全部是单花芽，节间密。短果枝和花束状果枝停止

生花早，花芽饱满，营养条件好时，能结大果，但发枝力弱，易衰亡。

3. 芽　桃树芽分花芽和叶芽两类。花芽均侧生于枝上，属纯花芽，视其排列，可分为单花芽和复花芽。单花芽是在每一节上着生一个花芽。复花芽是在每一节上着生两个以上的花芽。叶芽只抽生枝叶，桃树新梢顶端一般为叶芽。侧生的叶芽，有单独一个叶芽的，也有一个叶芽与一个花芽并生的，还有一个叶芽位于两个花芽之间的。叶芽和花芽的排列组合在一定程度上反映了品种特性。复花芽多，着生节位低，易获丰产。叶芽的萌发力和成枝力均强，若第二年不萌发，则多数枯死。除花芽和叶芽外，桃树还有不定芽和潜伏芽。不定芽是在树体受伤后在伤口附近或骨干枝上发生并长出的强旺枝条芽。潜伏芽是桃树枝条基部的盲芽。一般每枝上有 2～3 个，受到刺激后仍能萌发。

4. 叶　叶片是进行光合作用制造有机养分的主要器官，桃树体内 90％ 左右的干物质来自叶片。桃树萌芽率高，因此，早期叶片发生数量多，叶幕形成快。一般 5 月下旬至 6 月中下旬，叶幕已基本形成。叶幕形成的早晚与树体生长势、土壤肥力、修剪方式等密切相关。在土壤肥力高、树体生长势旺盛或短截多且重的情况下，树体早期的叶片发生数量少，叶幕形成晚。

5. 花和果实　桃为虫媒花，一般需经过授粉受精产生种子，才能坐果，未受精的子房，往往因调运养分的能力差不能膨大而脱落。因此，完成正常授粉受精，是桃实现正常坐果的根本保证。桃品种中有花粉能育和花粉不育两类，前者花药饱满，颜色浓红，花粉具有生命力，自交结实能力强，种植单一品种就能获得较好收成；后者花药退化、瘦小而颜色浅粉红或乳白色，缺少有生命力的花粉，需要异品种授粉才能结实，如砂子早生、深州蜜桃等。还有，如京红、岗山白、八月脆、天王桃等品种，雄蕊败育根本就没有花粉，必须配置授粉树，才能获得正常的产量。桃开花期的平均气温一般在 10 ℃以上，适宜的温度为 12～14 ℃。同一品种开花期延续时间快则 3～4 天，慢则 7～10 天。遇干热风时花期仅 2～3

天，温度是影响花期长短的主要因素。

花芽膨大萌发后，经过露萼期、露瓣期等物候期后，开花结果。受精的果实生长从花期结束开始，直至果实成熟，这一阶段称为果实生长期，其长短因品种而异，特早熟品种为 65 天左右，特晚熟品种为 250 天左右。桃果实发育大致可分为 3 个时期，黄白桃基本相同。第一期从子房膨大至核硬化前，果实的体积和重量迅速增加，果实速度增长，此期不同品种增长速度大致相似。在北方的 5 月下旬至 6 月上旬结束。第二期果实增长缓慢，果核逐渐硬化，因此又称为硬核期。其持续时间长短因品种而异，早熟品种 2～3 周；中熟品种 4～5 周；晚熟品种 6～7 周或更长。第三期是果实成熟期，此期果实体积、重量增大很快，果肉厚度明显增加，直到成熟。各品种此期延续时间不同，开始和终止期不一，但在采前 20 天左右，增长速度最快。

（二）桃树对生长环境的要求

桃树在长期生长发育过程中，形成了与周围环境条件相适应的遗传特性。在栽培条件下，只有使其遗传特性与环境条件二者互相协调起来，桃树才能正常生长发育。为此，必须深入了解桃树与环境条件的关系，发挥有利因素，才能达到丰产、优质的目的。

1. 温度　温度是桃树生长发育极其重要的能量因子。它直接影响果树光合作用、蒸腾作用和呼吸作用等。桃树属喜温树种，在发育中，喜欢干燥、冷凉的气候环境。桃树对温度适应范围广，耐寒力较强，能生长在陕甘宁地区和新疆南部。但冬季温度在 -25～-23 ℃以下时，易发生冻害，在辽宁及河北西北部种植桃树，一般寿命不长，常在盛果期后不久死亡，与冻害有关。因此，桃在冷凉温和的气候条件下生长最佳，南方品种群以 10～17 ℃，北方品种群以 8～14 ℃为宜。

桃树芽的耐寒力在温带果树中属于弱的一类，冬季，芽在自然休眠期间随着气温的降低，耐寒力逐渐增强。桃花芽在休眠期能耐 -18～-16 ℃ 的低温，在萌动后的花蕾变色期受冻温度为 -1～2 ℃。花芽结束自然休眠后，忽遇短暂高温，耐寒力显著降低。当气温再度降低时，即使未达受冻临界温度，也极易遭受冻害。根系的生长与温度的关系也很密切，桃树根系开始生长时的土温为 4～12 ℃，最适宜生长土温为 18 ℃。根系的耐寒力较弱，休眠期能抗－11～－10 ℃，而活动期能耐－9 ℃以上低温。桃的根系在遭受冻害后，春季开始长叶不久便会凋萎，受冻轻的数年后死亡，受冻重的当年即会死亡。

2. 光照　桃树原产于我国海拔较高、日照长而光照强的西北地区，从而形成了喜光的特性。在形态上，桃树叶窄而长、中心枝消失得早、树体开张等都是喜光的特征。良好的光照条件，是桃树完成正常生长发育的基本保证。包括授粉受精和坐果、果实着色和品质形成、枝条的生长发育、花诱导及分化等。桃树对光照不足甚为敏感，随着树冠扩大，在外围光照充足处花芽多且饱满，果实品质好；在树冠荫蔽处花芽少而瘦瘪，果实品质差，枝叶量少，结果部位逐渐外移，产量也随之降低。因此，栽植距离不宜过密，以免树冠彼此遮阴，影响光照度。而对于整形，则考虑其喜光特性，均造成自然开张的形式。光照能加速果实花青素的形成，促进果实着色。

3. 水分　桃树在落叶果树中较耐干旱，不耐涝，怕水淹。桃园中短期积水即会引起植株死亡，排水不良也会引起根系早衰、叶片变薄、叶色变淡、同化作用降低，进而落叶、落果、流胶以致植株死亡。土壤水分不足，会造成根系生长减缓、停止，新梢生长弱，叶片发育不良，叶片灼伤、卷曲、脱落。在桃树的年周期中，需水临界期有早春开花后和果实速长两个时期。需水临界期应有充足的水分，否则易落花、落果，造成减产。土壤含水量达 20%～40%时，桃树生长表现最好。不同类型的土壤其水分特性也不同。

4. 土壤　桃树对土壤适应性强，在丘陵、岗地和平原均可种植，但桃树喜沙壤土和壤土。土壤质地黏重，通气不好，易发生流胶病和颈腐病，果实品质也差，重者导致死亡。桃在微酸至微碱性土壤中都能栽培，但以 pH4.5～7.5 为宜。在黏重的土壤或盐碱地栽培，应选用抗性强的砧木。现在世界上广泛使用的具有特殊用途的砧木有 GF305、DOMas1869 和 Montclar 等。

二、桃树的生命周期及养分需求特性

桃树的生命周期可分为 4 个阶段，各阶段其生长发育及养分需求特性不同，养分管理技术措施应该根据这些特性进行。

1. 幼树期　即从定植到结果前的时期，2～4 年，是营养生长的旺盛期，新梢生长旺，此时期应加强夏季修剪，控制旺枝生长，适当长放、拉平辅养枝，促进花芽分化。幼树需控制氮肥的施用，如果此期供氮过多，易引起徒长，影响花芽分化，延迟结果，容易发生流胶病。

2. 盛果初期　此期一般为 2～4 年，即定植后第三至第五年开始，是营养生长向生殖生长转化期，主侧枝仍需延伸继续扩大树冠，结果枝增多，产量增加。这个时期需增加养分供应以满足产量增加的需要。但若施氮过多，尤其在枝梢生长旺盛时，易加剧生理落果，推迟成熟期，果实着色不良，降低品质。

3. 盛果期　定植后 7～17 年，产量高而稳定的时期。在栽培管理上要根据树势和产量增加养分供应。氮肥的施用量应随树龄增长、结果量增多和枝梢生长势的减弱而适当增加；增加钾肥的施用量，保证产量的增加和果实品质的提高。

4. 衰老期　一般在 17～20 年以后，树体开始衰老。其特征是新梢长度和抽生量显著减少，树体下部和内膛逐渐空虚，结果部位外移，短果枝和花束状果枝增多，产量和品质下降。此期应适当增施氮肥，以增强树势、提高产量、延长寿命，同时应加强回缩修剪，维持树势。

三、矿质元素在桃树生长中的作用及缺素防治

1. 氮　桃树对氮素较为敏感，适量的氮肥供应可促进枝叶生长，有利于花芽分化和果实发育。土壤缺氮会使全株叶片变成浅绿色至黄色，重者在叶片上形成坏死斑。缺氮枝条细弱，短而硬，皮

部呈棕色或紫红色。缺氮的植株，果实早熟，上色好。离桃核的果肉风味淡，含纤维多。

防治方法：缺氮的植株易于矫正。桃树缺氮应在施足有机肥的基础上，适时追施氮素化肥。

① 早春或晚秋，最好是在晚秋，按 1 千克桃果 2～3 千克有机肥的比例开沟施有机肥。

② 追施氮素化肥，如硫酸铵、尿素。施用后症状很快得到矫正。在雨季和秋梢迅速生长期，树体需要大量氮素，而此时土壤中氮素易流失。除土施外，也可用 0.1%～0.3% 尿素溶液喷布树冠。

2. 磷　磷肥不足，则根系生长发育不良，春季萌芽开花推迟，影响新梢和果实生长，降低品质，且不耐贮运。

防治方法：增施有机肥料、改良土壤是防治缺磷症的有效方法。施用过磷酸钙或磷酸二氢钾，防治缺磷效果明显。但必须注意，若磷肥施用过多，可引起缺铜缺锌现象。

① 秋季施入腐熟的有机肥。施入量为桃果产量的 2～3 倍，将过磷酸钙和磷酸二氢钾混入有机肥中一并施用，效果更好。

② 追施速效磷肥。可施入磷酸二铵或专用肥料，轻度缺磷的园区，生长季节喷 0.1%～0.3% 的磷酸二氢钾溶液 2～3 遍，可缓解症状。

3. 钾　钾肥充足，果个大，含糖量高，风味浓，色泽鲜艳，缺钾主要特征是叶片卷曲并皱缩，有时呈镰刀状。晚夏以后叶片变浅绿色。严重缺钾时，老叶主脉附近皱缩，叶缘或近叶缘处出现坏死，形成不规则边缘和穿孔。

防治方法：桃树缺钾，应在增施有机肥的基础上注意补施一定量的钾肥，避免偏施氮肥。生长季喷施 0.2% 硫酸钾或硝酸钾 2～3 次，可明显防治缺钾症状。

4. 钙、镁　桃树对缺钙最敏感。主要表现在顶梢上的幼叶从叶尖端或中脉处坏死。严重缺钙时，枝条尖端及嫩叶似火烧般坏死，并迅速向下部枝条发展，有的还会出现裂果。

防治方法：

① 提高土壤中钙的有效性。增施有机肥料，酸性土壤施用适量的石灰，可以中和土壤酸性，提高土壤中有效钙的释放。

②土壤施钙。秋施基肥时，每株施 500～1 000 克石膏（硝酸钙或氧化钙），与有机肥混匀，一并施入。

③ 叶面喷施。在沙质土壤上叶面喷施 0.5％的硝酸钙，重病树一般喷 3～4 次即可。

缺镁的桃树可见到较老的绿叶产生浅灰色或黄褐色斑点，位于叶脉之间，严重时斑点扩大至叶边。初期症状出现褪绿，颇似缺铁，严重时引起落叶，从下向上发展，只有少数幼叶仍然附着于梢尖。当叶脉之间绿色消退，叶组织外观像灰色的纸，黄褐色斑点增大至叶的边缘。

防治方法：在缺镁桃园，应在增施有机肥、加强土壤管理的基础上，进行叶面或根施镁肥。

① 根部施镁。在酸性土壤中，为中和酸度，可施镁石和碳酸镁，中性土壤可施用硫酸镁。也可每年在施有机肥时混入适量硫酸镁。

② 叶面喷施。一般在 6～7 月喷 0.2％～0.3％的硫酸镁，效果较好。但叶面喷施可先做单株试验，不出现药害后再普遍喷施。

5. 铁、锰、硼、锌　桃树缺铁主要表现叶脉保持绿色，而脉间褪绿。严重时整片叶全部黄化。最后白化，导致幼叶、嫩梢枯死。

防治方法：防治缺铁症应以控制盐碱为主、增加土壤有机质、改良土壤结构和理化性质、增加土壤的透气性为根本措施，再辅助其他防治方法，才能取得较好效果。

① 碱性土壤可施用石膏、硫磺粉、生理酸性肥料加以改良，促使土壤中被固定的铁元素释放出来。

② 控制盐害是盐碱地区防治桃树缺铁症的重要措施。主要方法包括：不用含碳酸盐较多的硬水浇地；修筑排灌设施或台田，以便及时灌水压盐；在灌水后及时中耕，减少盐分随毛细管水分

蒸发上升至地面。在泛盐季节，无灌水压盐条件的桃园，可用秸秆、杂草、马粪等进行地面覆盖或覆膜，也可起到减轻盐害的作用。

③ 黄叶病严重的桃园，必须补充可溶性铁。

桃树对缺锰敏感，缺锰时嫩叶和叶片长到一定大小后会呈现特殊的侧脉间褪绿，严重时脉间有坏死斑，早期落叶，整个树体叶片稀少，果实品质差，有时出现裂皮。

防治方法：

① 增施有机肥。酸性土壤中，避免施用生理酸性肥料，控制氮、磷的施用量。碱性土壤中可施用生理酸性肥料。

② 叶面喷施锰肥。早春喷硫酸锰 400 倍液，效果明显。

③ 土壤施锰。将适量硫酸锰混合在其他有机肥中施用。

桃树缺硼可使新梢在生长过程中发生"顶枯"，也就是新梢从上往下枯死。在枯死部位的下方，会长出侧梢，使大枝呈现丛枝反应。在果实上表现为发病初期，果皮细胞增厚，木栓化，果面凹凸不平，以后果肉细胞变褐木栓化。桃叶片硼含量低于 20 毫克/千克会出现缺硼症。

防治方法：

① 土壤补硼。秋季或早春，结合施有机肥加入硼砂或硼酸。可根据树干直径确定硼的施用量。离地面 30 厘米处，树干直径为 10 厘米、20 厘米、30 厘米的树，每株分别施 100 克、150 克、250 克。一般每隔 3～5 年施 1 次。

② 树上喷硼。强盐碱性土壤中，由于硼易被固定，采用喷施效果更好。发芽前枝干喷施 1％～2％硼砂水溶液，或分别在花前、花期和花后各喷一次 0.2％～0.3％硼砂水溶液，有利于提高坐果率。

桃树缺锌症主要表现为小叶，所以又称为"小叶病"。新梢节间短，顶端叶片挤在一起呈簇状，有时也称为"丛簇病"。桃叶片锌含量低于 17 毫克/千克即发生缺锌症。

防治方法：

① 发芽前喷 0.3%～0.5%硫酸锌溶液，或发芽初喷 0.1%硫酸锌溶液，花后 3 周喷 0.2%硫酸锌加 0.3%尿素，可明显减轻症状。

② 结合秋施有机肥，每株成龄树加施 0.3～0.5 千克硫酸锌，翌年见效，持效期长达 3～5 年。

四、桃树科学施肥技术及方法

桃树在生长发育周期中，要从土壤中吸收大量的各类矿质养分。适时适量施肥是保证桃树高产、稳产、优质的重要措施之一。肥料施用适当与否，直接影响桃树的生长和结果。合理施肥必须根据桃的品种特点、树龄、物候期以及树体营养状况进行，还需根据土壤类型、性质和土壤力情况，选用适宜的肥料。

1. 桃树需肥特点 桃树枝叶茂盛，生长迅速，果实肥大，年生物产量高，对营养元素敏感，需求量也大。如果营养不足，则树势衰弱，果实产量低，品质变劣。桃树需肥具有以下特点。

第一，桃树与其他作物一样，在正常的生长发育期需近 20 余种营养元素的平衡供应。每种元素都有各自的功能，不能相互代替，不论是大量元素还是微量元素，对作物同等重要，缺一不可。因此，施肥必须实现全营养。

第二，桃树对各种元素的吸收利用能力不同，必然引起土壤中各种营养元素的不平衡。因此，必须通过施肥来调节营养平衡关系。桃树对钾肥需求量较大，其吸收量为氮素的 1.6 倍。据测定，桃树不同器官氮、磷、钾含量差异较大。叶片中，氮、磷、钾含量比为 10∶2.6∶13.7；果实中，氮、磷、钾含量比为 10∶5.2∶24；根中，氮、磷、钾含量比为 10∶6.3∶5.4。可见，果实是需钾最多的器官。如果生产上施肥不当，氮肥施用过多时，则枝叶徒长，影响钾的吸收，容易造成落花落果。综合考虑各器官氮、磷、钾三要素的含量，桃树对氮、磷、钾的需求比例为 10∶（3～4）∶（13～16）。

第三，桃树对肥料的利用遵循"最低养分律"。即在全部营养

元素中，当某一种元素含量低于标准值时，这一元素即成为生长发育的限制因子，其他元素再多也难以发挥作用，甚至产生毒害，只有补充这种缺乏的元素，才能达到施肥的效果。

第四，多年生桃树对肥料的需求是连续的、不间断的，不同树龄、不同土壤、不同品种对肥料的需求不同。因此，不能千篇一律采用某种固定成分的肥料。

第五，桃树对多种营养元素的需求，单单依靠化学肥料是很难满足的，而有机肥是最基本的全质肥料，因此，若满足桃树营养的需求，必须增施有机肥，提高土壤有机质含量，再配合化肥的平衡施用。

2. 桃树施肥量

（1）影响施肥量的因素。

① 品种。不同品种对各种营养的吸收利用存在差异。如大久保生长势弱，产量高，对营养需求量大；而生长势旺的品种，对氮肥敏感，利用率高，容易旺长，应该适当少施氮肥。

② 树龄、树势。树龄小的树，一般树势旺，产量低，需肥量少；成年树，树势相对减弱，产量增加，需肥量较大。1～3 年生树施肥量为成年树的 20%～30%，5 年生树为 50%，6～7 年生树则逐渐接近于标准施肥量。不同树龄、树势对各种营养的需求也不同。幼树以促进生长、扩大树冠为主，氮、磷肥施用量较大；成年树结果较多，钾肥需求量增加。

③ 产量。产量是决定施肥量的重要因素，一定的产量对应一定的施肥量。如果肥料不足，产量会降低，品质下降；如果肥料（氮）过量，会造成枝叶过于旺长，同样会影响果实产量和品质。桃不同成熟期的品种间氮、磷、钾养分的吸收水平有所差异，早熟品种（鲜基），每 1 000 千克桃果吸收氮 2.1 千克、磷 0.33 千克、钾 2.4 千克；中晚熟品种（鲜基），每 1 000 千克桃果吸收氮 2.2 千克、磷 0.37 千克、钾 2.8 千克。

④ 土壤条件。土壤瘠薄的沙土地、山坡地，有机质含量低，供肥能力低，应增加施肥量；肥沃的土地，有机质含量高，土壤供肥能力强，可适当减少施肥量。

⑤ 肥料性质。不同类型的肥料，其缓释性、利用率、持效期不同。如有机无机平衡肥，缓释性强、利用率高、持效期长，适当多施不会造成肥害，可减少施肥次数，增加单次施肥量，减少全年使用量；单质氮肥，速效性强，肥效短，利用率低，过量施用还会引起肥害，因此应少量多次施用，全年用量相应增大。

（2）施肥量的确定。根据桃树品种、树龄、土壤等的差异，结合目标产量的不同，可确定推荐施肥量。桃树全部有机肥作基肥于秋季施用，50%的磷肥和钾肥及40%的氮肥也在秋季与有机肥一起底施，其余氮、磷、钾肥按生育期养分需求分次追施。早熟品种基肥施肥量可占全年施肥量的70%～80%；中晚熟品种占50%～60%。基肥秋施好于春施，一般在9～10月上中旬进行。根据桃生长结实情况，一般在桃树萌芽期（3月初）、硬核期（5月中旬）和果实膨大期追肥2～3次。

① 产量水平1 500千克/亩。有机肥1～2吨/亩，氮肥（N）10千克/亩，磷肥（P_2O_5）5千克/亩，钾肥（K_2O）15千克/亩。

② 产量水平2 000千克/亩。有机肥1～3吨/亩，氮肥（N）15千克/亩，磷肥（P_2O_5）7千克/亩，钾肥（K_2O）20千克/亩。

③ 产量水平3 000千克/亩。有机肥2～3吨/亩，氮肥（N）20千克/亩，磷肥（P_2O_5）10千克/亩，钾肥（K_2O）30千克/亩。

④ 产量水平3 500千克/亩。有机肥2～3吨/亩，氮肥（N）23千克/亩，磷肥（P_2O_5）12千克/亩，钾肥（K_2O）35千克/亩。

⑤ 产量水平4 000千克/亩。有机肥3～4吨/亩，氮肥（N）25千克/亩，磷肥（P_2O_5）14千克/亩，钾肥（K_2O）35千克/亩。

3. 施肥时期和方法 我国桃树施肥一般分基肥和追肥（分为根部追肥和根外追肥）两种（表8-8）。

（1）基肥。基肥是较长时期供给桃树多种营养的基础肥料。其作用不但要从果树的萌芽期到成熟期能够均匀长效地供给营养，而且还要有利于土壤理化性状的改善。

基肥的组成以有机肥料为主，再配合氮、磷、钾和微量元素肥料。根据树体当年产量和树势强弱不同，确定当年施肥量，至少要达到斤果斤肥，最好做到 1 千克果 2 千克肥或更多。基肥施用量应占当年施肥总量的 70％ 以上，即有机肥的全部和速效肥料的 50％～70％。若将速效化肥混合制成缓释平衡肥，可将全年肥料作基肥一次性施入。

表 8 - 8 桃树基肥和追肥时期和特点

树龄（年）	基肥	追肥
1	定植肥：亩施有机肥 1 000 千克，磷酸二铵 5 千克	5 月中旬，亩施磷酸二铵 15 千克
2～5	秋季基肥：亩施有机肥 2500 千克左右，复合肥（12 - 12 - 6）20 千克或亩施有机肥 2500 千克，尿素 5 千克，过磷酸钙 20 千克，硫酸钾 5 千克	3 月初追肥，亩施复合肥（16 - 8 - 16）25 千克，或亩施尿素 5 千克、过磷酸钙 30 千克、硫酸钾 5 千克；硬核期（5 月中旬）追肥，亩施复合肥（16 - 8 - 16）20～40 千克，或亩施尿素 5 千克、过磷酸钙 20 千克、硫酸钾 15 千克
6～15	秋季基肥：亩施有机肥 3000 千克左右，复合肥（12 - 12 - 6）30 千克；或亩施有机肥 3000 千克，尿素 5 千克，过磷酸钙 25 千克，硫酸钾 5 千克	3 月初追肥，亩施复合肥（16 - 8 - 16）35 千克，或亩施尿素 5～10 千克、过磷酸钙 35 千克、硫酸钾 10 千克；硬核期（5 月中旬）追肥，亩施复合肥（16 - 8 - 16）30～50 千克，或亩施尿素 5 千克、过磷酸钙 25 千克、硫酸钾 20 千克
16～30	秋季基肥：亩施有机肥 4 000 千克左右，复合肥（12 - 12 - 6）30 千克；或亩施有机肥 4000 千克，尿素 7 千克，过磷酸钙 30 千克，硫酸钾 5 千克	3 月初追肥，亩施复合肥（16 - 8 - 16）30～40 千克，或亩藏尿素 5～10 千克、过磷酸钙 40 千克、硫酸钾 10 千克；硬核期（5 月中旬）追肥，亩施复合肥（16 - 8 - 16）30～60 千克，或亩施尿素 5～10 千克、过磷酸钙 30 千克、硫酸钾 20～30 千克

注：有机肥、磷、钾均应深施（土层 20～60 厘米）。

桃树春天生长活动早，采收也早，早春新梢生长旺盛，故基肥施用时期以早秋为好，这是因为：①此时温度高湿度大，微生物活跃，有利于基肥的腐熟分解。从有机肥开始施用到成为可吸收状态需要一定的时间。以饼肥为例，其无机化率达到100％时，需8周时间，而且对温度条件还有要求。因此，基肥应在温度尚高的9～11月施用，这样才能保证其完全分解并为翌年春季利用。②秋施基肥时正值根系生长的后期高峰，有利于伤根愈合和发新根。③果树的上部新生器官趋于停长，有利于贮藏营养。

　　基肥的施用主要有条沟施肥和全园施肥两种方式。条沟施肥是顺行向沿树冠垂直投影外缘开沟，沟宽、深均为40～60厘米，随开沟随施肥，及时覆土、浇水。全园施肥是将肥料全园撒施后浅翻，及时浇水。后者主要适用于成龄园和密植园。施过肥的树要及时灌一次透水。

　　（2）追肥。追肥又称为补肥。是果树急需营养的补充肥料。由于基肥发挥的作用较平稳而缓慢，所以在桃树生长季内，还需及时施适量的速效性肥料（追肥），这对新梢生长、果实膨大、花芽分化、提高产量和增进品质都有良好的作用。在土壤肥沃和基肥充足的情况下，没有追肥的必要。当土壤肥力较差或采收后未施入充足基肥时，树体常常表现营养不良，适时追肥可以补充树体营养的短期不足。追肥一般使用速效性化肥。追肥时期、种类和数量如果掌握不好，会给当年桃树的生长、产量及果实品质带来严重不良影响。一般幼树全年追肥2～3次，成年树追肥3～4次。

　　① 追肥时期。

　　催芽肥：又称为花前肥。桃树早春萌芽、开花、抽枝展叶都需要消耗大量的营养，树体处于消耗阶段，主要消耗上一年的贮藏营养。若营养不足，需进行追肥，以提高坐果率、促进新梢生长和幼果发育。此次追肥以氮肥为主。应施入速效性氮肥或随浇水灌腐熟人粪尿。氮肥施用量应占全年的1/3。盛果期树可追施硫酸铵30千克/亩，幼树可追施磷酸二铵10～15千克/亩。

　　花后肥：落花后进入幼果生长和新梢生长期，需肥多，谢花后

1～2周施入。追肥以速效氮肥为主，配合补充速效磷、钾肥，以提高坐果率，促进幼果生长和新梢生长，减少落果，有利于早熟品种的果实膨大。此次施肥正值根系生长的高峰期，是结果树重要的追肥期，可施用尿素 15 千克/亩、硫酸钾 20 千克/亩。未结果树可不施，初结果树少施。

壮果肥：果实硬核期后迅速膨大期施用。促进果实膨大，提高果实品质，充实新梢，促进花芽分化。肥料种类以钾肥为主，配合氮、磷肥。钾的用量应占全年总量的 30％。一般在 6 月上中旬施入，施硫酸钾 20 千克/亩或硫酸铵 15 千克/亩。

采后肥：通常称为还阳肥。肥料种类以氮肥为主，并配以磷、钾肥。果树在生长期消耗大量营养以满足新的枝叶、根系、果实等的生长需要，故采收后应及早弥补其营养亏缺，以恢复树势。还阳肥常在果实采收后立即施用，但对果实在秋季成熟的晚熟品种，还阳肥一般可结合基肥共同施用。

② 追肥方法。

土壤追肥：土壤追肥主要有环状沟、放射状沟、多点穴施和灌溉施肥等几种方法。

根外追肥：包括枝干涂抹、枝干注射和叶面喷施。生产上以叶面喷施的方法最为常用。叶面喷肥在解决急需养分需求的方面最为有效；在防治缺素症方面也具有独特效果，特别是硼、铁、镁、锌、铜、锰等微量元素的叶面喷肥效果最明显。为提高叶面喷肥的效果，选择合适的喷施时间和部位非常重要。此外应避免阴雨、低温或高温曝晒。一般选择在 9～11 时和 15～17 时喷施。喷施部位应选择幼嫩叶片和叶片背面，可以增进叶片对养分的吸收。

桃树叶面喷肥常用肥料和浓度如表 8-9 所示。

4. 土壤管理

（1）深翻改土。每年秋季果园施基肥深翻改土，分为扩穴深翻和全园深翻，以有机肥、表土放在底层，底土放在上层，使根土密接。

（2）中耕除草。清耕制果园及生草生长季降雨或灌水后，及时中耕除草，保持深度 5～10 厘米，以利于调温保墒。

表 8-9　桃树叶面喷肥常用肥料和浓度

种类	浓度（%）	时　　期	作　　用
尿素	0.3~0.5	整个生长期	促进生长及果实膨大，提高整体营养水平
磷酸二氢钾	0.2~0.3	果实膨大期至成熟期	促进花芽分化，提高果实品质
硫酸钾	0.3~0.5	坐果后至成熟	
硫酸锌	3.0~5.0	发芽前 3~4 周	防治缺锌导致的小叶病
	0.3~0.5	整个生长期	
硼酸或硼砂	1.0	发芽前后	防治缺硼，提高坐果率
	0.2~0.5	花前或花后	
硫酸亚铁或柠檬酸铁	0.3~0.5	发现黄叶病时	防治缺铁病
硝酸钙或氯化钙	0.3~0.5	盛花后 3~5 周；或果实采收前 3~5 周	防治果实缺钙症

（3）果园间作。为充分利用土地，建园初期，果园行间可种植花生、豆物，禁止种植高秆作物和秋菜。

（4）果园覆草及埋草。覆盖材料可选用麦秸、玉米秸、稻草及田间杂草等，覆盖厚度 10~15 厘米，上面零星压土，连覆 3~4 年后结合秋施基肥浅翻 1 次；也可结合深翻开大沟埋草，提高土壤的肥力和蓄水能力。

第四节　猕　猴　桃

一、猕猴桃生长发育规律及对环境的要求

（一）猕猴桃生长发育规律

猕猴桃的生长发育规律与养分需求特性密切相关，而养分需求特性又是确定施肥种类以及合理的施肥量、施肥时期和施肥方法的

基础，所以要做到科学的施肥管理必须先了解猕猴桃的生长发育规律。

1. 根 猕猴桃为肉质根，1 年生，含水量为 84%。根的皮层厚，呈片状龟裂，容易脱落，内皮层为粉红色，根皮率30%～50%。猕猴桃的导管有两种：异形导管的细胞特别大，普通导管的细胞较小。猕猴桃根部的异形导管特别发达，根压也大，养分和水分在根部的输导能力很强，如 3 厘米粗的根被切断损伤 1 小时左右，整个植株的叶片会全部萎蔫。树液流动期，切断某一部分器官，就会发生很大的伤流。

猕猴桃直径大于 1 厘米的根占根总量的 60.23%，其中91.33%分布在 0～40 厘米土层；直径大于 1 厘米的根没有到达 60厘米以下。直径 0.2～1 厘米的根占根总量的 32.34%，分布在20～40厘米土层最多，占 51.79%；其次是 40～60 厘米土层，占20.96%；0～20 厘米和 60～80 厘米较少。直径小于 0.2 厘米的根占根总量的 7.44%，与 0.2～1 厘米的根一样分布在 20～40 厘米土层最多，占 35.08%。

研究表明，猕猴桃根系水平分布最远在 95～110 厘米。距树干20～70 厘米范围土壤内是根系分布密集区，约占统计总根量的86.5%；距树干 80 厘米以外，根系水平分布密度小。根系的垂直分布可深达近 100 厘米，距地表 0～60 厘米土层内根系分布密集，占总根量的 90.6%～92.0%。其中 0～20 厘米土层内根系分布密度最大，向下依次降低。距地表 60～100 厘米土层，根系分布数量很少。距树干 50 厘米处，根系垂直分布最深，近达 100 厘米。对10 年生秦美猕猴桃根生物量在土层中的分布研究表明，猕猴桃根系不同时期在土壤中的分布情况变化不大，根系主要分布在 0～60厘米的土层，占总根量的 93.05%，其中 40～60 厘米的根量占14.95%。随土壤深度的增加，猕猴桃根量减少。60 厘米以下根量很少，60～80 厘米的根量只有 4.64%，80～100 厘米土层中仅为 2.32%。

猕猴桃根系生长发育的年周期较地上部分更为复杂：土温 8 ℃

左右，猕猴桃根系开始活动；约在 6 月，土温 20 ℃左右时，根系生长出现高峰；随着土温增高，根系活动减缓；至 9 月，果实发育后期，根系开始第二次迅速生长；随后，由于气温降低根系生长也逐渐减缓。根系生长和地上部分的生长发育常常是有节奏地进行。

2. 茎　猕猴桃属木质藤本植物，其幼茎与嫩枝具有蔓性，自身按逆时针旋转，缠绕支撑物，盘旋向上生长。成熟猕猴桃植株的骨架由茎（主干）、主蔓、侧蔓、结果母枝、营养枝、结果枝组成。枝条的年生长量及生长速度除了与品种有关外，还取决于土壤温度、降水等因素。在南京地区，中华猕猴桃的年生长期约 170 天，有两个生长高峰：第一个在 5 月下旬至 6 月上旬，最大日生长量为 15 厘米；第二个在 8～9 月，但生长峰很小。然而在武汉地区，虽然中华猕猴桃的年生长期也约 170 天，但有 3 个生长高峰，分别为 4 月中旬至 5 月中旬、7 月下旬至 8 月下旬和 9 月上旬，第三个是小高峰。河南郑州中华猕猴桃和陕西周至秦美猕猴桃的新梢都有两个生长高峰：前者在 4 月上中旬至 5 月下旬和 7 月；后者在 4 月中旬至 6 月上旬和 8 月。从各类茎的总生物量变化来看，表现为 5～11 月增加较快，生育初期和末期生长较慢。

3. 叶　叶的干物质量从 3 月底至 5 月中旬增加量较大，从 5 月中旬至 9 月 8 日增加较慢，9 月 8 日至 11 月 6 日又有大幅度增加，干物质累积量达 1.64 千克。猕猴桃正常叶从展叶到最终叶面大小，需要 35～40 天，展叶后第十至第二十五天是叶面积扩大最迅速的时期，此期间叶面积可达到最终的 90% 左右，所以表现为前期干物质增加较快。中期的缓慢增加是由于树体的营养物质主要输送给果实，后期的迅速生长与一年枝的大量生长有关。

4. 果实　综合各地研究结果，中华猕猴桃和美味猕猴桃一般分为以下 3 个时期。

（1）迅速生长期。从 5 月上中旬至 6 月中旬，45～50 天。此期果实的体积和鲜重达到总生物量的 70%～80%，种子白色。

（2）慢速生长期。从 6 月中下旬至 8 月上中旬，约 50 天。此期果实的生长放慢乃至停止生长，种子由白变浅褐。

（3）微弱生长期。从 8 月中下旬至 10 月上旬，约 55 天，此期果实体积增长量小，但营养物质的浓度提高很快，种子颜色更深，更加饱满。

总之，果实的生长特点为：第一，在谢花后的 10 周以内果实生长十分迅速，体积和质量可达到总生长量的 2/3 以上；第二，果实的生长一直延续到正常采果时。

（二）猕猴桃对生长环境的要求

1. 温度　猕猴桃的大多数种类要求亚热带或暖温带湿润和半湿润气候。年平均气温 11.3 ～ 16.9 ℃，≥10 ℃有效积温 4 500～5 200 ℃，无霜期 160～270 天，是猕猴桃最适条件。猕猴桃对气温有着广泛的适应性，经过人工栽培驯化表明，可在年平均温度 10 ℃，最低温度－28 ℃，年降水量 500 毫米以上的地区生长结果。但是，早春寒冷，晚霜低温，盛夏高温，常常影响猕猴桃生长发育。

当气温回升到 10 ℃以上猕猴桃开始萌动，12～15 ℃时展叶现蕾同时开始。其幼枝、幼芽、幼叶和花蕾能忍受的最低气温为 0～1 ℃，此时部分组织开始受冻，－1 ℃以下所有组织都要受冻。高温、强光照对猕猴桃胁迫作用明显，主要体现在地上部分蒸腾强烈、光合作用停止。

2. 光照　多数猕猴桃种类喜半阴环境，在不同发育阶段对光照要求不同。幼苗期喜阴凉，忌阳光直射；成年结果树要求充足的光照。一般认为，猕猴桃是中等喜光果树，要求日照时间为 1 300～2 600 小时，喜漫射光，忌强光直射，光照度以 40％～45％为宜。

自然条件下放任生长的猕猴桃，上部枝叶长势较旺，遮阴现象较重，下部枝叶得不到足够的光照，所以在生长后期，下部枝条的先端会自行枯死。这种自枯现象，在自然状态下，3～4 年便会出现 1 次，形成自然更新；在人工栽培条件下，因进行修剪，枝条比较稀疏，光照条件好，长势也比较旺，虽也有自枯现象，但出现时间较晚。

3. 水分　猕猴桃生长旺盛，枝叶繁茂，蒸腾量大，所以，对水分及空气湿度要求较严格。喜凉爽湿润的气候，年降水量在 800 毫米以上，相对湿度 70％以上，是猕猴桃生长发育的适宜地区。猕猴桃不耐涝，在渍水或排水不良时常不能生存。

猕猴桃耐水分胁迫能力较差，即使在水分严重不足时，叶片也会持续失水，直至萎蔫或掉落；土壤水分缺失可导致根部脱落酸（ABA）含量上升，抑制根系生长并促进其衰老。当水分胁迫解除时，猕猴桃生长迅速恢复正常。对 7 年生猕猴桃树的调查表明，地下水位 20～30 厘米持续 30 天以上，会出现树体大量死亡现象。夏季日照强烈，土壤水分缺乏时，应防范猕猴桃得日灼病，现象为叶子脱落，大量掉果而减产。

猕猴桃生长的各个物候期都需要充足的水分来调节和支持，尤其在猕猴桃的水分临界期。若水分不足，则会发生营养生长和生殖生长争夺水分的矛盾，引起枝梢生长受阻，叶面积变小，叶缘枯萎而导致落叶、落果。

4. 土壤 猕猴桃对土壤的要求为非碱性、非黏重土壤。如山地草甸土、山地黄壤、山地黄棕壤、山地棕壤、红壤、黄壤、棕壤、黄棕壤、黄沙壤、黑沙壤以及各种沙砾壤等都可以栽培。但以腐殖质含量高、团粒结构好、土壤持水力强、通气性好最为理想。在 pH 为 5.5～6.5、含五氧化二磷 0.12％、氧化钙 0.86％、氧化镁 0.75％、三氧化二铁 4.19％的土壤上，中华和美味猕猴桃均生长发育良好。在中性（pH 7.0）或微碱性（pH 7.8）土壤上也能生长，但幼苗期常出现黄化现象，生长相对缓慢。

除土质及 pH 外，土壤中的矿质营养成分对猕猴桃的生长发育也有重要影响。猕猴桃除需要氮、磷、钾外，还需要丰富的镁、锰、锌、铁等元素，如果土壤中缺乏这些矿质元素，在叶片上常表现出营养失调的缺素症。猕猴桃对铁的需求量高于其他果树，要求土壤有效铁的临界值为 11.9 毫克/千克，而苹果、梨分别为 9.8 毫克/千克和 6.3 毫克/千克。铁在土壤 pH 高于 7.5 的情况下，有效值很低，故偏碱性土壤栽培猕猴桃，更要注意施铁肥。

二、猕猴桃养分需求特性

猕猴桃为多年生果树，枝梢年生长量远比一般果树大，而且枝粗叶大，结果较早而量多，进入成熟后，一株树地上与地下部分干重的比例约为 1.8：1。每年植株的生长、发育、结果等都要从土壤中吸收大量营养，并通过修剪和采果从树体中消耗掉，而土壤中的可供养分有限，因此需要通过施肥向土壤补充树体生长发育所需的营养。因此，了解猕猴桃的营养特性，做到科学施肥，是猕猴桃优质高产的基础。

1. 猕猴桃氮素吸收规律　猕猴桃树各个时期吸收的氮量有明显的季节性变化，各器官的氮累积量在不同时期也有各自的变化规律。一年内 10 年生秦美猕猴桃树体总吸收纯氮量为 216.78 千克/公顷（产量 40.16 吨/公顷，每 100 千克果实吸收 0.54 千克纯氮），根、茎、叶、果吸收氮比例为 1：3：2.6：7.1。进入果实收获期的 9 月上旬至结果前的 5 月中旬共吸收 33.75 千克/公顷，整个果实生长期的 5 月中旬至 9 月上旬吸收 183.03 千克/公顷，分别占总吸氮量的 15.57％和 84.43％，据此可以确定基肥和追肥的量，即基肥应占 16％左右，追肥应占 84％左右。如将大量肥料作为基肥提早施入，而没有被果树及时吸收，则会造成不必要的浪费，甚至会造成环境污染；反之，在树体需要大量养分的时候施入的肥料量不足，则会影响果树的生长发育，降低产量，影响品质。5 月中旬至 7 月上旬和 7 月上旬至 9 月上旬两个阶段吸收的氮量分别占总吸氮量的 53.13％和 31.30％，据此可以确定追肥的时间和量。5 月中旬至 7 月上旬是猕猴桃树的吸氮高峰期，在这个时期将肥料总量的一半施入才是把钢用在刀刃上。

2. 猕猴桃磷素吸收规律　一年内 10 年生秦美猕猴桃树体吸收纯磷总量为 36.95 千克/公顷（猕猴桃产量 40.16 吨/公顷，每 100 千克果实吸收 0.09 千克纯磷），根、茎、叶、果吸收比例为 1：1.2：1.1：3。进入果实收获期的 9 月 8 日至结果前的 5 月中旬前共吸收 10.92 千克/公顷，整个果实生长期吸收 26.03 千克/公顷，分别占总吸收量的 29.55％和 70.45％。从 5 月中旬至 7 月 9 日植株磷累积增量远远高于其他各时期，达到 20.47 千克/公顷，占总吸磷量的 55.40％，说明这一时期是猕猴桃吸收磷素的高峰期，吸收的磷素 58.73％供给了果实，32.52％供给了根系，8.83％供给了茎。

3. 猕猴桃钾素吸收规律 年周期猕猴桃树体吸收钾素的总量为 167.88 千克/公顷（猕猴桃产量 40.16 吨/公顷，每 100 千克果实吸收 0.42 千克纯钾），进入果实收获期的 9 月上旬至结果前的 5 月中旬共吸收 43.18 千克/公顷，整个果实生长期吸收 124.70 千克/公顷，分别占总吸收量的 25.72％和 74.28％。从 3 月底至 5 月中旬叶累积了 17.16 千克/公顷的钾，而根和茎的钾累积量分别减少了 3.92 千克/公顷和 4.12 千克/公顷，植株钾累积量增加了 9.12 千克/公顷。可见，在生育前期猕猴桃叶的生长所需的钾素 53.15％来自于从土壤的吸收，22.84％来自根上年贮藏钾的转移，24.01％来自茎的上年贮存钾。这说明猕猴桃树在生育前期叶生长所需的钾素很大程度上依赖于树体的贮藏，树体钾营养贮藏水平对新生器官的生长也非常重要。从 5 月中旬至 7 月 9 日植株钾累积增量远远高于其他各时期，达到 88.57 千克/公顷，占全年总吸收量的 52.76％，说明这一时期是猕猴桃吸收钾素的高峰期。从 7 月 9 日至 9 月上旬植株从外界吸收的钾量为 36.13 千克/公顷，占总吸钾量的 21.52％。

了解上述原理，就知道猕猴桃的需肥时期和需肥量，从而适时适量供给所需的肥料。氮、磷、钾总需求量的比例为 1∶0.17∶0.77。

三、矿质元素在猕猴桃生长中的作用及缺素防治

1. 主要矿质元素在猕猴桃生长中的作用

（1）氮。氮是构成细胞原生质、核酸、磷脂、激素、维生素、生物碱及酶等的重要组分，因此，充足的氮是细胞分裂的必要条件，氮素供应的充足与否直接关系到器官分化、形成以及树体结构的形成。一般认为，施用氮肥能提高猕猴桃产量、单果重和含糖量，降低果实硬度、含酸量，还会提高贮藏过程中乙烯含量和

NADP-苹果酸酶活性，加快果实软化。氮素的不合理施用也易导致枝条旺长而生殖生长受限。春季施用氮肥猕猴桃开花时茎叶中氮含量偏高，新梢旺长，树体内碳氮比例失调，导致落花落果严重。

（2）磷。磷在植物体内是一系列重要化合物如核苷酸、核酸、核蛋白、磷脂、ATP酶等的组分，直接参与作物光合作用的光合磷酸化和碳同化，因此，磷不仅参与了细胞的结构组成，而且在新陈代谢及遗传信息传递等方面发挥着重要作用，是果树生长发育、产量和品质形成的物质基础。研究发现缺磷对猕猴桃幼树树体影响最大，缺磷后植株生长缓慢，地上部基本停止生长，根系代偿性伸长，根长度增加，但其根重减轻，根表面积降低，根分枝很少或基本不再形成分枝。长期缺磷后导致地上部表现缺磷症状，产生不可逆变化，茎尖及叶芽相继死亡，不能恢复生长。

（3）钾。钾是果树生长发育、开花结果过程中必需营养元素之一。钾与氮、磷等营养元素不同，它参与果树体内有机物的合成，是果树生命活动中不可缺少的元素。钾与代谢过程有着密切关系，并且是多种酶的活化剂，参与糖和淀粉的合成、运输和转化。钾对促进果实发育、提高产量、改善品质、提高抗逆性和抗病性等方面均有良好的作用，特别对果实品质的影响十分明显，故钾有"品质元素"之称。猕猴桃果实在成熟前生硬是由在初生壁中沉积了许多不溶于水的原果胶以及果肉淀粉粒的累积造成的。淀粉作为内容物对细胞起着支撑作用，当淀粉被淀粉酶水解后，转化为可溶性糖，从而引起细胞张力下降，导致果实软化。黄土区猕猴桃施钾能显著增加猕猴桃一级果率、单果重、可溶性糖、维生素及硬度，降低果实酸度，增加果实糖酸比。过量施钾使果肉硬度降低，贮藏过程中硬度下降加快。

（4）钙。钙是植物体内重要的必需元素，同时对植物细胞的结构和生理功能有着十分重要的作用。钙素在果树矿质营养中占有重要的位置，对猕猴桃品质量的影响远比氮、磷、钾、镁重要，许多果树的生理失调与缺钙密切相关。猕猴桃缺钙可导致采前或贮藏期的生理性病害，如苦痘病、水心病和痘斑病等。果实硬度与果实中的钙水平呈正相关，较高的钙水平能增加果实硬度。缺钙还会影响根系的发育，导致根吸收能力降低。钙还能使原生质水化性降低，并与钾、镁配合保持原生质的正常状态，调节原生质的活力；同时，还抑制果实中多聚半乳糖醛酸酶（PGA）的活性，减少细胞壁的分解作用，推迟果实软化。

2. 元素缺乏症状与营养诊断

无机营养元素缺乏或过量，会影响植株生长发育。猕猴桃对各类元素的失调特别敏感，一旦失调就会明显地在外观形态上表现出来，尤其是叶片。因此，必须要经常进行土壤分析和植物分析。

结合我国认定的猕猴桃叶片矿质元素最佳含量范围和新西兰认定的临界值，列出的缺素症状和一些补救办法如表8-10所示，供参考。

表8-10　猕猴桃的营养诊断与防治方法

元素	7月叶片含量		缺素症状	施肥补救
	正常	缺乏		
氮 （克/千克）	20～28	<15	叶片从深绿变为淡绿，甚至完全转为黄色，但叶脉仍保持绿色，老叶顶端叶缘为橙褐色灼烧状，并沿叶脉向基部扩展，坏死组织部微向上卷曲，果实不能充分发育，达不到商品要求的标准	叶面喷施0.3%～0.5%的尿素溶液
磷 （克/千克）	1.8～2.3	<0.9	黄化斑在老叶出现，从顶端向叶柄基部扩展，叶脉之间失绿，叶片上面逐渐呈红葡萄酒色，叶缘更为明显，背面主侧脉红色，向基部逐渐加深	叶面喷施0.5%的磷酸二氢钾

（续）

元素	7月叶片含量		缺素症状	施肥补救
	正常	缺乏		
钾（克/千克）	12～26	<8	新生枝条中下部叶片边缘呈枯黄色、后呈焦枯状，叶片皱缩，严重时整叶枯焦；枝条生长不良，果实小、品质差	叶面喷施0.5%硫酸钾或0.5%磷酸二氢钾
钙（克/千克）	30～35	<3	新成熟叶基部叶脉颜色暗淡、坏死，并落叶，枝梢死亡，下端腋芽呈莲叶状。严重时影响根系，根端死亡	叶面喷施浓度0.5%的硝酸钙
镁（克/千克）	3～8	<1	在生长的中晚期发生，当年成熟叶叶脉间或叶缘呈淡黄绿色，但叶基部近叶柄处仍保持绿色，呈马蹄形	叶面喷施3%硫酸镁或硝酸镁
硫（克/千克）	2.5～4.5	<1.8	初期幼叶边缘淡绿或黄色，逐渐扩大，仅在主、侧叶脉结合处保持楔形绿色斑，最后幼嫩叶全部失绿	结合补铁、锌时喷施硫酸亚铁或硫酸锌
铁（毫克/千克）	80～200	<30	先为幼叶叶脉间失绿变为淡黄或黄白色，有的整个叶片、枝梢和老叶的叶缘都会失绿，叶片变薄，易于脱落	叶面喷施0.5%的硫酸亚铁

（续）

元素	7月叶片含量		缺素症状	施肥补救
	正常	缺乏		
锌 （毫克/千克）	15～28	<10	叶小而窄，簇状，有杂色斑点。老叶失绿，由叶缘扩大到叶脉之间，叶片未见坏死组织，但侧根生长受影响	叶面喷施0.2％的硫酸锌
氯 （毫克/千克）	1.0～3.0	<0.7	先在老叶顶端主侧脉间出现分散状失绿，老叶反卷呈杯状，幼叶叶面积缩小，根生长减缓，根端组织肿大，常被误认为根结线虫囊肿	叶面喷施0.5％的氯化钾溶液
锰 （毫克/千克）	50～150	<30	当年成熟叶叶缘失绿，主脉附近失绿，小叶脉间组织向上隆起，并呈蜡色有光泽，最后仅叶脉保持绿色	叶面喷施0.3％的硫酸锰溶液
硼 （毫克/千克）	50～90	<20	幼叶中心出现不规则黄色，随后在主、侧脉两边连接成大片黄色，未成熟的幼叶变成扭曲，畸形，枝蔓生长有明显影响	花前花期喷施0.5％的硼砂溶液
铜 （毫克/千克）	8～14	<3	初期幼叶及未成熟叶片失绿，随后发展为漂白色，结果枝生长点死亡，出现落叶	喷施0.05％的硫酸铜溶液
钼 （毫克/千克）	0.04～0.2	<0.1	症状不明显，但缺钼会导致体内硝酸盐累积而出现氮素毒害	喷施0.05％的钼酸铵溶液

四、猕猴桃科学施肥技术及方法

(一)施肥量的确定

合理施肥量主要应根据树体生长发育的需要和土壤的肥力状况来制订。成年树与幼树需肥状况不同。土壤肥力状况取决于其各类营养元素的含量和可利用性，同时还取决于其"保肥性"，但由于各地区的土壤类型及其含有的营养元素不同，施肥量较难确定。一般有经验的生产者，会根据树势、树龄、品种的生物学特性以及当地的气候、土壤条件确定施肥量，"估产定肥"就是这个意思。

施肥应结合树龄，施肥量在不同年龄阶段是不同。猕猴桃在幼年阶段就需要吸收大量的元素。成年猕猴桃树的营养体应该基本处于一个平衡状态，果实带走的养分量是施肥量的决定性因素，所以可以根据产量推算出果树的养分吸收量，即：

$$果实养分吸收量 = 果实吸收量 = \frac{果实产量 \times (1 - 果实含水量) \times 果实养分含量}{果实吸收百分比}$$

成熟期果实含水量：79.55%；

成熟期果实氮含量：13.73 克/千克；

成熟期果实磷含量：2.17 克/千克；

成熟期果实钾含量：12.63 克/千克；

果实吸氮量百分比：52.02%；

果实吸磷量百分比：48.23%；

果实吸钾量百分比：61.77%。

由于收获时间、气候、果园肥力等因素差异，果实成熟时的养分含量和含水量可进行实际测定。在高肥力的土壤上，不施肥也不会降低果树产量，所以仅从养分平衡的角度考虑，施用量应大体上等于果树养分吸量。在中低肥力的土壤上，施用量则应考虑土壤的天然供肥量和肥料的利用率，以保证果树的产量和品质，即：

$$果实合理施肥量 = \frac{养分吸收量 - 土壤天然供肥量}{肥料利用率}$$

氮素天然供肥量为吸收量的 1/3，氮肥利用率 35%；

磷素天然供肥量为吸收量的 1/2，磷肥利用率 20％；

钾素天然供肥量为吸收量的 1/2，钾肥利用率 45％。

（二）最佳施肥方法

根据猕猴桃的生长发育规律和营养特性，总结国内外主要猕猴桃生产基地的研究成果和栽培经验，现提出猕猴桃的最佳施肥方法，供广大果农参考。

1. 幼龄猕猴桃的施肥　幼龄猕猴桃定植前的基肥施用非常重要，具体做法是，在定植穴的底层施入秸秆、树叶等粗有机质，中层施入土杂肥 50 千克左右或过磷酸钙或其他长效性的复合肥料，肥料与土充分混匀，穴面 20 厘米以上以土为主。定植 2～3 个月开始，适当追施 1～2 次稀薄的速效完全肥料。冬季落叶后结合清园翻土每株施饼肥 0.5～1 千克，或 10～15 千克人粪尿。从第二年开始视树势发育状况，一般 4 月中下旬花蕾期每株施尿素 0.05～0.1 千克或碳酸氢铵 0.15～0.2 千克；7 月根据植株长势每株施复合肥 0.25～0.35 千克。

由于定植后 1～3 年生幼树，根浅又嫩，吸肥不多，应"少吃多餐"。这一时期树冠在扩展，如果时间允许在 3～6 月可以每月追一次肥，其中尿素每株 0.2～0.3 千克，氯化钾 0.1～0.2 千克，过磷酸钙 0.2～0.25 千克。城市周围结合灌水施人粪尿。一律开沟施入，不和根直接接触。

必须在 7 月以前结束追肥，以利于枝梢及时停止生长，防止冻死，同时促进组织成熟。

2. 成年猕猴桃的施肥　从上面的分析来看，成年猕猴桃（8 年以上）由于生长、结果，每年要吸收大量营养。如不能及时补充，猕猴桃生长发育就会受到抑制，产量降低，品质变差，因此，成年猕猴桃的施肥至关重要。

5 月中旬（果实生长始期）至 7 月 9 日（果实迅速膨大末期）是猕猴桃树营养最大效率期，在这一时期吸收的氮、磷、钾分别占其全年总吸收量的 53.13％、55.40％、52.76％，7 月 9 日（果实迅速膨大末期）至 9 月上旬（进入收获期）分别吸收 31.30％、

15.05％、21.52％，进入果实收获期的 9 月上旬至结果前的 5 月中旬吸收量占 15.57％、29.55％、25.72％。根据各时期的养分吸收动态，可以确定最佳的施肥时期和施肥量（表 8 - 11）。

表 8 - 11　猕猴桃养分吸收动态与施肥

养分吸收与施肥	时　　期		
	9 月 8 日至 5 月 18 日	5 月 18 日至 7 月 9 日	7 月 9 日至 9 月 8 日
吸收氮量（％）	15.57	53.13	31.30
吸收磷量（％）	29.55	55.40	15.05
吸收钾量（％）	25.72	52.76	21.52
施肥方式（％）	基肥	追肥	追肥

根据成年猕猴桃养分吸收动态，可以确定以下 3 个施肥时期。

（1）催梢肥（也称为春肥，3 月萌芽前）。春季土壤解冻，树液流动后，树体开始活动，此期正值根系第一次生长高峰，而且萌芽、抽梢等已消耗树体上年贮藏的养分，需要补充。此时施肥有利于萌芽开花，促进新梢生长。春肥在刚刚要发芽时进行，以速效肥为主，采取株施，然后灌水 1 次。

（2）促果肥。花后 30～40 天是果实迅速膨大时期，缺肥会使猕猴桃膨大受阻。在花后 20～30 天时施入速效复合肥，对壮果、促梢，扩大树冠有很大作用，不但能提高当年产量，对翌年花芽形成有一定关系。这一时期由于树体对养分的需求量非常大，所以应土施结合叶面喷肥，施后全园浇水 1 次。

（3）壮果肥。在 7 月施入，此期正值根系第二次生长高峰、幼果膨大期和花芽分化期。而且此期稍后的新梢迅速生长又将消耗树体的大量养分。因而，此期补充足量的养分可提高果实品质，又弥补后期枝梢生长时营养不足的矛盾。这一时期应以叶面喷肥为主，可选用 0.5％磷酸二氢钾、0.3％～0.5％尿素液及 0.5％硝酸钙。于此期叶面喷钙肥，还可增强果实的耐贮性。

第五节　葡　　萄

一、葡萄的生长发育规律及其对环境条件的要求

（一）葡萄的生长发育规律

葡萄树的生长发育规律与养分需求特性密切相关，而养分需求特性又是确定施肥种类以及合理的施肥量、施肥时期和施肥方法的基础，所以要做到科学的施肥管理必须先了解葡萄的生长发育规律。

1. 葡萄的根系　葡萄的根系分两种：扦插繁殖的自根树，其根系有根干（即插条枝段）、侧根和幼根；种子播种的实生树，有主根、侧根和幼根。在空气湿度大、温度高时，于2～3年以上的枝蔓上常长出气生根，又称为不定根，它在生产上无重要作用，当空气干燥或低温时即死亡。繁殖苗木时，就是利用葡萄有发生不定根的特性，进行插条或压枝育苗。

葡萄幼根是肉质的，呈乳白色，逐渐变成褐色。幼根最先端为根冠，接着是2～4毫米长的生长区和10～30毫米的吸收区，再往后则逐渐木栓化而成为输导部分。吸收区内的表皮细胞延伸成为根毛，根毛是吸收水分和无机盐类的主要器官。

葡萄的根系，除了固定植株和吸收水分与无机盐营养之外，还能贮藏营养物质，合成多种氨基酸和激素，对新梢和果实的生长以及花序的发育有重要作用。

葡萄是深根性果树，其根系的分布与土壤质地、地下水位高低、定植沟的大小、肥力多少有直接关系。一般应栽培在土壤质地疏松、地下水位较低、排水良好的沙壤土上。葡萄根系分布范围较广，其主要根群分布深度在30～60厘米，少数根达1～2米，水平分布3～5米。因此，要求葡萄栽培前挖好宽、深各1米的定植沟，沟长按栽植株数而定，这样有利于根系生长，一般深翻施肥后根量能增加30％～40％。

葡萄的根系，每年有两个明显的生长高峰。在早春地温达

7～10 ℃时，葡萄根系开始活动，地上部有伤流出现，一般美洲品种早于欧亚品种。当土温达 12～13 ℃时根部开始生长，地上部也开始萌芽。从葡萄开花到果粒膨大期，新梢加速生长，根系生长最旺盛，这是第一次生长高峰。夏季炎热，地温高达 28 ℃以上时，根系生长缓慢，几乎停止。到浆果采收后，根系又开始进入第二次生长高峰期，在 8 月下旬至 9 月下旬。随着气温下降，根系生长也逐渐缓慢，当地温降至 10 ℃以下时，植株进入休眠期，根系只有微弱活动。

2. 葡萄的茎　葡萄的茎包括主干、主蔓、侧蔓、结果枝组、结果母枝、结果枝、预备枝（营养枝）、延长枝和副梢。从地面上生长的与根干相接部分，称为主蔓。一条龙树形主干、主蔓是一个部位；扇形的树形有主干和主蔓。在主蔓上着生侧蔓，侧蔓上再着生结果枝组，或在主蔓上直接着生结果枝组，结果枝组里着生 2～3 个结果母枝，由结果母枝的冬芽抽出的新枝称为新梢，其中带果穗的枝称为结果枝，没有果穗的称为发育枝或营养枝。从地面隐芽发出的新枝称为萌蘖枝。葡萄新梢由节、节间、芽、叶、花序、卷须组成。节部膨大并着生叶片和芽眼；对面着生卷须或花序。卷须着生的方式有连续的，也有间断的，可作为识别品种的标志之一。节的内部有横隔膜，有贮藏养分和加固新梢的作用。新梢髓部大小与枝梢的充实程度有关，生长充实的枝条髓部较小，其解剖构造有皮层、韧皮部、形成层、本质部和髓部。当气温昼夜稳定在 10 ℃以上时，葡萄芽抽出新梢，一般平均每 2～3 天长出一节，节间生长较快，基节因气温低生长缓慢，表现节间短。花序上部的节间，因气温高生长速度较快，节间也长。早熟品种，采收后可出现加速生长现象。要注意控制后期（8 月）的水分和氮肥，防止徒长造成枝条发育不良，影响越冬抗寒性和翌年的产量和品质。

3. 芽

（1）芽的种类和形态。芽能生长出茎、叶、花等器官，所以称之为过渡性器官，位于叶腋内。葡萄芽是混合芽，分冬芽、夏芽和隐芽 3 种。

① 冬芽。外部有一层保护作用的鳞片，含有 1 个主芽和 3~8 个副芽。主芽居中，两侧生有副芽。春季主芽先萌发，副芽很少萌发，如主芽受损害时则副芽萌发长成新梢，但着生花序较少。在秋季落叶时，主芽能分化出 7~8 节，而副芽仅能分化出 3~5 节。枝的基部芽眼质量较差，中部芽眼多为饱满的花芽，上部芽眼次之。另外，不同品种的优质芽位高低不同，了解各品种优质芽的部位，可作为修剪的依据。

② 夏芽。没有鳞片，故称为裸芽，位于新梢的叶腋中，当年萌发为副梢。副梢发生的多少和强弱与品种特性及栽培管理有密切关系，要及时控制多余的副梢，以减少与主梢争夺养分和光照。在幼树阶段，可以利用副梢而加速整形，使幼树提早结果。如主梢产量不足或者在生长季节长的地区，植株长势旺时可以利用副梢多次结果，增加产量。

③ 隐芽。是生长在多年生蔓上发育不完全的芽，其寿命较长，一般不萌发，只有受到刺激时才能萌发成新梢。如老蔓更新，就采用在老蔓的基部环剥，促进隐芽萌发抽枝后，再改接理想的优质品种，进行更新。

（2）花芽分化。花芽是葡萄开花结果的物质基础。花芽形成的多少及质量的好坏，和浆果的产量和质量有直接关系。花芽分化是芽的生长点分生细胞在发育过程中，由于营养物质的积累和转化，以及成花激素的作用，在一定外界条件下发生转化，形成生殖器官，即花和花序的原基。

① 冬芽的花芽分化。一般在主梢开花期前后开始花芽分化，终花后两周第一个花序原始体形成，第二个花序原始体开始产生。一般在花后两个月左右形成第二个花序原始体，以后逐渐缓慢，直到翌年春发芽前后，随气温上升出现一个急剧分化期而形成完整的花序。花芽分化时间和花序上的花蕾数，因品种和树势不同而异。

② 夏芽的花芽分化。出现在当年新梢第五至第七节上，随着夏芽生长分化，当具有 3 个叶原基体时，开始分化花序。夏芽具有早熟性，在芽眼萌发后 10 天内就有花序分化，但一般花序较小。

夏芽的花芽分化时间较短，有无花序则与品种和农业技术有关，夏芽抽出的枝称为夏梢或副梢。如巨峰、葡萄园皇后等品种有15%～30%的夏芽（又称为副芽）有花序，产量不足时，可利用其二次结果。里扎马特、龙眼、红地球等品种副梢结果力弱，只有2%～5%。主梢强弱、摘心轻重对夏芽分化也有不同程度的影响。

4. 叶 叶的功能主要是进行光合作用。光合作用最适温度为28～30 ℃。叶片的形态多为5裂如掌状，也有少数3裂或全缘类型。叶身为单叶互生，由叶柄、叶片和托叶组成。叶柄支撑叶片伸向空间，叶片有3～5条主叶脉与叶柄相连，再由主脉、侧脉、支脉和网脉组成全叶脉网。其主脉及脉间夹角不同，使叶片出现不同的形状和深浅不同的缺刻。一般以7～12节正常叶片为标准，将其叶片形状和大小、叶片表面光滑程度和皱纹多少、叶背茸毛有无和多少、叶缘锯齿的锐钝、大小有无波状、叶色深浅等性状作为识别品种的重要依据。叶片的大小、颜色与土壤肥力、管理水平有关。土壤肥沃或肥水条件好，则叶片大而厚，色泽浓绿；土壤瘠薄，管理条件差或结果量过多，则叶小、薄而色淡。

5. 果实

（1）葡萄果穗。果穗是由穗梗、穗梗节、穗轴和果粒组成。果穗的大小、形状、产量与品种有关。一般大粒（10克以上）鲜食品种，为提高品质，要剪除果穗上部的1～3个分枝和穗尖，这样就改变了原有的自然穗形。自然形状为圆锥、圆柱和分枝形。

（2）葡萄果粒。葡萄的果粒属于浆果。果粒是卵细胞受精后由子房发育而成的，由果柄、果蒂、果皮、果肉、果刷（维管束）和种子组成。

果皮由10～15层细胞组成，含有多种色素、芳香物质及鞣酸等，果皮分为无色（绿色、黄绿色）和有色（粉红、红、紫红、紫黑）。多数品种的果皮外具有一层果粉，有阻止水分蒸发和减少病虫危害的作用。果粉多少、果皮薄厚因品种而异，直接影响外观和耐贮运性。果肉由房壁发育而成，是果实的主要部分。

果实的生长，一般有两个生长高峰期。胚珠受精后进入幼果膨大期，从开花子房开始生长，至盛花后 35 天左右，气温在 20 ℃时，胚珠及果肉细胞加速分裂达到高峰，胚珠停止生长，标志本次高峰结束。接着果实生长极为缓慢，逐步进入种子生长发育时期，在花后 50 天左右，种子硬化，称为硬核期。随着果粒增大、变软、开始着色，果粒进入第二个生长高峰。此时，果肉细胞数目一般不再增加，主要是果肉细胞继续膨大。幼果膨大期、种子形成期和浆果成熟期，要求平均气温在 25～30 ℃，并有充足的光照，同时要有良好的营养条件，这两个生长高峰时期，果粒增大均比较明显。

（3）葡萄的种子。果浆中含种子的数目与品种、营养条件有关，一般为 1～4 粒，多为 2～3 粒，个别的可多至 6 粒。从种子腹面看有两道小沟称为核洼，核洼之间稍凸起处，称为种脊或缝合线。背面隆起，中央凹陷，凹陷处称为合点（维管束进入种子的地方）。种子尖端称为喙，是种子发根之处。

葡萄有单性结实或种子败育型结实的品种，因胚囊发育有缺陷或退化，不能正常受精，靠花粉管的生长素刺激子房膨大而形成无核果实，如无核白等品种。

6. 葡萄各器官的相关性

（1）根与地上部生长的关系。根是有机物质贮藏的重要场所，供给翌年地上部萌芽、抽枝、开花的养分，同时又有从土壤中吸收水分、养分并输送到地上部各个器官的作用。地上部分主要是叶子合成的大量有机物质，除供给本身消耗外，还不断地运送到根部，供根生长。因此，地上部与地下部各器官是密切相关的。根系发达，才能枝繁叶茂，果实累累。

（2）结果母枝与新梢、花序分化的关系。结果母枝粗壮充实与否、成熟好坏、芽眼饱满度对抽生的新梢强弱及花序分化的大小具有决定性作用。一般结果母枝粗壮，直径在 0.8 厘米以上，芽眼饱满，当年抽生的新梢健壮，花序大而多，叶片大而色浓；反之，结果母枝细弱，抽生新梢也弱，花序小而少，叶片薄而小。因此，冬季修剪时，要注意选留壮芽、壮枝，以提高产量和品质。

（3）新梢和果实生长的关系。当年新梢生长发育正常，一般对

开花、坐果、果实生长均有明显效果。因此，在开花前要追施适量的氮肥，可促进当年新梢生长健壮、叶片肥大，且保证后期生长的需要。同时要注意对新梢、副梢及时摘心，叶片追施少量硼和足量的磷、钾等肥料，对提高坐果率、促进浆果生长、提高浆果的品质和产量有明显作用。

（二）葡萄对土壤的要求

葡萄的根系极为发达，分布深广，对土壤的适应性强。因此，可在各种土壤条件下正常生长。许多不宜大田作物生产的土壤，如沙荒地、盐碱地、山地等都有成功种植葡萄的先例，有的还成为我国著名的葡萄产地，如天津的茶淀、山东的平度、黄河故道地区等。新疆的许多葡萄园也是在戈壁滩上，经过改土后建立起来的。但良好的土壤条件是生产优质葡萄及葡萄加工产品的基础。

1. 成土母质　成土母质决定土壤的理化性质。由石灰岩发育形成的土壤质地疏松、通透性好、富含石灰质，有利于葡萄根系的发育和生长，有利于糖的积累和芳香物质的形成，并对葡萄酒质有良好的影响。世界上许多葡萄酒的著名产区的土壤都具有类似的性质，如法国的香槟区和夏朗德省科涅克地区等。

2. 理化性状　土壤有机质的含量是影响土壤肥力的首要因素。有机质不但可直接供给植物各种有机和无机养分，还有利于土壤团粒结构的形成，改善土壤的通透性和水肥的保持能力，增强土壤酸碱性和营养释放的缓冲能力。因此，土壤中的有机质对葡萄的生长发育有良好的影响。肥力较高土壤的有机质含量一般在 2.0% 左右，而目前，我国绝大多数葡萄园的有机质含量在 0.8%～1%，有机质含量严重不足，应加强土壤的改良和土壤肥力的培养。

土壤酸碱度（pH）对葡萄的生长发育有很大的影响。葡萄适宜的土壤 pH 为 6.0～6.5，在 pH 低于 4 的土壤上，葡萄的生长发育明显受到抑制，枝条细弱，叶色变淡，降低了葡萄的产量和品质。若土壤 pH 过高（8.3～8.7），则叶片黄化，并经常出现各种生理病害。因此，对于过酸或过碱的土壤，最好在经过土壤改良后种植葡萄。

3. 地下水位　地下水位的高低，对土壤湿度、含盐量和葡萄根系的生长发育及分布有明显的影响。地下水位过高，往往会造成土壤盐碱化、土壤通气性差，不利于根系生长，并导致根系分布浅，在冬季易发生冻害。适宜种植葡萄的土壤地下水位一般应低于1.5～2 米，如果排水条件良好，地下水位在 0.7～1 米的土壤上，也可以生产出优质的葡萄。

二、葡萄养分吸收规律

1. 葡萄氮素吸收规律　葡萄是一个需氮量较高的树种，氮在树体内的含量因不同器官而异。绝对含量以叶中最多，占树体总氮量的 38.90%，其次为果实，老枝中最少。从相对量上看，以叶片和新梢中最多，果实中最少。据分析，一年中葡萄树体氮素的吸收情况是：在 4 月萌芽期后，便开始吸收氮素，并随生长量的增加而增多，如果假定成熟期的吸收总量为 100%，则萌芽期为 12.9%，开花期前吸收 51.6%，约为全年吸收量的一半，到果粒增大期大部分已吸收。进入着色期只有果穗含氮量增加，而这种增加是叶片和老组织中的氮转移到果穗。

基肥中的氮素吸收利用率，萌芽期为 9.8%，开花期为 25.2%，成熟期为 34.7%。若以成熟期的吸收为 100% 来计，观察不同时期的比率，则萌芽期为 28.1%，开花期为 72.5%。基肥中的氮素占全年吸收量的大部分，是在开花期和生长前半期被吸收，也就是说基肥中氮素对前半期的发育影响较大，其肥效在开花之后至全熟之前的阶段内较早消失。

土壤中氮素的吸收，以成熟期吸收量为 100%，若从不同时期的吸收比率看，萌芽期为 5.3%，开花期为 41%。若与基肥氮素吸收作对照，开花期以后的生长后半期吸收率较高。如果将其作为相对氮素总吸收量的比率看，则萌芽期为 27.6%，开花期为 53.4%，成熟期为 66.9%。在萌芽期比基肥氮素低，在开花期大体相同，成熟期土壤氮素供给率较高。

2. 葡萄磷素吸收规律　葡萄对磷的需求量远少于氮和钾，为

氮的 50％，钾的 42％。不同器官中磷的含量不同，从绝对量上看，以果实中最高，为葡萄植株中总磷量的 50％ 左右，其次是叶片，再次为新根和新梢，以老枝中含量最少；在相对量上，以新根最多，果实中最少。

葡萄植株在树液流动初期便开始吸收磷素，当萌芽展叶后，随着枝叶生长、开花、果实肥大，对磷的吸收量逐渐增多，新梢生长最盛期和果粒增大期对磷的吸收达到高峰。果粒增大期后，叶片、叶柄和新梢中的磷向成熟的果粒转移。

收获后，叶片、叶柄、茎和根的含磷量增多。落叶前叶片、叶柄中的磷向茎和根中转移。

3. 葡萄钾素吸收规律 在葡萄植株中，钾在氮、磷、钾三要素中占 44.04％，在果实中占三要素的 61.73％。果实中的钾占全株总钾量的 73.31％，其次为叶片和新根，分别占 14.76％ 和 5.57％，以老枝中最少。在葡萄萌芽后与展叶抽枝的同时，葡萄根便开始从土壤中吸收钾肥，一直持续到果实完全成熟。果粒增大期至着色期，叶柄和叶片中的钾向果实中移动，故果实肥大期前吸收的钾其效用可维持到浆果成熟，也说明果粒增大期以前吸收的量不能使果实充分成熟，必须继续吸收和运输，果实才能完全成熟。

随着浆果形成和成熟，葡萄果穗中各部分钾含量的变化不同。浆果果皮和种子中钾含量变化不大，穗中含量的变化是：在花期变化最大，钾含量显著下降，至成熟时又逐渐增加；果汁中钾水平随着浆果生长而提高，然而在成熟时又显著下降。

三、营养元素的作用及缺素矫治

（一）营养元素的作用

1. 氮 氮是组成各种氨基酸和蛋白质所必需的元素，而氨基酸又是构成植物体中核酸、叶绿素、生物碱、维生素等物质的基础。由于氮在植物生长过程中能促使枝、叶正常生长并扩大树体，故称为枝叶肥。对葡萄植株来说，氮肥能促使枝叶繁茂、光合效能增强，并能加速枝、叶的生长和促使果实膨大。对花芽分化、产量和品质的提高均起到重要作用。由于氮素易分解，在土壤（特别是沙土）中易流失，因此必须分期追施。

氮肥过多，会引起枝叶徒长，落花落果严重，甚至当年枝蔓不能充分成熟，浆果着色不良，品质下降，香味变淡。另外，由于枝蔓成熟不良，花芽分化不好，并易遭受病虫害的危害，大大降低越冬性能。氮过多时，还能使葡萄酒中的蛋白质增多，不易澄清，容易败坏，风味不佳。氮素不足时，则葡萄植株瘦弱，叶片小而薄，呈黄绿色，花序少而小，节间短，落花落果严重，果穗、果粒小，品质差，香味淡。氮素严重不足时，新梢下部的叶片黄化，甚至早期落叶。因此，萌芽及新梢生长期，芽眼的萌发和花芽分化需要大量营养物质，特别需要氮肥。开花前，新根活动旺盛，开花后果粒膨大期，对氮的需要量最多，因此，应适时适量供给氮素肥料。采收后及时追施氮肥对增强后期叶片光合作用、树体养分的积累和花芽分化都具有良好的作用。

2. 磷　磷是细胞核和原生质的重要成分之一，积极参与植物的呼吸作用、光合作用和碳水化合物的转化等过程。磷肥充足能促进细胞分裂，促成花芽分化及组织成熟，并能增进根系的发育和可溶性糖类的贮藏。磷能促进浆果成熟、提高含糖量、色素和芳香物质，并使含酸量减少，对酿造品种可提高葡萄酒的风味，还可增强抗寒抗旱能力。

葡萄缺磷时，在植株某些形态方面表现与缺氮相同。如新梢生长细弱、叶小、浆果小等。此外，叶色初为暗绿色，逐渐失去光泽，最后变为暗紫色，叶尖及叶缘发生叶烧，叶片变厚变脆。果实发育不良，含糖量低，着色差，种子发育不良。磷过多时，会影响氮和铁的吸收而使叶黄化或白化，反而有不良影响。

葡萄萌芽展叶后，随着枝叶生长，开花和果实膨大，对磷的吸收量增多，应及时适量供给磷肥。之后，贮藏于茎叶中的磷向成熟的果实移动，收获后，茎、根部的磷含量增多。磷素易被土壤吸收不易流动，施用磷肥时宜结合秋季施有机肥时深施，追肥时也应比氮肥稍深。追肥和根外追肥多在浆果生长期及浆果成熟期施用，以

促进果实着色和成熟，提高浆果品质。根外追肥一般喷2%的过磷酸钙溶液，效果良好。

3. 钾　钾并不参与植物体内重要有机体的组成，但对碳水化合物的合成、运转、转化等方面起着重要作用。钾以离子状态存在于生命活动最活跃的幼嫩部分。适当施用钾肥对促使根的生长，增进植株的抗寒抗旱能力，提高浆果的含糖量、风味、色泽以及对果实的成熟和枝条的充实都有积极的作用。葡萄是喜钾肥植物，有钾素作物之称，在其整个生长过程中都需要大量的钾，尤其是果实成熟期间需要量更大。

植株缺钾时，因叶内的碳水化合物不能充分制造，使过量的硝态氮积累而引起叶烧，叶缘呈黄褐色，并逐渐向中间焦枯，通常在新梢基部的老叶上先发生；其次，表现新梢纤细，节间长，叶片薄，有些叶片上呈现虫咬状小孔；缺钾时，还会使果梗变褐，果粒萎缩，糖度降低，着色不良，根系发育受抑制，器官组织不充实，抗寒、抗旱力均减弱。钾肥过多时，则抑制氮素的吸收，引起镁的缺乏症。

从葡萄展叶开始，根系从土壤中吸收钾肥。从果实膨大期至着色期，茎叶中的钾向果实移动，故果实膨大前吸收的钾，其效用可维持至浆果成熟。据试验，玫瑰香葡萄，全年根外喷两次2%的草木灰水，可提高含糖量0.5°~2°，增产10%左右。一般在浆果生长期和浆果成熟期进行根外追肥效果明显。

4. 钙　钙有助于氮肥的吸收和转化，故缺钙时多伴有缺氮的表现。钙在树体内部可平衡生理活动，提高碳水化合物和土壤中铵态氮的含量，促进根系的发育。充足的钙营养，对白葡萄酒和制作香槟酒的品种有特别好的影响。石灰质土壤使浆果香气增加。

5. 硼　硼能促进葡萄授粉、受精，提高坐果率。缺硼则小果率增高，并影响浆果的品质和含糖量以及新梢的成熟。

6. 镁　镁是叶绿素的重要成分，镁不足时，葡萄植株停止生长，叶脉虽保持绿色，但叶片变成白绿色，出现落花现象，坐果率低。镁与钙有一定的拮抗作用，能消除钙过剩现象。

7. 铁　缺铁时叶绿素不能形成，幼叶叶脉呈淡绿色或黄色，产生失绿症。严重时叶片由上而下逐渐焦边而干枯脱落，应喷0.2%硫酸亚铁。

8. 锰　施锰后能使葡萄的叶绿素含量显著增高，光合作用加强，并能提高产量和品质，改善葡萄酒的风味。同时，还能提高葡萄的抗寒性。

9. 锌　植株缺锌时，新梢节间短小，叶片小而失绿，果实小，畸形，无籽果多。施锌肥可使葡萄形成层细胞分裂旺盛，促进新梢生长，提高葡萄的产量和品质。

其他微量元素如铜、钼、钴、钒、锑、镍等，对葡萄生长发育也有一定作用。

（二）缺素症与防治

1. 缺氮症

（1）症状特点。氮素不足时，发芽早，叶片小而薄，呈黄绿色，影响碳水化合物和蛋白质等的形成；枝叶量少，新梢生长势弱，停止生长早，成熟度差；叶柄细，花序小，不整齐、落花落果严重，果穗果粒均小，品质差，缺少芳香。长期缺氮，导致葡萄利用贮存在枝干和根中的含氮有机化合物，从而降低葡萄氮素营养水平，萌芽开花不整齐，根系不发达，树体衰弱，植株矮小，抗逆性降低，寿命缩短。

（2）发生规律。土壤肥力低，有机质和氮素含量低。管理粗放，杂草丛生，消耗氮素。

（3）防治措施。秋施基肥时混以无机氮肥；生长期追施有效氮肥2～3次；叶面喷施0.3%～0.5%尿素水溶液。

2. 缺钾症

（1）症状特点。新梢生长初期表现纤细、节间长、叶片薄、叶色浅，然后基部叶片叶脉间叶肉变黄，叶缘出现黄色的干枯坏死斑，并逐渐向叶脉中间蔓延。有时整个叶缘出现干边，并向上翻卷，叶面凹凸不平，叶脉间叶内由黄变褐而干枯。直接受光的老叶有时变成紫褐色，也是先从叶脉间开始，逐渐发展到整个叶面。严

重缺钾的植株，果穗少而且小，果粒小、着色不均匀，大小不整齐。

（2）病原。由缺钾引起的生理病害。钾在葡萄体内处于游离状态，影响体内 60 多种酶的活性，对植物体内多种生理活动如光合作用、碳水化合物的合成、运转、转化等方面都起着重要的作用。钾主要存在于幼嫩器官如芽与叶片中，含量可高达 30%～60%。葡萄是喜钾作物，其对钾的需要总量接近氮的需要量。植株缺钾导致叶内碳水化合物不能很好制造，使过量硝态氮积累而引起叶烧，使叶肉出现坏死斑和干边现象。

（3）发生规律。在黏质土、酸性土及缺乏有机质的瘠薄土壤上易表现缺钾症。果实负载量大的植株和靠近果穗的叶片表现尤重。果实始熟期，钾多向果穗集中，因而其他器官缺钾更为突出。轻度缺钾的土壤，施氮肥后刺激果树生长，需钾量大增，更易表现缺钾症。

（4）防治措施。增施优质有机肥，钾肥效果必须以氮、磷充足为前提，在合理施用钾肥时，应注意与氮、磷的平衡，而钾肥又有助于提高氮肥、磷肥的效益，在一般葡萄园平衡施肥的纯氮、纯磷、纯钾比例是 1∶0.4∶1。因此，施足优质有机肥，是平衡施肥的基础；或在生长期对叶面喷施 2%草木灰浸出液或 2%氯化钾溶液等；也可于 6～7 月对土壤追施硫酸钾，一般每株 80～100 克，也可施草木灰或氯化钾等。

3. 缺钙症

（1）症状特点。叶呈淡绿色，幼叶叶脉间和边缘失绿，叶脉间有褐色斑点，接着叶缘焦枯，新梢顶端枯死。在叶片出现症状的同时，根部也出现枯死症状。

（2）发生规律。氮多、钾多明显地阻碍了对钙的吸收；空气湿度小，蒸发快，补水不足时易缺钙；土壤干燥，土壤溶液浓度大，阻碍对钙的吸收。

（3）防治措施。避免一次性施用大量钾肥和氮肥；适时灌溉，保证水分充足，叶面喷洒 0.3%氯化钙溶液。

4. 缺镁症

（1）症状特点。多在果实膨大期表现症状，以后逐渐加重。首先在植株基部老叶叶脉间褪绿，继而脉间发展成带状黄化斑点，多从叶片的内部向叶缘发展，逐渐黄化，最后叶肉组织变褐坏死，仅剩下叶脉保持绿色，其坏死的褐色叶肉与绿色的叶脉界限分明，病叶一般不脱落。缺镁植株其果实一般成熟期推迟，浆果着色差，糖分低，果实品质明显降低。

（2）发病规律。首先是基部老叶先表现褪绿症状，然后逐渐扩大到上部幼叶。一般在生长初期症状不明显，而从果实膨大期开始表现症状并逐渐加重，尤其是坐果量过多的植株，果实尚未成熟便出现大量黄叶，一般黄叶不早落。此外，在酸性土壤和多雨地区的沙质土壤中，镁元素较易流失，所以，南方的葡萄园发生缺镁症状最为普遍。再一个原因是钾肥施用过多，会影响对镁的吸收，从而造成缺镁症。

（3）防治措施。多施优质有机肥，增强树势。勿过多施用钾肥，为满足果树的营养需求，钾、镁都应维持较高平衡水平。镁、钾的平衡施用对葡萄的高产优质有明显效果。在植株出现缺镁症状时，叶面可喷施3%～4%硫酸镁，生长季节连喷3～4次，有减轻病情的效果。也可在土壤中开沟施入硫酸镁，每株0.2～0.3千克。

5. 缺锌症

（1）症状特点。在夏初新梢旺盛生长时常表现叶斑驳；新梢和副梢生长量少，叶片小，节间短，梢端弯曲，叶片基部裂片发育不良，叶柄短浅，叶缘无锯齿或少锯齿；在果穗上的表现是坐果率低和果粒生长大小不一。正常生长的果粒很少，大部分为发育不正常的含种子很少或不含种子的小粒果以及保持坚硬、绿色、不发育、不成熟的"豆粒"果，人们称为"老少三辈"。

（2）发生规律。在通常情况下，沙滩地、碱性土或贫瘠的山坡丘陵果园，常出现缺锌现象。在自然界中，土壤中的含锌量以土表最高，主要是因为植株落叶腐败后，释放出的锌存在于土表的缘故。所以，去掉表土的果园常出现缺锌现象。据报道，葡萄

植株缺锌量很少，每公顷约需 555 克。但绝大多数土壤能固定锌，植株难于从土壤中吸收。因此，向土壤中施锌肥不能解决实际问题。

（3）防治措施。改良土壤、加厚土层、增施有机肥料是防止缺锌病的基本措施；或者花前 2～3 周喷碱性硫酸锌，配制方法和浓度是：在 100 千克水中加入 480 克硫酸锌和 360 克生石灰，调制均匀后喷雾；冬春修剪后，用硫酸锌涂结果母枝，配制方法是：每千克水中加入硫酸锌 117 克，随加随快速搅拌，使其完全溶解，然后施用。

6. 缺铁症

（1）症状特点。主要表现在刚抽出的嫩梢叶片上。新梢顶端叶片呈鲜黄色，叶脉两侧呈绿色脉带。严重时，叶面变成淡黄色或黄白色，后期叶缘、叶尖发生不规则的坏死斑。受害新梢生长量小，花穗变黄色，坐果率低、果粒小，有时花蕾全部落光。

（2）发病条件。土壤中含铁量的不足，原因是多方面的，第一，最主要的是土壤的酸碱变化和氧化还原过程，这也是主要原因。在高 pH 的土壤中以氧化过程为主，从而使铁沉淀、固定，是引起发生缺铁黄叶病的主要原因。如土壤中的石灰过多，铁会转化成不溶性的化合物而使植株不能吸收铁进行正常的代谢作用。第二，土壤条件不佳限制了根对铁的吸收。第三，树龄和结果量对发病有一定影响，一般是随着树龄的增长和结果量的增加，发病程度显著加重。因铁在树体内不能从一部分组织转移到另一部分组织，所以，缺铁症首先在新梢顶端的嫩叶上表现。这也是该病与其他黄叶病的主要区别之一。

（3）防治措施。叶片刚出现黄叶时，喷 1%～3% 硫酸亚铁加 0.15% 的柠檬酸，柠檬酸防止硫酸亚铁转化成不易吸收的三价铁。以后每隔 10～15 天再喷 1 次。冬季修剪后，用 25% 的硫酸亚铁加 25% 柠檬酸混合液，涂抹枝蔓，或于葡萄萌芽前在架的两侧开沟，沟内施入硫酸亚铁，每株施 0.2～0.3 千克，若与有机肥混合后施用，效果会更好。

7. 缺硼症

（1）症状特点。最初症状是出现在春天刚抽出的新梢上。缺硼严重时新梢生长缓慢，致使新梢节间短、两节之间有一定角度，有时出现结节状肿胀，然后坏死。新梢上部幼叶出现油渍状斑点，梢尖枯死，其附近的卷须形成黑色，有时花序干枯。在植株生长的中后期表现基部老叶发黄，并向叶背翻卷，叶肉表现褪绿或坏死，这种新梢往往不能挂果或果穗很少。在果穗上表现为坐果率低、穗小、果粒大小不整齐，豆粒现象严重，果粒呈扁圆形，无种子或发育不良。根系短而粗，有时膨大呈瘤状，并有纵向开裂现象。因缺硼轻重不同，以上症状并非全部出现。

（2）防治措施。于开花前 2～3 周对叶面喷 0.1%～0.2% 的硼砂，可减少落花落果，提高坐果率。也可在葡萄生长前期，对根部施硼砂，一般距树干 30 厘米处开浅沟，每株施 30 克左右，施后及时灌水。

8. 缺锰症

（1）症状特点。夏初新梢基部叶片变为浅绿，然后叶脉间组织出现较小的黄色斑点。斑点类似花叶病症状，黄斑逐渐增多，并为最小的绿色叶脉所限制。褪绿部分与绿色部分界限不明显。严重缺锰时，新梢、叶片生长缓慢，果实成熟晚，在红葡萄品种的果穗中常夹生部分绿色果粒。

（2）发生规律。主要发生在碱性土壤和砂质土壤中，土壤中水分过多也影响对锰的吸收。锰离子存在于土壤溶液中，并被吸附在土壤胶体内。土壤酸碱度影响植株对锰的吸收，在酸性土壤中，植株吸收量增多。碱性土、沙土、土质黏重、通气不良、地下水位高的葡萄园则常出现缺锰症。

（3）防治措施。增施优质有机肥，可预防和减轻缺锰症。在葡萄开花前对叶面喷 0.3%～0.5% 的硫酸锰溶液，连喷 2 次，相隔时间为 7 天，完全可以调整缺锰症状。

四、葡萄的科学施肥技术及方法

1. 施肥量的确定 葡萄施肥量的推荐有许多方法，目前常用方法有以下几种。

① 按葡萄各部位每年对营养元素的吸收量、土壤供给量及肥料利用率，来计算当年肥料用量。土壤养分供给量，一般氮占吸收量的 1/3，磷、钾各为 1/2。葡萄植株对肥料的利用率，一些结果表明氮为 50%，磷为 30%，钾为 40%。

② 按生产 100 千克果实所需养分来计算。综合国内外资料表明，每生产 100 千克果实需从土壤中吸收氮为 0.3～0.55 千克、五氧化二磷为 0.13～0.28 千克、氧化钾为 0.28～0.64 千克。综合我国各地丰产园的相关资料是氮为 0.5～1.5 千克、五氧化二磷为0.4～1.5 千克、氧化钾为 0.75～2.25 千克。

③ 按葡萄汁质量计算肥料用量。德国报道，每千克葡萄汁，需肥量氮为 1.98～2.3 克、五氧化二磷为 0.71～0.86 克、氧化钾为 3.14～3.43 克。

④ 根据土壤肥力，按单位面积计算施肥量，如表 8-12 所示。

表 8-12 葡萄每公顷施肥量

肥料养分	高肥力果园（千克）	中等肥力果园（千克）	瘠薄果园（千克）
氮	79.5～100.5	109.5～139.5	150～199.5
磷	79.5～100.5	79.5～100.5	109.5～145.5
钾	79.5～100.5	100.5～109.5	109.5～150.0
钙	349.5～550.5	349.5～550.5	349.5～550.5
镁	150.0～300.0	150.0～300.0	150.0～300.0

以上各种确定肥料用量的方法，实际应用时都要综合考虑土壤肥力、肥料利用率和葡萄植株的长势。

2. 葡萄施肥技术 葡萄在不同的发育时期对营养的需求不同，因此，在生产中应根据葡萄不同发育阶段的要求，确定施肥的时期和种类。

（1）施肥时期及种类。

① 基肥。其作用是为葡萄从萌芽到落叶的整个生长季均匀长效地提供全面的营养，同时对土壤的结构和理化性状产生积极的影响。在管理水平相对较高的果园，基肥提供的营养一般占葡萄整个生长期所需营养的70%以上。

基肥施用时期可选择春季萌芽前和秋季。春季施基肥肥效发挥迟缓，并且因施肥造成的根系损伤往往抑制当年新梢和根系的生长，不利于产量的提高。秋季施基肥一般在果实成熟和新梢停长后进行，造成根系的损伤有晚秋和整个休眠期的愈合与恢复时间，对根系和新梢的生长影响较小，并且有利于养分的吸收和树体贮藏营养的积累。研究表明，秋施基肥新梢的生长量和产量明显高于春施基肥。

基肥施用的种类主要以有机肥为主，常用的有机肥有堆肥、饼肥、厩肥等农家肥。同时混合施入一定量的速效氮肥、磷肥，有利于植株当年贮藏营养的积累，促进春季萌芽率的提高。

② 催芽肥。葡萄早春萌芽和新梢生长需消耗大量的氮素营养，消耗的营养主要是上一年的贮藏营养。如此时营养供应不足，会导致萌芽率降低、新梢生长减弱、坐果率下降等。因此，在葡萄出土后和萌芽前，根系开始较旺盛的吸收活动时，追施适量的速效氮肥，如尿素、碳酸氢铵、硫酸铵或腐熟的人粪尿，对提高植株萌芽率、促进新梢的生长、增大花序和产量有良好的效果。

③ 花前肥。在开花前1周左右，萌芽、新梢和根系生长消耗了大量的贮藏营养，并且此时正值花芽分化的临界期，需要大量的氮、磷营养。追施速效性氮肥和磷肥，对葡萄的开花、授粉、受精、坐果和花芽分化有明显的促进作用。但对生长势较强、坐果率较低的品种，如巨峰系品种，应减少氮肥的施用。

④ 果实膨大期追肥。目的是促进果实的膨大和花芽的分化。坐果后，果实进入旺盛的细胞分裂和膨大期，同时，新梢也处于旺盛的生长期和花芽分化期。三者之间的营养竞争十分激烈。养分供

应不足会导致果粒大小不整齐，浆果生长缓慢，产量下降；花芽分化不良。因此，补充和追施充足的氮、磷和钾营养对果实的发育和花芽分化十分必要。

⑤ 浆果成熟期追肥。一般在浆果成熟前 1 周追施速效钾肥，配合一定的磷肥，对果实的生长和品质的提高有重要意义。果实进入始熟后开始积累大量的碳水化合物，进入果实中碳水化合物的多少，对果实的产量和品质起决定性的作用。追施速效钾肥和磷肥，可促进光合产物的形成及向果实中的运输，对浆果产量和品质的提高有明显的效果。

⑥ 采后肥。在果实生长和成熟过程中消耗了大量的养分，造成树体营养的亏缺。采收后，及时补充树体营养，对恢复树势和贮藏营养有重要意义。早熟品种采后追肥以磷、钾肥为主，配合一定量的氮肥，对调控和恢复树势及促进花芽分化有良好的作用。晚熟和极晚熟品种的采后肥可与基肥同时施用，以降低人工成本。

（2）施肥方法。据研究，生产 100 千克葡萄从土壤中吸收氮为 0.3～1.5 千克、五氧化二磷为 0.13～1.5 千克、氧化钾为 0.28～1.25 千克。而这些元素在植株体内的分布是不同的，氮主要在叶片中，磷主要在果实中，70% 的钾在果实中。

一般葡萄全生育期施用肥料可分 6 次，即基肥、催芽肥、壮蔓肥、膨果肥、着色肥、采果肥（包括追秋肥）；施肥量可按前述科学掌握，但各次施肥量的确定，必须根据树体具体的长相长势灵活运用；在施肥方法上宜土施，不宜面施，以减少肥料的挥发、淋失，提高肥料利用率；也不宜穴拖，肥料过分集中易导致伤根。具体操作措施如下。

① 基肥。秋末冬初主要施用的有机肥料称为基肥。施肥期南方为 10～12 月，如有肥源宜早不宜迟；北方宜在落叶前施用。施肥量应根据品种耐肥特性、土壤质地和当年挂果量、树势合理掌握。

需肥量较多的品种如欧美杂种藤稔/巨峰砧，欧亚种无核白鸡心/巨峰砧，每亩施猪厩肥 3 000～4 000 千克，或鸡粪 1 500～2 000 千克，磷化肥 50 千克；需肥量中等的品种如欧美杂种藤稔/巨峰砧、欧亚种京玉，每亩施猪厩肥 2 000～3 000 千克，或鸡粪 1 000～1 500 千克，磷化肥 50 千克；需肥量较少的欧美杂种如欧先锋亚种美人指，每亩施猪厩肥 1 000～2 000 千克，或鸡粪 500～1 000 千克，磷化肥 50 千克。

施肥方法：畜禽粪全园铺施，磷化肥撒施于畜禽粪上，全园深翻入土。

② 催芽肥。萌芽前施用的肥称为催芽肥。施肥期在萌芽前 10～15 天。施肥量根据品种耐肥特性掌握。需肥量较多的品种，每亩施氮、磷、钾复合肥 20～25 千克，或尿素 7.5～10 千克；需肥量中等的品种，每亩施氮、磷、钾复合肥 15～20 千克，或尿素 5～7.5 千克；需肥量较少的品种，原则上不施催芽肥。

施肥方法：提倡植株两边开沟条施覆土。

③ 壮蔓肥。枝蔓生长期施用的追肥称为壮蔓肥，又称为催条肥、壮梢肥。施肥期在萌芽后 20 天左右至开花前 20 天，过晚施用不利于坐果，还会诱发灰霉病。该不该施壮蔓肥和施肥量的多少应根据树势情况而定，如树势生长正常，各种类型的品种都不必施壮蔓肥；需肥量较多的品种如前期长势偏弱，可酌施壮蔓肥，每亩可施尿素 5～10 千克；需肥量中等和需肥量较少的品种，长势偏弱的葡萄园也不宜施壮蔓肥。

施肥方法：提倡植株两边开淘条施覆土。

④ 膨果肥。谢花后至坐果期施用的肥称为膨果肥。施肥期，分两种类型的品种并参照树势来确定，一般分两次施用。第一次施肥期，对于坐果性好的品种，且长势正常，不表现出徒长的葡萄园，可在生理落果前施用（注意不宜过早），生理落果后进入果粒膨大期可吸收到肥料，有利于果粒前期膨大；对于坐果性不好的品种如巨峰、或坐果性虽好但长势过旺的葡萄园，可在生理落果即将结束时施用，这类葡萄园如施肥期过早，会加重生理落果。第二次施肥期在第一次施肥后 10～15 天施用。

施肥量，应按照计划定穗量（穗数达不到计划定穗量的按照实

际穗数）和树势，并参照品种耐肥特性确定施肥量。膨果肥一般园均应重施，为避免一次性用肥过多而导致肥害，应分两次施用。

施肥方法：可两边开沟条施覆土，一次施一边，另一次施另一边。

⑤ 着色肥。有子葡萄浆果硬核期、无子葡萄浆果缓慢膨大期施用的肥称为着色肥。施肥期在浆果进入硬核期（无子葡萄浆果缓慢膨大期）的后期施用。葡萄进入硬核期后，果肉细胞不再分裂，以果肉细胞增大和内容物增多为主，果实进入第二膨大期需要较多的磷、钾元素，因此，以施磷、钾肥为主。施肥量一般每亩可施磷肥 15～20 千克、钾肥 15～20 千克；挂果量较多、树势较弱的园可配施氮、磷、钾复合肥，但生长正常的树应控制氮肥施用。

施肥方法：可两边开沟条施覆土。

⑥ 采果肥和补施秋肥。采果后施用的肥称为采果肥，又称为复壮肥。施肥期因品种不同而异。早、中熟品种和晚熟偏早品种采果后均应施用；极晚熟品种可不施用，因采果期晚，采果后即可施基肥，采果肥可与基肥结合。部分早、中熟欧亚种如无核白鸡心、矢富萝莎等在施采果肥后视树势应补施秋肥。

施肥量，一般早、中熟品种和晚熟偏早品种每亩施氮、磷、钾复合肥 15～20 千克或尿素 10 千克左右；需要补施秋肥的品种，根据当年挂果量和树势，可施尿素 7～10 千克，避免叶片过早老化。

施肥方法：提倡全园撒施，浅垦入土，因葡萄园管理操作频繁，土壤已踏实，浅垦有利于根系生长和减少秋草。

（3）叶面肥根外追肥。叶面肥又称为根外追肥，即将肥料配成水溶液后喷施在叶面上，通过叶片表（背）面气孔和角质层透入叶片内被吸收利用。

① 根外追肥的优点和效用。根外追肥后植株吸肥均匀，蔓、叶、果均能吸收；发挥作用快，喷后 15 分钟至 2 个小时内即可被吸收利用，3～5 天叶片就能表现出来，25 天以后作用消失；能及时补充营养，尤其是长势不好的和处于生长后期的植株；能提高光

合强度 0.5 倍以上；肥料利用率高，成本低，多数叶面肥可与一般防病农药混用。但根外追肥只能作为根际施肥的补充，不能作为主要施肥途径。

② 肥料的选用。各种葡萄品种均应使用根外追肥，新梢生长期至采果后，一个月喷 1～2 次，全生长期视品种应喷 4～8 次。

根外追肥的选择，只要认定有效果的无公害根外肥均可选用，一般可分为两类：一类是作用于叶片，使叶色加深，叶片增厚，主要有 600 倍细胞分裂素、0.3％尿素和 0.2％磷酸二氢钾混合液等；另一类是提高浆果含糖量，但叶色表现不明显，如植物化控剂，于萌芽后和坐果后喷施 2 次 500 倍液（大棚栽培 600 倍液），能使浆果含糖量提高 0.5％～0.8％。

(4) 植物生长调节剂类物质的使用。植物生长调节剂有两种生产工艺，一种是发酵工艺生产的植物激素，如赤霉素、植物细胞分裂素等，这些激素被允许用于无公害生产的葡萄园。按目前规定，赤霉素在葡萄上用于果实膨大、无棱处理时允许最多使用 2 次，其安全间隔期为 45 天。另一种是化学合成生产的植物激素，这些激素被明确规定禁止用于无公害生产的葡萄园，如乙烯利等。

第六节 枣 树

一、枣树的生长发育特点及其对环境条件的要求

枣树的一生可分为生长期、生长结果期、结果期、结果更新期和衰老期。枣树的经济寿命可达 80～100 年。在生长季节中枣树开花晚，花期长，果实生长发育期短，所以掌握枣果生长发育特点，是十分必要的。

枣实生根系主根和侧根均强大，且垂直根较水平根发达。茎源根系水平根较垂直根系发达，水平根一般多分布在表土层 15～30 厘米。垂直根深达 1～4 米以上。枣树水平根上易发生根蘖，根蘖与根系生长良好，有利于繁殖和栽植。

枣树的根系在年周期中与地上部生长相适应，在生长期内出现

263

多次生长高峰，其中以 7～8 月的生长高峰持续期最长，生长量最大；可延续到 9 月下旬，最晚至 11 月底，生长期达 190～240 天。

枣树对环境条件适应能力极强，具有耐寒热、耐旱涝、耐盐碱、抗逆性和适应性强等特性。休眠期能耐－32 ℃的低温，生长季节能耐 49 ℃的酷暑，年降水量在 200～1 500 毫米范围内均能正常生长。对土壤要求不严，在 pH5.5～8.5、含盐 0.4％以下和强酸性的平原、沙地、沟谷、山地土壤中皆能生长，以土层深厚、肥沃、疏松的微碱性或中性沙壤土生长最好。干热气候有利于提高枣的品质。

二、枣树需肥特征

在枣树的年生长期中，从授粉受精开始到果实成熟，可分为以下 3 个时期。

1. 幼果迅速增长期 在果实迅速增长期内，细胞数量迅速增加，细胞个体也迅速生长。授粉受精后细胞大量分裂，此期一般在 20～30 天完成。细胞数量的多少是决定果实大小的关键。当果实生长 20～30 天之后，细胞个体迅速生长，此期一般为 15～25 天。果实迅速增长期是果实细胞增大和生长的关键时期，消耗树体营养较多，此时充足的肥水供应显得更为重要，如肥水不足，则会出现大落果，且树上未落掉的果实个头也很小。

2. 果实缓慢生长期 细胞和果实各部分的生长速度减缓，果核开始硬化，果实质量和体积的增长较小，并开始积累营养物质。此期持续期长短因品种而异，一般为 30～50 天。

3. 果实成熟前的增长期 主要是营养物质的积累和转化。此期细胞和果实的增长均很缓慢，果实达一定大小，果皮绿色变淡，开始着色，糖分增加，风味变浓，直至果实完全成熟。此期在生长上又分为 3 个时期，即白熟期、脆熟期和完熟期。

由于枣树连年生长，开花结果，每年都从土壤中吸收很多营养，尤其是枣树的寿命很长，几十年、上百年固定地从同一地点有选择性地吸收营养，故常导致土壤中某些营养元素缺乏，所以应通过施肥来补充，以保证枣树的正常生长和发育。

枣树所需养分因生育期不同而不同。从萌芽到开花期，对氮肥要求较高，合理的追施氮肥，能满足枣树生长前期枝、叶、花蕾生长发育的要求，促进营养生长和生殖生长；幼果至成熟前，以氮、磷、钾三要素为主。此期为地下部（根系）的生长高峰，适当地增加磷、钾肥，有利于根系生长、果实发育和品质提高；果实成熟至落叶前，树体养分进入积累贮藏期，仍需要吸收一定数量的养分，因此，为减缓叶片衰老和提高后期叶片的光合效能，可适当地追施氮肥，促进树体的养分积累和贮存。

据研究，每生产 100 千克鲜枣需氮 1.5 千克、磷 1.0 千克、钾 1.3 千克。

三、枣树科学施肥技术及方法

1. 枣树施肥技术　枣树年生长期较短，而从萌芽到落叶，其生命活动又极为活跃。因此，枣树应按不同物候期分期追肥，以保证树体内最活跃器官对营养物质的需求。在枣树的年生长期中，特别是在生长的前期，萌芽、花芽分化、枝条生长、开花坐果各物候期重叠进行，各器官对养分的竞争激烈。据此，枣树的施肥可以分以下几个时期进行。

（1）萌芽前追肥。也称为催芽肥，枣树生长的前期，各器官对营养争夺激烈，此时往往由于树体的贮藏营养不足而影响各器官的正常生长发育，乃至造成开花坐果不良、果实发育受阻，特别是秋季未施基肥的枣园，此次追肥尤为重要。北方枣区一般多在 4 月上旬进行，以氮肥为主，一般结果大树每株追施尿素 1.5 千克，不但可以促进萌芽，而且对花芽分化、开花坐果、提高产量都非常有利。

（2）花期追肥。枣树花芽为当年分化，多次分化，随生长随分化，分化时间长，分化数量多。因此，枣开花数量多，开花时间长，消耗营养多，而此时如果营养不足，容易造成大量落花落果。花期及时补充树体营养，不但可以提高坐果率，而且有利于果实的生长发育。花期追肥，一般在 5 月下旬，以磷、钾肥为主，氮、磷、钾混合使用。一般结果大树每株追施尿素 0.5～1.0 千克或碳酸氢铵 1.5～2.0 千克、磷酸二铵 0.5～0.8 千克和硫酸钾 0.5～1.0 千克，也可追施腐熟的人粪尿 15～20 千克。另外，盛花期喷 0.2％～0.3％（200～300 毫克/升）硼砂或喷施 10～15 毫克/升的赤霉素和 40 毫克/升的萘乙酸溶液，能促进花粉发芽及花粉管伸长，有利于受精过程的完成，达到提高坐果率的目的。

（3）助果肥。枣树坐果后，果实迅速生长，初期为细胞的分裂，主要表现为果实细胞数目的增加，后期细胞停止分裂，表现为细胞体积的增大，但无论是果实细胞数目的增加还是细胞体积的增大，都直接影响果实的大小和产量的高低。营养充足可加速细胞的分裂和体积的增大；如肥水不足，则影响果实的发育甚至落果。因此，幼果期追肥，不仅直接影响产量的高低，而且也关系到果实品质的好坏。此次追肥以 7 月上中旬为宜，应氮、磷、钾配合施用，最好追施枣（果）树专用肥。每株结果枣树追施氮磷钾复合肥 1.0～1.5 千克，追肥后及时浇水、松土。

（4）后期追肥。一般在 8 月上中旬施用，此次追肥对促进果实品质的提高和树体营养的累积尤为重要，特别对于结果多的植株更不容忽视，此时追肥又称为增质肥。增质肥以磷、钾为主，满足光合作用所需的磷、钾元素，增加碳水化合物的积累和转化，使枣果着色好，糖分多，果实饱满，出汁率高。此次追肥可施用磷酸二铵和硫酸钾，结果大树每株各施 0.5～0.7 千克，或枣树专用肥 1.5～2.0 千克。

（5）秋施基肥。采收之前施基肥最好。此时，叶片仍有较高的光合效能，阳光充足，秋高气爽，昼夜温差较大，有利于有机营养的积累，以满足翌年萌芽、花芽分化、开花坐果的需要。基肥应以圈肥、绿肥、人粪尿等有机肥为主，有机肥不足或缺少有机肥的地区要多施全元素复合肥或枣（果）树专用肥，适当配合施入一些速效肥。成龄树施肥量每株施有机肥 50～100 千克，尿素、磷酸二铵、硫酸钾各 0.5～1.0 千克，10 年以下的树每株施肥量要逐年酌减。

枣树生产中具体的施肥时期和数量还应考虑土壤肥力水平、树龄、树势等情况，灵活掌握。测土是了解果园土壤肥力状况的有效措施，有条件的地方应采用这一方法。树龄不同对养分的需要特性不同，施肥数量也应有所区别。对于旺长树，应适当控制氮肥的施用；对于树势弱的果园，应增加氮肥用量。

表 8−13　不同树龄枣树的施肥建议

树龄（年）	有机肥（千克/亩）	尿素（千克/亩）	过磷酸钙（千克/亩）	硫酸钾或氯化钾（千克/亩）
1～3	1 000～1 500	5～10	20～40	5～10
4～10	2 000～3 000	10～30	30～60	10～25
11～15	3 000～4 000	20～40	50～75	15～30
16～20	3 000～4 000	20～40	50～100	20～40
21～30	4 000～5 000	20～40	50～75	30～40
＞30	4 000～5 000	40	50～75	20～40

2. 枣树的施肥方法

（1）土壤施肥。土壤施肥必须与枣树根系的分布相适应，要将肥料施在根系集中分布层内，以利于根系吸收，发挥肥料最大效用。枣树的根系水平分布一般集中分布于树冠垂直投影的外围或稍远处，垂直分布因树种、品种、砧木、树龄、环境条件不同差异较大。根系有趋肥性，因此有机肥应施在距根系集中分布层稍远、稍深处。施肥的深度和广度与树龄有关。成年树根深冠大，宜深施，范围宜大；幼树根系分布范围窄而浅，宜浅施。对于沙地、坡地或山地多雨地区，肥料在土壤中容易淋溶流失，应在需肥的关键时期施入；施肥时一定注意近树干处宜少撒肥料，注意保护根系，尽量不伤直径在 0.5 厘米以上的粗根。

枣树的施肥还必须根据肥料种类和特点进行。有机肥属于长效肥料，分解慢，以深施为好。速效性的化肥肥效短，且容易溶解，在土壤中渗透性强，一般宜做追肥浅施。化肥中氮肥在土壤中移动性较强，浅施能够渗透到根系密集层被吸收利用；磷肥在土壤中移动性差，且容易被固定转化成水不溶性的磷酸盐，不利于根系吸

收，所以磷肥以深施到根系集中分布层最好；磷肥与有机肥混施比单施效果好。施肥方法主要有以下几种。

① 环状施肥，也称为轮状施肥。在树冠外围稍远处挖宽30～50厘米、深40厘米左右的环状沟施肥。将肥料与表土混合，施入沟内，其上盖一层土。环状施肥易切断水平根，为避免伤根过多，可将环状沟中断为3～4个小沟，环状沟施肥法多用于幼树施基肥。

② 放射沟施肥是在树冠下，距主干1米以外处，顺水平根方向放射状挖5～8条沟施肥。沟宽30～40厘米，深度以不伤大根为宜，长度一般60厘米左右。将肥料与表土混合施入，覆土。大树可将放射沟与环状沟结合使用，使根系分布范围内有较多的养分。

③ 条沟施肥是在枣树行间或株间开沟施肥。多用于成年枣园。

④ 全园施肥。成年枣树或密植枣园，根系已布满全园时，可以将肥料均匀地撒在园内，再翻入土中。枣粮间作地区，为结合给农作物施肥常采用此法。此外，追施速效性氮肥时，结合灌水，也可使用此法。

⑤ 穴状施肥。在树冠外围稍远处每隔50厘米左右，环状挖若干个直径30厘米左右、深20～30厘米的穴，将肥料施入穴中。多用于追肥。

⑥ 灌溉施肥，即将溶解度大的肥料溶于水中，与滴灌、喷灌结合起来给枣树施肥的方法。

（2）根外追肥。又称为叶面喷肥。根外追肥可以提高叶片的光合强度、呼吸作用和酶的活性，促进枣树的营养生长和果实发育。在枣树产量高和干旱的年份，果实对光合产物竞争强，根系生长欠佳。对于缺乏灌溉条件的枣园，合理根外追肥可以提高坐果率，促进果实增大，增进品质，充实枝条，增强抗性等。

根外追肥简单易行，用肥少；既可满足对营养元素的急需，又可避免某些元素在土壤中被固定，不受树体营养中心的影响，营养可以就近分配利用，枣树的中小枝和下部的枝条都可以得到营养；吸收利用快，在矫治缺素症方面具有立竿见影的效果。根外追肥可结合花期喷水提高坐果率及防治病虫同时进行。叶面喷肥主要通过叶片上的气孔和角质层吸收营养，一般喷后 15 分钟至 2 小时即可被吸收利用。但吸收强度与叶龄、肥料成分及溶液浓度有关。一般喷施尿素等肥料浓度以 0.3％～0.5％ 为宜，磷酸二氢钾以 0.5％～1％为宜。从叶片的吸收能力看，幼叶生理机能旺盛，气孔所占比例大，较老叶吸收快。叶背面气孔多，且具有较松散的海绵组织，细胞间隙大，有利于渗透或吸收。操作时，应注意把叶背面喷匀喷到。叶面喷肥的最适温度为 18～25 ℃，夏季最好在 10 时前和 16 时后进行，以免气温过高，溶液浓缩快，影响喷肥效果，避免药害的发生。

（3）施肥新技术。

① 树干强力注射施肥技术。树干强力注射施肥就是把枣树所需要的肥料从树干强行直接注入树体内，靠机具提供的压力，将进入树体的肥液运送到根、枝和叶片，为枣树吸收利用，可以用来及时矫治缺素症。目前，常用的机械有气动式强力树干注射机和手动式强力树干注射机。

② 管道施肥技术。即结合喷灌、滴灌把肥料用于树体根系或叶片的一种施肥方法。

③ 根系饲喂施肥技术。于早春枣树萌芽前，将装有相当于叶面肥料浓度肥液的瓶子或塑料袋，埋在距树干约 1 米处，将粗度约 5 毫米的吸收根剪断放进瓶或袋中，埋好即可。可用于防治枣树缺素症施肥。

④ 肥料滴注施肥技术。用带 4.5 毫米钻头的手钻在树干上打眼，钻孔角度与树干约呈 45°角，斜向下，深度 3～4 厘米。把装有肥液的瓶或袋挂于树上，用专用树干输液器对树体进行肥料的滴注。可用于缺素症或其他病害的治疗。

第七节　板　　栗

一、板栗种植对环境条件的要求

板栗原产于中国，与枣、桃、杏、李同为中国古代五大名果之一，也是世界著名的干果树种。栗实中含有丰富的营养成分：淀粉

60%～71%，糖分7%～23%，蛋白质5.7%～10.75%，脂肪2.0%～7.4%，还含有多种维生素和无机盐。

板栗在中国分布地域辽阔，北起辽宁的凤城，约在北纬40°30′，南至海南岛，约在北纬18°30′，最低海拔不足50米的沿海平原，如山东郯城、江苏新沂、沭阳等地，最高海拔分布为2 800米，如云南的永仁、维西。板栗为喜光树种，尤其开花结果期间，光照不足易引起生理落果，如长期遮阴会使内膛树叶发黄，枝条细弱甚至枯死。

板栗为落叶乔木，自然生长的实生板栗，高达10～20米，胸径3～5米，冠幅15～20米，树龄长达百年以上。年平均温度10.5～21.8℃均适宜，绝对最高温度不超过41.6℃，绝对最低温度不低于—24.5℃。板栗对湿度的适应性较强，一般在年降水量1 000毫米以上，年降水量500～2 000毫米均可栽培。

板栗对土壤要求不严，适宜在土层深厚、排水良好、地下水位不高的沙壤土上生长，土壤腐殖质多有利于菌根生长。由花岗岩、片麻岩等母质生成的土壤，凡是理化性状良好、富含有机质、保肥保水、pH4.5～7.6的沙土以至黏壤土均适于栽培栗树。但以pH5.6～6.5为最宜。pH7.6为适应极限，超过此值，栗树生长不良，甚至死亡。

二、板栗需肥特性

(一) 根系的营养生长特性

板栗是深根性树种，根系发达。垂直分布可达数米，但主要密集于表土层20～60厘米处。在土壤条件较好的地区，根系分布较深。板栗根系水平分布主要在树冠直径投影范围内，但与树龄、土壤有关。

板栗断根后分生须根的能力较强。其根尖常和真菌共生形成菌根，增强了根系的吸收面积，活化土壤中难溶性的养分，有利于根系对养分的吸收。

根系的活动比地上部开始早，结束迟。年周期中有两个生长高峰，土温 23.6 ℃时，根系生长最旺盛。

（二）板栗需肥特性

掌握好板栗的施肥，首先应掌握板栗各器官周年的生长发育情况和营养元素的吸收状态，这是施肥的基本依据。

许多研究者认为，板栗在不同时期吸收的元素种类、数量不一样。氮素的吸收是在萌芽前，即根系活动后就已开始，随着物候期的变化，由发芽、展叶、开花、新梢生长、果实膨大，吸收量逐渐增加，直到采收前还在上升。采收后吸收急剧下降，从 10 月下旬（落叶前），吸收量已甚微或几乎不吸收，而在整个生长周期中，以果实膨大期吸收最多；磷的吸收，在开花之前，吸收量很少，开花后到 9 月下旬的采收期吸收比较多而稳定，采收以后吸收量非常少，落叶前几乎停止吸收。因此，磷的吸收时期，比氮、钾都短，吸收量也少；钾的吸收，在开花前吸收很少，开花后迅速增加，从果实膨大期到采收期，吸收最多，采收后同其他元素一样急剧下降，10 月下旬以后吸收量最少。钾肥施用的重要时期，是在果实膨大期。

板栗虽然在比较瘠薄的山地、河滩地能生长结果，但树势弱，产量低。要想使其生长健壮、丰产稳产，必须改良土壤，增施肥、水，加强综合管理。各产区的丰产经验和试验研究结果证明，施肥能使板栗产量增加，树势增强，大小年现象也趋于缓和。

我国多数板栗产区的土壤管理较差，营养水平低，每亩地产量多不超 50 千克。而日本栗园土壤腐殖质平均含量约 3%（植物生长发育以 5%～7%为最佳）。我国的丰产板栗园的有机质含量大多数低于 1%，远不能满足高产稳产的要求，致使丰产园产量变化幅度大。要提高产量，增施肥料是重要措施之一。

三、板栗科学施肥技术及方法

（一）施肥量及比例

健壮的树势是板栗高产、稳产的基础，因此，施肥必须适量。但因品种、环境条件以及栽培管理制度等不同，适宜施肥量也不一

样。决定施肥量时可根据相似板栗园对营养元素的吸收量和利用率等具体情况来推算。确定施肥量时还应考虑树体的生长结果情况、土壤理化性质、地势、气候以及农业技术等。例如，在良好的土壤管理制度下，土壤团粒结构良好，微生物活动活跃，肥料易于分解，有利于根系吸收，肥料利用率高，则施肥量可适当减少；反之，施肥量应适当增加。结果量大的成龄树应多施肥，幼树或徒长树应少施肥。

板栗除了需要足够的氮肥外，也需要一定的磷、钾肥，尤其结果期，磷、钾肥比一般水果更为重要。氮、磷、钾三要素的比例以6：1：（4.5～5）较为适宜。

（二）板栗施肥技术

板栗同其他果树一样，正确施肥是促进树体健壮、增强抗性和延长结果年限、获得高产、稳产的重要措施之一。肥料施用适当与否，直接影响生长和养分的积累。

多年生的板栗，长期生长在同一地点，每年生长结果都要从土壤中吸收大量的营养物质。施肥就是供给生长发育所需要的营养元素，并不断改善土壤的理化性状，为树体生长发育创造良好的条件。施肥必须与土壤、水分、环境条件、栽培制度以及其他管理措施密切配合，才能达到既满足栗树对矿质元素的需要、又不致浪费的要求。

随着科学技术的发展和营养诊断水平的提高，土壤和树体营养诊断指导栗树的施肥，也不断地趋于合理化、指标化。

适时施肥有利于根系的吸收，充分发挥肥效。这与新梢生长、花芽分化、果实膨大、提高产量和品质以及抗逆性等都有密切关系。所以，确定施肥时期是极其重要的一环。

1. 基肥　在生产实践中的基肥，一般均为迟效性的有机肥料。有机肥料施入土壤中，必须经过腐烂、分解、矿质化后，才能被根系吸收。因此，作为基肥的有机肥必须早施，才能发挥肥效。板栗根系的活动比地上部分开始早，结束迟（成龄树的根系，大约在土温8.5℃以上开始活动）。所以，在不引起再次生长的前提下，目前对秋施基肥的时期，认为越早越好。通常是结合深翻施入基肥，由于施肥时地温较高，断根伤口容易愈合，同时，此时根系的吸收和叶片的光合效率仍较高，如果结合施入部分速效性化肥，则效果更为理想。试验的结果表明：10月底施基肥和8月上旬追施有机肥对促进雌花的形成、结实率、单粒重及产量的提高，效果最为显著。

2. 追肥　追肥又称为补肥。在生长季节内需肥时，及时施入速效性肥料，对新梢生长、果实膨大、花芽分化、提高产量和增进品质都有良好作用。施肥试验表明：在土壤贫瘠的条件下（0～70厘米的土层内含氮量0.035%、含磷量0.0510%、每100克土含缓效钾44.28克），在板栗的花原基分化期（4月上旬）施用氮肥，可以增加雌花量79.3%，提高叶绿素含量69%，增加光合强度，有利于生长和结果；花原基分化期施氮肥虽增雌（花）增产，但也降低结实率和单果重，这是由于土壤贫瘠，后期营养供应不足所致。在4月上旬采取增加结实两性花措施的基础上，于授粉期（6月上中旬）施氮肥，可提高结实率和单果重，增产极显著。夏秋季施肥其翌年雌花量比对照增加21.9%，于雨季追施化肥的试验指出：施肥促进了枝、叶、果的生长。

生草果园，为促进果实膨大而施追肥（即灌浆肥），可于7月和8月两次施入；清耕果园的基肥，可于7月下旬一次施入。为恢复树势、增加贮藏养分、促进花芽的分化而施的追肥，即采后肥，不论在哪种土壤管理制度下均可一次于9月下旬追施。一般基肥在12月至翌年2月施用。

根据我国板栗产区的土壤管理制度（清耕法、栗粮间作或间种绿肥），以及土壤和树体营养状况等，追肥有以下几个关键时期：若一次追肥，可于7月下旬或8月上中旬果实膨大期进行追施；如管理精细、肥料较足或行间作的栗园，可进行二次追肥，即于新梢迅速生长期施氮肥，于果实膨大期施复合肥；高产或基肥不足的栗园，还应于萌动期补追1次氮肥。基肥（有机肥混入磷肥）应于采收后一次施入。

（三）施肥方法

1. 根部施肥 根部施肥方法主要有放射状沟施、环状沟施、条状沟施和全面撒施等 4 种。

（1）放射状沟施。以树干为中心，在树冠边缘部位等距离地挖 4～6 条放射沟，沟宽 30～40 厘米，沟长视树冠大小而定，一般沟长的 1/2 在冠内，1/2 在冠外；沟深因栗园立地条件不同而异，一般山地 40～50 厘米，沙滩地栗园 30 厘米左右。沟深要由内向外逐渐加深。把腐熟的有机肥料施入沟内，将肥料和土混合均匀后，覆土封沟。如压施绿肥，可在绿肥上撒施氮素化肥或灌入粪尿后再覆土封沟。翌年施肥时，应调换开沟位置。

（2）环状沟施。在冠外 20～30 厘米处挖宽 40～50 厘米、深 50 厘米的环状沟，施入肥料。环状沟的位置，随树冠的扩大逐年外移。施肥顺序同放射沟施肥。这种方法适用于树冠较小的幼树。

（3）条状沟施。在树冠稍外位置的相对两面挖深 50 厘米、宽 40 厘米、长视树冠大小而定的施肥沟，施入肥料。翌年条状沟的位置换到另外两侧，施肥顺序也和放射沟施相同，并逐年往外扩展。

（4）全面撒施。把肥料均匀地撒在树冠内外的地面上，结合其他田间管理翻入土中。

以上 4 种施肥方法中，放射状沟施、环状沟施和条状沟施具有施肥集中、有利于根系向深处生长的特点，常在幼树期间应用。全面撒施具有肥料分布均匀、有利于根系吸收的优点，常用于盛果期的栗园，但因为施肥浅，易引起根系分布上移。因此，最好按照树体的生长、结果状况，把集中施肥和全面撒施的几种方法结合交替使用。

在生长期进行的追肥，其方法和上述施肥相同，但追肥深度较浅，开沟较窄，深度一般在 40 厘米左右。

2. 根外追肥 许多研究者认为，叶面喷肥，可提高光合作用 0.5 倍以上，并有促进花芽分化、防止落果、提高坚果单粒重、延长秋季叶片的光合作用时间以及促进植株代谢过程正常运行等作用。同时认为，要使光合作用长时期保持在高水平上，须每隔10～15天进行1次根外追肥，尤其在缺水地区，缺水季节，在不便施肥的山丘薄地、密植栗园和营养水平低的栗园以及间作栗园，采用根外追肥效果较好。根据我国大面积的栗园肥水不足、管理颇为粗放的实际情况，根外追肥并结合树上喷药的综合方法更应大力提倡。这种方法既可达到经济用肥的目的，又可防治病虫。

在用于叶面喷布的氮素肥料中以尿素为好。尿素是中性有机态的氮素化合物。分子体积小，扩散性和吸湿性强，喷后叶片保持湿润状态的时间长，利于叶片吸收。尿素与农药混合喷布，对尿素的吸收和农药药效均无影响，亦不发生药害。一般喷布浓度为0.2%～0.3%，不宜超过0.5%。

喷施的磷、钾素肥料，有磷酸铵、过磷酸钙、硝酸钾、磷酸二氢钾等。以磷酸铵和磷酸二氢钾效果最好，其喷布浓度为0.1%～0.4%。磷钾肥多在果实膨大期喷施，即使在早春喷施的效果也很好。如基部叶转绿期（叶面积长至20厘米^{2}左右），叶面喷施0.1%的磷酸二氢钾后，叶片肥厚、浓绿，雌花量增加，于采前半月喷1次或采前1个月喷2次，可增大单粒重15.7%。

叶面喷肥以氮、磷、钾三要素混合喷施效果更好。但微量元素缺乏的产区，只喷三要素不能满足生长发育的需要，必须适当地配合微量元素的施用。因此，根外追肥时，必须结合各地的树体需要、土壤供肥和元素间的相互关系，注意大量元素适量配合，才能收到根外追肥的最佳效果。

（四）板栗常用肥料种类及作用

在板栗生长发育中需要多种元素成分，其中氮、磷、钾是最重要的成分。板栗为高锰植物，需锰量比其他果树大而且重要。钙也是板栗需要量较大的元素之一。矿质元素在板栗体内和土壤中，它们之间的相互关系是复杂的。既有相助作用，也有拮抗作用。为了很好地调节营养状况、提高产量和质量，应掌握各元素对生长发育的作用以及元素间的相互关系，以保证合理施肥和科学施肥。

氮素的主要作用是促进营养生长，是板栗生长和结果的最重要

营养成分。板栗枝条中含氮 0.6%、叶片中含氮 2.3%、根中含氮 0.6%、雄花中含氮 2.16%、果实中含氮 0.6%。适期适量施用氮肥，可使树体枝条生长充实健壮、叶片肥厚，提高光合效能，促进花芽分化和果实的发育。缺氮和氮过多时，对生长和结果都不利。

许多研究指出，缺氮对光合作用产生的抑制作用比缺少其他元素大。氮素缺乏也影响蛋白质的形成，从而使新生组织形成滞缓，枝量减少，新梢生长势减弱，叶片数量、大小、含氮量及其在树上的寿命等都受到影响，果实小而产量低。长期缺氮，导致萌芽、开花不整齐，使老叶变黄而早衰，根系不发达，树体衰弱，植株矮小，抗逆性降低。日本学者石冢的水培试验指出，不同时期缺氮，对板栗生长发育的影响不同。他认为花期及时供氮，能促进新梢生长，有利于开花结果；7月末以后缺氮，虽对新梢生长影响不大，但对光合作用不利，影响枝条的质量；而在6月初至7月末，此时正值细胞分裂和形成期，若氮不足，则影响果实膨大。可见临近新梢和果实迅速生长膨大期是施氮肥的关键时期。

但如果氮素过多，使树体内的碳水化合物和氮素间失去平衡，对生产同样不利。由于氮素在树体内过剩，引起徒长，消耗大量碳水化合物，影响枝条充实、根系生长、花芽分化，并且落花落果严重，使栗果的产量和品质降低。

磷在正常枝、叶、根、花和果实中的含量分别约为 0.2%、0.5%、0.4%、0.51%、0.5%，远较氮、钾少。然而，缺磷时，碳素同化作用被抑制，延迟展叶、开花，降低枝条萌芽率，新梢弱，叶片小；花芽分化不良，影响产量和质量；抗寒、抗旱力减弱。

适当施用磷肥，可以促进新根的发生和生长，促进花芽分化和果实发育，提高产量和品质，增强抗逆能力。

磷、钾元素在土壤中移动很慢，施肥时应施在根系集中分布的土层内。磷在土壤中容易被固定而成为不可给态，所以应在板栗树急需前施入磷肥，或与厩肥等有机肥料混合发酵后施入。

钾虽不是植物体的组成成分，但它与树体内代谢过程有密切关系，是不可缺少的元素之一。钾能促进叶片的同化作用，还可促进氮的吸收。适量的钾，可促进细胞分裂和增大，果实的生长，提高果实的品质和耐藏性，并可促进枝条的加粗生长和机械组织的形成，提高抗性。供钾不足，引起代谢紊乱，蛋白质合成受阻，降低产量，坚果的商品性受影响，并出现枝细、枯梢等现象。

施肥前，在确定氮、磷、钾含量适当比例的同时，还应根据地区特点配入适量钙、锰、镁等中、微量元素，才能收到最好的施肥效果。栗产区土壤大部分营养元素含量不足，必须注意完全肥料的施用。

目前，生产中的肥料可以分为化学肥料和有机肥料两大类。常用的化学肥料有尿素、硝酸铵、硫酸铵、碳酸氢铵、过磷酸钙、磷钾复合肥、磷酸二氢钾、钙镁磷肥、磷酸二铵等，这类肥料的肥效快，一般都在生长季节施用。磷肥也可作基肥施用。但是，化学肥料养分比较单纯，即使是复合肥料也只含 $2\sim3$ 种营养元素。有机肥包括人粪尿、豆饼、菜籽饼、棉籽饼等各种饼肥以及垃圾、堆肥、厩肥和草炭土等。有机肥含有丰富的氮、磷、钾及多种微量元素，大多数肥效较长。施用有机肥料不仅提高肥力，而且可以改善土壤结构，尤其山薄地、河滩沙地，更应大力提倡施用有机肥。

绿肥含有丰富的氮、磷、钾和其他各种植物所需要的营养元素，不仅肥效高，还能改良土壤结构，调节土壤温度，减轻土壤冲刷，保蓄土壤水分。据试验研究，南方栗园种植 3 年紫云英后，有机质含量由 1.24% 提高到 1.45%。不仅如此，豆类绿肥能固定空气中的氮素，使其转化为植物所需的氮肥。每亩苜蓿能固氮 7.4 千克，每亩草木樨固氮 8.67 千克，每亩混合牧草固氮 9.04 千克。豆科绿肥具深长的根系，尤其是主根入土深达数米，能利用下部土层中的养分。

绿肥根部分泌的酸性物质，以及施用绿肥分解后产生的有机酸，能使土壤中难溶性矿质养料变为栗树能利用的可溶性状态，例如，十字花科绿肥就能活化土壤中的磷。种植绿肥用工少，就地种植，就地沤制，就地施用，减少肥料的运输，是目前解决栗园肥料不足的一种有效措施。

第八节 樱 桃

一、樱桃种植对环境条件的要求

樱桃是落叶果树中果实成熟最早的树种，为乔木或灌木。树高2～7米，冠径3～6米。3～6年开始结果，7～10年进入盛果期，可持续15～20年，寿命数十年。

我国栽培的樱桃可分为四大类，即中国樱桃、甜樱桃、酸樱桃和毛樱桃，以中国樱桃和甜樱桃为主要栽培对象。中国樱桃在我国分布很广，北起辽宁，南至云南、贵州、四川，西至甘肃、新疆均有种植，但以江苏、浙江、山东、北京、河北为多。樱桃树在一年当中，经过萌芽、开花、坐果、落叶、休眠等过程，年年周而复始，每年成为一个年轮，寿命为50～70年，高者可达百年以上。每年2月中旬，樱桃花与叶几乎同时萌发。开花后10余天，青青的、小小的球形果实挂满枝头，若逢天气暖热，几场春雨，几日春阳，果实转眼间就红透了。

有俗语说："樱桃好吃树难栽"，其实不是树难栽，应该说是果难摘。樱桃树的适应性相当强，几乎各种土壤都能生长；而且管理技术简便、生长快、收益早，颇能丰产；一棵大樱桃树能结果二三百千克，树龄能长达200余年。但要使樱桃果结得多、质量好，就需要适宜的小气候了。如果栽得不是地方，樱桃树成活没有问题，但有可能终身"不育"，即不结樱桃果；天灾和鸟灾也是果难摘的两大难题。

樱桃最宜在土层深厚、土质疏松、保水力较强的沙壤土或壤质沙土、沙质壤土上栽培。酸樱桃能够适应黏质土壤，中国樱桃则适宜在疏松的沙质土壤上栽培。优质樱桃栽培园最好选择背风向阳、土质肥沃、不重茬、不积涝、排水良好且有水浇条件的中性壤土或沙壤土。

樱桃耐盐碱能力差，一般土壤pH6.5～7.5为宜。甜樱桃和中国樱桃适于微酸性和中性土壤，酸樱桃适于微碱性土壤，毛樱桃适于碱性土壤。

二、樱桃需肥特性

（一）樱桃根系的营养特性

樱桃根系营养特性因品种、砧穗组合及土壤条件而异。在中国樱桃中，草樱桃的须根发达，在土壤中分布层浅、水平伸展范围很广。如在冲积土上，骨干根和须根，集中分布在地表下 5～35 厘米的土层中，以 20～25 厘米土层为最多。泰山樱桃主根不发达，须根和水平根很多，多分布在 20～30 厘米的土层中。

（二）樱桃的营养特点

樱桃的果实发育期较短，其结果树一般只有春梢一次生长，且春梢的生长与果实的发育基本同步。因此，在营养方面有自己的特点，需加以注意。樱桃的枝叶生长、开花结实都集中在生长季的前半期，而花芽分化也多在采果后的较短时间内完成。

（三）樱桃的需肥特点

樱桃树生长迅速，发育阶段性明显而且集中。枝叶的生长和开花坐果都集中在生长季节的前半期，花芽分化多在采果后的短时间内完成。在养分需求方面主要集中在生长季的前半期。中国樱桃从开花到采收约 50 天，甜（大）樱桃约 60 天。为此，要根据樱桃的特性早施肥，抓好基肥、花肥及果后肥，特别是采实后适时施肥尤为重要。

三、樱桃科学施肥技术及方法

（一）施肥时期

冬前、花期及采收后是大樱桃施肥的 3 个重要时期。

1. 秋施基肥　宜在 9～11 月进行，以早施为好，可尽早发挥肥效，有利于树体贮藏养分的积累。实验证明，春施基肥对大樱桃的生长结果及花芽形成都不利。

2. 花期追肥　大樱桃开花坐果期间对营养条件有较多的要求。萌芽、开花需要的是贮藏营养，坐果则主要靠当年的营养，因此初

花期追施氮肥对促进开花、坐果和枝叶生长都有显著作用。大樱桃盛花期土壤追肥肥效较慢，为尽快地补充养分，在盛花期喷施0.3%的尿素、0.1%～0.2%硼砂和600倍磷酸二氢钾液，可有效地提高坐果率、增加产量。

3. 采果后追肥 大樱桃采果后10天左右，即开始大量分化花芽，此时正是新梢接近停止生长时期。整个花芽分化期40～45天，采收后应立即施速效肥料，最好是复合肥。总体上氮肥的用量宜少，磷、钾肥的比例要大。

（二）施肥量

在烟台，大樱桃产区给结果树施基肥，一般每株施人粪尿30～60千克或猪圈粪100千克左右。在日本大樱桃生产区山形县，要求贫瘠土壤的樱桃园和树龄大的樱桃园多施肥，而肥沃的樱桃园和树龄短的樱桃园则少施肥。一般火山灰两次堆积的土壤，每亩以施氮素10千克，P_2O_5 4千克，K_2O 8千克为宜。特别指出，施肥过多会造成果实品质下降、结果不稳定、土壤恶化等不良现象。施用家禽粪便时，应相应减少化学肥料的施用量。

结果大树株施人粪尿60千克或每亩施厩肥2 500千克。在大樱桃的盛花期，相隔10天连喷2次0.5%尿素液或600倍磷酸二氢钾液，增产显著。

据报道，美国密歇根州对大樱桃的施肥量要求是：氮肥，1年生树每株85～113克，2～3年生树142～198克，4～5年生树227～283克，6～7年生树340～397克，成龄树454～567克。生草法要比清耕法增加20%～50%；磷肥一般每亩用P_2O_5 15～30千克；钾肥，一般每亩用K_2O 10～20千克，轻沙土每3～5年施用1次。

试验表明，对大樱桃结果树施用过多的氮肥，或单纯施钾肥，都没有好的作用；最好是施用有机肥，或者按营养分析结果，配方施用复合肥。

（三）肥料种类与施用方法

1. 有机肥料及其施用 在烟台大樱桃产区，主要以人粪尿、厩肥、猪圈粪等有机肥作基肥。这些有机肥含有丰富而完全的营养成分。如人粪尿含有机质 5%～10%，氮、磷、钾的含量分别为 0.5%～0.8%、0.2%～0.4%和 0.2%～0.4%；猪圈粪中含有机质 11.5%，氮、磷、钾含量分别为 0.45%、0.19%和 0.60%；牛、马粪中含有机质 11%～19%，氮、磷、钾含量分别为 0.45%～0.58%、0.23%～0.28%和 0.50%～0.63%。据测定，这些肥料不仅有利于土壤团粒结构的形成和维持，而且可提高土壤的保肥、蓄水能力，有利于土壤微生物的繁殖和活动，促进有机物的分解和转化，增进地力。实践证明，只有不断地施有机肥，才能不断地补充被消耗的土壤有机质、保持土壤的肥力。

有机肥作基肥的传统施用方法是，在树盘外部挖大穴、开深沟（放射状或弧状）。这种方法会造成大量伤根，肥料不宜施得过深、过于集中。对结果园来说，最好是初冬撒施到树盘上，刨树盘，深5～7厘米，整平后立即浇水，浇水后划锄保墒或盖草、覆膜。

2. 化肥及其施用 氮肥有硫酸铵、硝酸铵、碳酸氢铵、尿素等，氯化铵一般不用于果树；磷肥有过磷酸钙、浓缩过磷酸钙、钙镁磷肥、磷矿石等；钾肥有硫酸钾、氯化钾、硫酸钾镁等；氮、磷复合肥有磷酸铵、磷酸二铵；氮、钾复合肥有硝酸钾；氮、磷、钾三元复合肥有 732、733 两种，其有效成分氮、磷、钾的配比，复合肥 733 为 2：1.38：1.34，复合肥 732 为 2：1.09：0.55。近几年复合肥配方越来越多。据试验，在大樱桃上施用复合肥 733，比单施氮肥增产 9%～26%，而且施复合肥的果实色泽好，可溶性固形物含量高，裂果少。

追肥，最好往树盘中撒施，并立即轻轻划锄，使肥土混匀，然后浇水。树盘覆草时，可直接撒施在草上，然后以水冲下，或扒开覆草的一角，撒在土表，然后浇水冲下，再将草覆上。不要将肥撒在地面，既不划锄，也不立即浇水，尤其在气温较高时，肥料裸露在空气中损失大、效果差，浪费也多。沙地樱桃园，肥料容易随水渗漏损失；因此追肥次数宜多，每次用量可少些，即少追、勤追。而且追肥后不要浇大水，只浇小水，以水能溶肥下渗到根系集中分

布层即可。

根外追肥具有应急和辅助土壤施肥、节省用肥的好处，在调节树体长势、促进成花结果上效果也较明显。在有效磷缺乏的地区，根外追磷对花芽分化有突出作用。尿素的施用浓度为 0.3%～0.5%；磷酸二氢钾的施用浓度为 0.2%～0.5%，因叶背面吸肥能力强，喷肥时应以叶背面为主。

给大樱桃追施钾肥的试验不多。据美国俄勒冈州立大学罗宾斯查普林和逊克逊（1979—1980）试验，对甜樱桃进行环沟施钾，穴施钾和土壤注射钾，对叶片钾的含量都没有影响，试验树都表现缺钾，钾含量为 1.2%～1.5%，低于正常值；而施堆肥的试验树，叶片钾的含量为 1.5%～3.0%，达到了正常水平。施堆肥的树，新梢生长量提高了 54%，产量提高了 112%。单施钾肥的，新梢生长量、果实产量、果实大小都明显下降。

保护栽培的大樱桃施肥情况与露地栽培基本一样。每年的标准施肥量氮肥为 15 千克，磷肥为 6 千克，钾肥为 12 千克。收获后追施 3 千克氮肥，9～10 月施有机肥。树体一旦衰弱就很难恢复，所以平时要加强肥水管理，使树势始终处于健壮状态。

第九节　柿　　树

一、柿树栽培对环境条件的要求

柿树是深根性树种，又是阳性树种，喜温暖气候、充足阳光和深厚、肥沃、湿润、排水良好的土壤，适生于中性土壤，不耐盐碱土，较能耐寒，也较能耐瘠薄，抗旱性强。柿树多数品种在嫁接后 3～4 年开始结果，10～12 年达盛果期，实生树则 5～7 龄开始结果，结果年限在 100 年以上。

中国南北各地气候差异大，因此物候期也不相同。广西恭城水柿在当地 3 月 1 日萌芽，引到陕西栽种要到 3 月 30 日才萌芽；盒柿在山东历城 3 月 30 日萌芽，而在陕西 3 月 26 日就萌芽。年间由于春季气温回升早晚不一，萌芽早晚也有差异。同一地区，品种之间的物候期相差也很大。

柿树喜温，在年均温 10～21.5 ℃的地方都有栽培，但以年均温 13～19 ℃最为适宜，南方年均温 19～21.5 ℃的地方，果实品质不佳，容易发生日灼。北方年均温 10～13 ℃的地方，个别年份有冻害发生。休眠期耐寒能力较强，能耐短期－20 ℃的低温。甜柿比涩柿更喜温暖，抗寒力不及涩柿。

柿树为喜光树种。光照充足时，枝梢粗壮，花芽分化量多质好，坐果率高，果实着色好，有机养分积累多，含糖量高。

柿根系分布广而深，抗旱能力较强，年降水量 450 毫米以上的地方，一般不需灌溉。但长期干旱也会影响根系、枝叶和果实生长，加重落果。北方春、秋干旱，如能适时灌水，则能显著增产。夏季连续阴雨容易导致病害流行。柿砧根系呼吸量小，对缺氧环境忍耐力较强，较耐湿。君迁子砧抗涝能力不及柿砧，但比桃树、苹果、梨耐涝。

柿树根系强大，吸收肥水范围广，对土壤要求不严。无论是山地、丘陵、河滩、平原，无论土壤肥沃或瘠薄，或者沙地、黏土都能生长。但以土层深度 1 米以上、地下水位在 1 米以下，保水保肥力强的壤土和黏壤土上生长结果最好。土壤 pH5～8 的范围内都可栽培，pH6～7 最适宜。pH＞8、含盐量 0.02％以上生长不良。

二、柿树生长及需肥特性

柿树根系随砧木而异。君迁子砧，根系较浅，细根多，根毛长而持久，侧根伸展很远，故耐瘠、抗旱。柿砧根系分布较深，侧根和细根较少，耐湿而不耐寒。根系一年中有 2～3 次生长高峰，以雨季生长最旺，11 月停止。

柿喜温暖，根系强大，吸肥能力强而范围广泛，故对土壤要求不严格。但以土层深厚、地下水位在 1 米以下、保水保肥力强的壤土或黏壤土为宜。柿对土壤酸碱度的要求因砧木种类而异。君迁子砧木适于中性土壤，亦能耐微酸性或微碱，野生柿砧木适于微酸性土。在 pH5.0～6.8 的范围较适宜。土壤总盐量不能超过 0.1％～

0.13%，土壤中 Cl^- 和 SO_4^{2-} 较多时不利于柿树生长。

对山地栽植的柿树，保持水土尤为重要。应注意整修梯田，也可修成外高内低的鱼鳞坑，外沿用石头垒砌，内沿修好排水沟和贮水坑，以防止水土流失。柿树喜深厚疏松土壤，除在定植时挖大穴外，随树龄增长，根系的扩大，应作好深翻扩穴、熟化土壤的工作，土层瘠薄应压土，以增厚土层，充分发挥土壤是"小水库"的作用，提高土壤保水保肥能力，为根系生长吸收创造良好的土壤环境条件。春季要浅刨树盘，疏松土壤，刨后耙平保墒。雨后或灌水后，特别是干旱时，要经常中耕松土以减少土壤水分蒸发。各地实践证明，柿园地面覆草，对保持土壤水分、稳定地温、增加土壤有机质、促进根系生长、壮树增产有显著作用，尤其在山旱地，应大力推广。柿粮间作地，为缓和柿树与间作物之间对光能利用和肥水竞争的矛盾，应注意在靠近树的地方种植豆类或矮秆作物，离树远的地方种植麦类或高秆作物，并应根据树和间作物的需肥需水特点，加强肥水管理。

三、柿树科学施肥技术及方法

（一）施肥时期

柿树需肥期与新梢生长、开花、结果等器官发育同步进行。生产上有"催花肥""稳花稳果肥""壮果肥"几个施肥关键期。

1. 基肥　一般采实前后（9～10 月）或萌芽（3 月）施入，以采实前施入最好。基肥以有机肥为主，施入量为全年的 1/2，并注意氮、磷、钾肥配施，结合浇水，肥效更佳。

2. 追肥　以速效氮肥、速效磷肥、速效钾肥、人粪尿等为主。可分几个时期施入。

花前追肥：以 4 月下旬至 5 月上旬追施为好。追肥过早过多，易造成落花落果。

花后追肥：柿树花后，以速效氮肥为主，磷肥次之，也可结合喷施某些微量元素肥料。

壮果肥：于柿果膨大和花芽分化期；一般在 6 月下旬至 7 月中

旬，以氮肥为主，磷、钾肥适量。

果实生长后期：在8月中旬以后，增加树体的营养积累，过早会刺激秋梢发生。

（二）施肥量

一般结果在1 000千克/亩左右的特大树，每亩地年施优质有机肥300～600千克。3～5年幼树施有机肥100千克，另加施硫酸铵0.2千克。表8-14仅供参考。

表8-14　柿氮、磷、钾三要素施用量（180株/亩）

三要素	1年（千克）	5年（千克）	10年（千克）	15年（千克）	20年（千克）
氮	1.88	3.76	7.52	9.40	11.13
磷	1.33	2.26	4.51	3.76	6.77
钾	1.50	3.01	6.01	7.52	9.02

（三）施肥方法

1. 土壤施肥　依根系发育伸展状况及肥料、土壤类型而异。有环状、放射状、全园施肥法。

2. 基肥　秋施为宜。柿果成熟采收较晚，秋施应在采收前（9月）以圈肥、堆肥、河塘泥等有机肥料为主，加入少量速效化肥。沟施、穴施皆可，也可结合深翻扩穴施入。

3. 根外追肥　根外追肥的时间、次数、浓度等根据生育周期及树势而定。通常在春梢生长、花前、花后可喷施2～3次。花前喷施0.3%～0.5%的尿素液加0.1%～0.5%硼酸；花后喷施0.3%～0.5%尿素液加0.2%～0.3%的磷酸二氢钾，6月下旬果实生长高峰期，喷施尿素与磷、钾肥混合液1～2次。在果实二次膨大和着色期，喷施1～2次速效氮和0.2%～0.3%磷、钾肥（磷酸铵、氯化钾、硫酸钾等）。

幼树追肥每年萌芽期进行一次。结果树追肥应避开萌芽期，以免造成新梢旺长而导致严重落蕾。第一次追肥应在新梢停长后至开花前，有利于提高坐果率和促进花芽分化；第二次在前期生理落果

高峰以后，可促进果实膨大，提高产量。生长势衰弱的结果树，为促进生长，应在萌芽期追肥。

第十节 山 楂

一、山楂栽培对环境条件的要求

山楂是原产于我国的特有果树，具有寿命长、结果早、容易栽培、适应性强、果实耐贮运等优点。山楂的果实营养丰富，富含碳水化合物、蛋白质、脂肪、维生素及磷钙铁等人体必需的矿物质，特别是铁钙及维生素 C、胡萝卜素、核黄素等。此外，山楂还有较强的药用价值，具有开胃健脾、行瘀化滞、消炎止咳、解毒止血等多种作用。

山楂为浅根性树种，主根不发达，但生长能力强，能在瘠薄山地生长。侧根的分布层较浅，多分布在地表下 30～60 厘米土层内，最深可达 90 厘米，10 厘米以上和 90 厘米以下土层内的根量很少。侧根主要分布在 40 厘米左右的土层内，根系的水平分布范围，为树冠的 2～3 倍。山楂苗定植后，当年发根较晚。因此，定植当年地上部生长较弱，第二年缓苗后，长势转旺，以后便一年比一年旺。但修剪时不能因长势旺而大甩大放，甚至连延长枝也不剪，这样会影响树体结构和骨架的牢固性，影响枝组的合理分布，虽然可能提早结果，但结果面积小、产量低。

山楂的适应性强，树势强壮，抗性强。平原、山地都可栽培。相对而言，山楂树喜冷凉湿润的小气候。在土壤条件方面，喜中性或微酸性的土壤，质地以壤质土为佳；在碱性土壤或质地较黏重的土壤上则容易长势差、品质劣。

二、山楂需肥特性

1. 山楂的根系特点 山楂的根系生长能力较强，但主根欠发达、侧根分布浅。在北方地区一年内有 3 次根系发育高峰：第一次从地温上升到约 6 ℃时至 5 月上旬，根系从开始生长后，吸收根的密度逐渐增大，至发芽时达到高峰，以后逐渐下降。第二次在7月，吸收根急剧增加，并很快进入发根高峰，之后逐渐下降进入缓慢期。第三次在9～10月，发根时间长，强度小。

2. 山楂营养特性　山楂的树体具有贮藏营养的特点。其树体内上一年贮藏营养的多少直接影响树体当年的营养状况，不仅影响其萌芽开花的整齐一致性，而且还影响坐果率的高低及果实的生长发育。而当年贮藏营养物质的多少又直接影响山楂树翌年的生长和开花结果，管理不当较易引起山楂树的产量不稳或偏低。

山楂的生长较旺盛，发枝能力较强，花芽的分化时间较长，从当年的8月前后开始至翌年3～4月才全部完成。且生长发育充实的枝条都能成为结果母枝。就山楂的生长发育而言，其需要的氮、钾的量较高，对磷的需要量相对较少。

山楂的根系容易发生不定芽、形成根蘖苗，对树体的有机营养造成较多的消耗，而影响山楂的长势和产量。

山楂的品种较多，由于品种的差异，其对环境的适应能力也有较大的差异，表现在吸收养分的能力和耐肥能力方面也有很大的不同，因此生产中应加以注意。

三、山楂科学施肥技术及方法

（一）施肥量与比例

山楂较耐贫瘠，对土壤养分含量的要求不如其他果树迫切。因此，在生产上粗放管理对山楂的产量和品质有一定的影响。研究表明，通过施肥提高土壤养分含量后，对山楂的长势、产量及品质都有显著的促进作用。一般情况下，山楂需要的氮、磷、钾比例为1.5∶1∶2。其肥料的具体用量需根据土壤的养分供应能力、树龄的大小、品种的特点、产量的高低、气候因素等灵活确定。土壤肥力低、树龄高、产量高的果园，施肥量要高一些；土壤肥力较高、树龄小、产量低的果园施肥量应适当降低。品种较耐肥、气候条件适宜、水分适中，施肥量要高一些；反之，施肥量应适当降低。若有机肥的施用量较多，则化学肥料的施用量就应少一些。

（二）施肥时期与方法

一般成年山楂每株果树的年肥料用量为：氮肥以纯氮计为 $0.25\sim2$ 千克，磷肥以 P_2O_5 计为 $0.3\sim1.0$ 千克，钾肥以 K_2O 计为 $0.25\sim2.0$ 千克。

山楂的施肥时期主要包括基肥、花期追肥、果实膨大前期追肥、果实膨大期追肥。

1. 基肥施用　最好在晚秋果实采摘后及时进行，这样可促进树体对养分的吸收积累，有利于花芽的分化。基肥的施用最好以有机肥为主，配合一定量的化学肥料。化学肥料的用量为：作基肥的氮肥一般为年施用量的一半左右，相当于施用尿素 $0.25\sim1.0$ 千克或碳酸氢铵 $0.7\sim5.0$ 千克；磷肥一般主要作基肥，约为年施用量的 80%，相当于施用含 P_2O_5 16% 的过磷酸钙 $1.0\sim5.0$ 千克。基肥中的钾肥用量一般为 $0.25\sim2.0$ 千克的硫酸钾或 $0.25\sim1.5$ 千克的氯化钾。施用量根据果树的大小及山楂的产量确定。开 $20\sim40$ 厘米的条沟施入，注意不可离树太近，先将化学肥料与有机肥或土壤进行适度混合后再施入沟内，似免烧根。

2. 花期追肥　以氮肥为主，一般为年施用量的 25% 左右，相当于每株施用尿素 $0.1\sim0.5$ 千克或碳酸氢铵 $0.3\sim1.3$ 千克。根据实际情况也可适当配合施用一定量的磷、钾肥。结合灌溉开小沟施入。

3. 果实膨大前期追肥　主要为花芽的前期分化改善营养条件，一般根据土壤的肥力状况与基肥、花期追肥的情况灵活掌握。土壤较肥沃，基肥、花期追肥较多的可不施或少施；土壤较贫瘠，基肥、花期追肥较少或没施的应适当追施。施用量一般为每株 $0.1\sim0.4$ 千克的尿素或 $0.3\sim1.0$ 千克的碳酸氢铵。

4. 果实膨大期追肥　以钾肥为主，配施一定量的氮、磷肥，主要是促进果实的生长，提高山楂的碳水化合物含量，提高产量，改善品质。每株果树钾肥的用量一般为硫酸钾 $0.2\sim0.5$ 千克，配施 $0.25\sim0.5$ 千克的碳酸氢铵和 $0.5\sim1.0$ 千克的过磷酸钙。

山楂对微量元素肥料的需要量较少，主要靠有机肥和土壤提供，如有机肥施用较多，可不施或少施微量元素肥料；如有机肥施用较少，可适当施用微量元素肥料。实际的微肥用量以具体的肥料计作基肥施用为：硼砂每亩用量 0.25～0.5 千克，硫酸锌每亩用量 2～4 千克，硫酸锰每亩用量 1～2 千克，硫酸亚铁每亩用量 5～10 千克（应配合优质的有机肥一起施用，有机肥与铁肥的用量比为 5：1），微肥也可进行叶面喷施，喷施的浓度根据叶的老化程度控制在 0.1%～0.5%，叶嫩时宜稀，叶较老时可浓一些。

第十一节　银　杏

一、银杏栽培对环境条件的要求

银杏为我国特有、世界公认的珍稀名贵树种，是现存的种子植物中最古老的孑遗物种，树势雄伟挺拔，春夏翠绿，深秋金黄，寿命长，病虫害少，适应性强，抗污染。千百年来，银杏以其枝叶繁茂、叶形奇特、果实优美、生命力强等优点给人以美感而备受推崇。

银杏树全身是宝，集生态、经济、社会效益于一身，汇材用、药用、食用、防护、绿化、观赏于一体。特别是近几年来银杏及其制品在国际市场畅销，我国各地均出现"银杏热"。

银杏又名白果，是多用途的特种经济树种，属于亚热带和温暖带树种。银杏树主要分布在山东、江苏、四川、河北、湖北、河南等地。全国最大的银杏培育基地是山东省郯城县。

野生状态的银杏分布于亚热带季风区，水热条件比较优越。年平均温 15 ℃，极端最低温可达−10.6 ℃，年降水量 1 500～1 800 毫米，全年雾日可达 248 天。伴生植物主要有柳杉、金钱松、榧树、杉木、蓝果树、枫香、天目木姜子、香果树、响叶杨、交让木、毛竹等。银杏树寿命长，我国有 3 000 年以上的古树。初期生长较慢，萌蘖性强。雌株一般 20 年左右开始结实，500 年生的大树仍能正常结实。一般 3 月下旬至 4 月上旬萌动展叶，4 月上旬至中旬开花，9 月下旬至 10 月上旬种子成熟，10 月下旬至 11 月落叶。

银杏对土壤条件的要求并不严格，但以沙质壤土最适。银杏根不耐涝，因此，以排水良好而又能保持一定湿度的土壤为宜。我国几个银杏主产地区，土壤为冲积土，地势平坦，土质沙性，肥沃疏松，土壤 pH6.5～7.5 为最佳。当土壤含盐量 0.25％时生长正常，大于 0.3％时，根系生长受阻，甚至死亡。银杏属于肉质菌根树种，肉质根是耐盐的一种适应方式。在正常排水条件下，随着盐基含量的提高，土壤养分 Ca^{2+} 等随之增高，致使种实生理品质亦相应提高。银杏喜钙性决定了它对碱的适应性高于对酸的忍耐力。据中南林学院调查，在湖南银杏分布石灰岩或钙质丰富的母岩上的比例高于 72.8％以上，充分证明了银杏树对钙的需要和在适应的生态类型上属于喜钙树种。

二、银杏需肥特性

(一) 根系的营养生长特性

根系的主要功能是从土壤中吸收水分和养分，贮藏营养物质，同时可固持树体，产生根蘖，起繁殖和更新的作用。

1. 根系的垂直分布 银杏根系垂直分布的情况随土层厚度、质地、地下水位和栽培情况而异。用1～2年生播种苗栽植，根的垂直分布较深，有的大树主根可深达5米；用扦插苗栽植，由粗壮侧根代替主根，根的垂直分布较浅，一般在 1.5～3.5 米。但是，根系主要集中分布 20～60 厘米的土层。

2. 根系的水平分布 银杏根量大，分枝多，Ⅰ级、Ⅱ级侧根伸展，50 年以上的大银杏树，根系集中在离主干3～5米的范围，随着树龄的增长，水平分布范围也随之扩大，银杏的水平侧根比主根长，一般为树冠冠幅半径的 1.8～2.5 倍。江苏泰兴市长生乡1株600 年生的雌树，树高约26米，而根系水平分布都在 28～30 米；湖南洞口县大屋乡1 200 年生的古银杏，树高52米，根系垂直分布20多米，水平分布达 500 多米，但根量主要集中在距树干5～8米。银杏根幅与冠幅之比，随树龄和立地条件的不同而变化，幼树为(1.4～1.7)∶1，进入盛果期后，根冠比为 (0.9～1.2)∶1。由于银杏根系分布范围大，所以，营造银杏林时，应选择深厚疏松的土壤。

银杏根系从 3 月下旬开始萌动，至 12 月初停止生长，生长期约 250 天，年生长周期内有两个生长高峰期，第一个高峰期在 5 月下旬至 7 月中旬，约 60 天，第一个生长高峰期与地上部的生长高峰同步发生，此阶段树体对养分需求量很大；第二个高峰期在 10 月中下旬至 11 月上中旬，即种子采收之后和高径生长的缓慢期，此阶段树体所含养分充足，但生长时间短，光合能力弱，生长量小。

Klecka 等首次发现银杏菌根，Khan 及 Sharma 等确定银杏菌根为泡囊—丛枝菌根（VaM）。银杏林地土壤中 VAM 真菌侵染银杏是自然现象，苗木接种 VAM 真菌，能增加生长量，接种真菌的银杏小苗，高径生长量都显著增加。银杏 VAM 真菌能形成大量的胞内菌丝，胞间菌丝很少，银杏根被侵染后，有大量根毛，是吸收根的典型形式。银杏的吸收根只有侵染上内生 VAM 真菌才具有良好的吸收能力。

银杏根的含水量较高，有一定的耐旱能力，但若起苗时间长或长途运输，根部失水过多，菌根的菌丝干枯，根系吸水能力降低，则影响苗木成活率或幼树的生长发育。

三、银杏科学施肥技术与方法

（一）苗床施肥技术

1. 择好苗圃地　苗圃地选择是培育壮苗的重要环节。圃地选择合理与否，对播种苗的出苗和生长均有直接影响。苗圃地要选在交通方便、地势平坦、背风向阳、排灌方便、土壤疏松、肥力较好的地方。以壤土、沙壤土为宜。土层深度应在 50 厘米以上，适宜于微酸或中性（pH5.5～7.5）土壤，含盐不得超过 0.3%。在水源条件较差的地方，尤其要加厚土层，蓄水保墒，提高抗旱能力。土壤黏重、低湿地、内涝地、重茬地以及前作为马铃薯、黄瓜等蔬菜地，均不宜作银杏育苗地。

2. 培肥苗床　圃地要全面深翻，深度为 30～40 厘米，经冬季冻垡，土壤进一步风化。结合翻地每亩施有机肥 3 000～5 000 千克或饼肥 300 千克、复合肥 100 千克，并混施硫酸亚铁 3～5 千克、锌硫磷 2.5 千克，以预防病虫害发生。南方多雨地区，为防止积水，应采用高床，床面高度为 25～35 厘米。北方少雨地区，可采用低床。苗床东西方向，床宽 1～1.2 米。苗床长视地形而定，但过长易于积水。畦作好后，如土壤过旱应灌水一次，保持湿润，以待播种。

3. 培育壮苗的施肥技术　银杏虽对土壤的生态适宜范围很广，但银杏本质上仍属喜肥树种。所以施肥是提高苗木产量和生长量的关键措施。试验结果表明，施肥对苗木生长有明显的促进作用。为培育壮苗，不仅要施肥，而且以适当多施为好。除施基肥外，在苗木生长期间，还要施追肥 3～4 次。第一次在 5 月中旬；第二次在 6 月上旬；第三次在 7 月下旬至 8 月上旬。在苗木生长期喷洒 0.5% 的磷酸二氢钾，比同样条件下未喷洒的树高生长要增加 15%～17%。

（二）矮化密植早实、丰产园施肥技术

1. 择地改土　银杏对土壤虽然有很强的适应性，但要使树体发育健壮、早实、丰产和稳产并提高经济效益，仍需要有良好的土壤条件。土壤肥力及其理化性状的优劣，直接影响根系的生长和地上部的开花结实。

土壤改良包括深翻熟化、加厚土层、淘沙换土、培土掺沙、低洼盐碱地排水洗碱、酸性土壤施石灰石和有机质、种植绿肥等。

2. 施肥整地　一般应在栽植前一个季节整好地，使定值穴内土壤经过日晒和冬季冻垡，促进土壤熟化、消灭病虫。平地可采用带状整地法，带宽 1.5～2.0 米、深 0.8 米。丘陵地可按梯田整地。冬前挖好穴，翌年早春向沟内回填时，施入腐熟厩肥 75 000 千克/公顷，将厩肥与土混匀后再回填。填平后连续浇水 2 次，使土壤沉实、湿润。若不采取带状整地时，可直接将有机肥加少量磷肥施入穴内，穴施基肥 100 千克，加施过磷酸钙 0.2～0.5 千克，以利于

发根缓苗。

3. 栽后扩穴改土　栽后 1～2 年要保持土壤湿润、疏松，适时适量浇水，树盘内覆草，树盘外间套种绿肥等。为扩大根系吸收面积，随树龄的增长，应逐年扩穴改土或深翻熟化。银杏园以秋季深翻最好。夏季深翻可在根系生长高峰前结合压绿肥进行，冬春季结合追施氮肥深翻，最好从定植后第二年起，连续 3 次扩穴。沙性大、砾石多的园地还要换土，排水不良的园地在浇水或雨后土壤下沉时，应及时填平和排水，防止积水烂根。干旱园地深翻后要及时浇水。

4. 矮化密植的施肥技术

（1）施肥时期。银杏生长发育、开花结种的各个阶段，都需要从土壤中吸收多种营养元素，其中氮、磷、钾需要量较大，一般占树体干重的 45％左右，故此为 3 种大量元素，而其他为微量元素。除了特殊情况，土壤中一般都含有足够的微量元素。要想使银杏种实早产、丰产、稳产、优质，保证土壤中可被利用的营养元素有足够的量非常重要。但是营养元素过多或不足，都会给银杏生长带来不利影响。银杏栽植后，采取次多、量少、集中的施肥方法。从施肥时期看，一年施 3～4 次肥，基本上在春夏秋冬每个季节进行1 次。

一般情况下银杏苗定植当年只追肥 1 次；第二、三年各追肥3 次；结果后每年追肥 4 次。

第一次施肥（即春季施肥，也称为长叶肥），应在地温开始上升、根系活动时进行。在长江以北多在 2 月下旬至 3 月上旬，淮河以北约在 3 月中旬。主要解决树体内贮存养分不足的问题。春季发芽抽梢前施肥，以速效氮肥为主（也可施入大量腐熟人畜粪，并加施速效氮肥），适量配合磷肥，以促进营养生长，使叶片迅速变绿，以及促进碳水化合物及蛋白质的形成，增强光合作用。第一次施肥量要占全年施肥量的 25％。此次施肥的目的在于：促进花器发育、枝叶生长，使新梢生长变长，叶片增大、增厚和提高坐果率。对结实多的母树，最好在谷雨以后再增施些氮肥，尤其是花多的大年

树，需进一步补充营养。

第二次施肥（即夏季施肥，也称为长果肥），在根系处于旺盛生长高峰的后期，也是种实生长的高峰期。故可适当延长根的旺盛生长期，并对种实生长和胚发育大有益处。在日本，多在5月下旬至6月上旬施入，其中以速效氮肥为主，配合适量磷肥。我国长江以北约在6月下旬，长江以南稍早一点施入，施肥量为全年施肥量40%～50%。此次施肥也有在谢花后进行，目的在于：使新芽健壮成长，促进幼小种子迅速膨大，减少生理落果。夏季施肥及其时期要根据树势和结种多少而定，对结种少的旺树可不施或少施；对春季施肥量较多的，也可不施或少施。

第三次施肥（即秋季施肥，也称为壮木肥），一般在7月上中旬进行，也有时在7月下旬完成，此期正值硬核期，径粗加速生长。因此，适时、适量施肥对提高当年种实产量和品质至关重要，并且也处于花芽分化期，能为翌年产量奠定基础。追肥以磷、钾肥为主，配合施用氮肥，意在提高树体营养水平，促进碳水化合物和蛋白质的形成，从而提高产量、品质和花芽形成。

第四次施肥（即冬季施肥，也称为谢果肥），种子采收后，结合土壤深翻施入迟效性有机肥作为基肥。此次施肥一般在9月底至10月上旬。此期光合产物大量回流，根系又一次生长，施肥具有延缓叶片衰老（能使叶片发黄期推迟1个月）、增加养分积累、促进枝芽良好充实发育、增加根的数量的作用。肥料以堆肥、厩肥、塘泥、饼肥、人畜粪、树叶、绿肥等为主，并增施磷肥，适当配施速效氮肥，这次施肥还具有改良土壤、提高土壤肥力的作用。

上述4次施肥，前3次为追肥，以速效肥为主，最后一次为基肥，以迟效性有机肥为主。实际生产中应根据树势、结果情况增加或减少施肥次数和施肥量。目前，日本银杏丰产园施肥时期及施肥量已标准化。施肥时期为：3月15日、5月20日、7月15日、10月20日和11月下旬至翌年2月下旬。每年亩施肥总量氮4千克、磷8.7千克、钾4.8千克。

（2）施肥量。由于影响施肥量的因素非常多，诸如树龄、树势的强弱、土壤肥瘠程度、肥料的种类、产量、环境条件以及品种等，所以，要综合分析各方面情况，提出较合理的施肥量。可以说，在一定范围内增加施肥量，能提高产量，但并不是说施肥量越大产量越高。虽然银杏营养的复杂性和环境因子的多样性，很难确定一个固定的施肥量，但是，通过土壤分析、田间施肥试验和群众施肥经验的总结，尤其是随着植物营养诊断研究的发展，应用叶片分析法确定树体营养水平则为确定施肥量较为可靠的依据。叶片分析法是根据叶片内各种元素的含量，判断树体营养水平。将叶片分析的结果作为施肥的参考，有针对性地调整营养元素的比例和用量，以满足银杏树体正常生长的需要。必须注意的是：供分析用的叶样要有代表性，如长势要一致、砧木年龄、土壤类型要相同，采叶时间、在树冠中的部位、枝条类型等都要相同，选有代表性的树5～10 株，采集叶片 100～200 枚，确保分析结果可靠。对生长健壮结种正常的银杏，9 月上旬叶片分析表明：长枝上叶片含还原糖13.8％，含氮 1.84％，含粗蛋白 11.5％，含磷 0.16％；短枝上叶片含还原糖 11.2％，含氮 1.27％，含磷 0.78％，含粗蛋白7.94％。据 5 月 21 日江苏报道，种子含氮 4.34％、含磷 0.78％，长枝中叶片含氮 3.29％，未结种枝叶片含氮 3.41％，结种短枝中的含氮 3.42％、含磷 0.08％，未结种短枝含氮 2.47％，长枝中含磷 0.69％，结种枝叶片中含磷 0.39％，未结种短枝中含磷0.43％，未结种短枝叶片中含磷 0.47％。因而从所测数据供施肥参考。从长远的观点，无论是银杏丰产园，还是叶用园、采穗圃等，施肥标准化和数量化是银杏生产管理的趋势。但是，在我国实际生产中常根据多方面因素，并通过分析预测年产量等进行施肥。例如，广西灵川果农的经验是：生产 1 千克种子，冬春季节各施入4 千克有机肥，夏秋季节各施入种实产量 5％的化肥。另据测定，每产 100 千克种实，需氮肥 40～50 千克、磷肥 16～26 千克、钾肥45～70 千克，再加上一定量的微量元素，经推算得，每结 100 千克种实，冬春两季需各施 400～500 千克有机肥，夏秋两季各施5～10千克复合化肥。值得注意的是，银杏园单纯施用化肥不是根本措施，必须以有机肥为主导，结合土壤的改良和熟化是施肥的前提，尤其是种植绿肥，不仅肥效高，并且可改善土壤结构，增强银杏生产后劲。

（3）施肥方法。施肥方法同其他果树一样，有土壤施肥和根外追肥之分。土壤施肥既含有机肥，又有无机肥，其中基肥主要是由土壤施入；根外追肥以无机肥为主，大多是追肥。土壤施肥又有沟施、穴施、全园撒施等多种方法；根外追肥的方法需根据具体情况确定。

① 根部施肥。

a. 沟状施肥。有放射沟、环状沟和条状沟施肥。放射沟施肥，以树干为中心，在冠周围呈放射性沟状开沟，距离主干的内沟浅，深 15 厘米左右，冠外围至投影处的外沟深，深约 40 厘米，沟宽 40 厘米，外沟可适当放宽。肥料施入沟内覆土，开沟位置可隔年或依次更换。这种方式适合成年园施肥。环状沟施肥，是在树冠投影外侧，挖深 20 厘米、宽 40 厘米的环状沟，然后施肥再覆土，这种施肥方式适用于幼年树，应随树龄的增长逐年外移环状沟，与土壤管理中的深翻扩穴类似，只是施肥需要，大多是结合使用。条状沟施肥则是在树冠外围两侧（东西或南北方向）各挖一条施肥沟。沟的深度和宽度各为 40 厘米，沟的长度依树冠大小而定，沟挖好后将肥料填入沟内再覆土。条状沟方向可隔年倒换，一般结合深翻进行。

b. 锥孔施肥。用特制的一种施肥锥，在树冠下均匀打孔，深 20 厘米或更深，每孔施入人畜粪、饼肥或化肥等。该方法可深施，且不伤根或极少伤根；单位土壤中肥料浓度高，便于渗透及根系吸收；还可以改善根系通气状况，促进根系生长。

c. 全园撒施。把肥料均匀地撒在树冠内外，结合松土将肥料翻入土中。密植园根系遍及整个园地，这种施肥方式较合适。如较干旱园地施肥时，需适当灌水。

② 根外追肥。即叶面喷肥，是在树冠上喷洒液体肥料的一种施肥方法。这种施肥方式适合于：气温回升而地温较低时；土壤干旱、灌水条件较差，尤其是对在土壤中易产生生物和化学固定作用

的肥料和微量元素；树体缺乏某种元素，特别是微量元素。此外，根外追肥还可提高坐种率、促进种实增大、改善品质，促进花芽分化等优点。

　　一般来说在硬核期以前，根外追肥较适宜。为提高吸收率，可在喷肥时加入沾着剂，如加洗衣粉等；喷后遇雨会降低效果，所以，应给予充分考虑。下面介绍一些常见的根外追肥及浓度。

　　喷氮常用浓度 0.3％～0.5％尿素。喷后叶色浓绿，促进光合作用，延长叶片寿命和活力。还可增加叶面积和叶片厚度。叶喷尿素可每月一次，从 4 月下旬人工授粉后开始，9～10 月止。

　　喷钾常用硫酸钾、硝酸钾和磷酸二氢钾及草木灰浸出液，浓度 0.3％～0.5％，分别于 5 月下旬至 6 月上旬和 7 月中、下旬各喷 1 次，喷钾目的是促进种实生长、种核发育和延缓叶片衰老。也可与尿素交替喷施。

　　喷磷常用过磷酸钙浸出液，浓度 0.5％～1％。磷在土壤中移动性较小，故根外喷施效果好。从 6 月中下旬至 8 月中旬进行 2 次，如用磷酸二氢钾，则以 0.3％～0.5％浓度为宜。磷可以改善树体内氮素状况，促进碳水化合物运输，促进新根产生及根系生长，磷还可增加体内束缚水及可溶性糖含量，提高银杏的抗逆性。从目前研究现状和生产中看，给树体补充适当的硼对授粉、受精有利；硼可促进花粉萌发和花粉管延伸，在银杏萌芽后、开花前喷 1％浓度的硼酸，盛花期喷 0.1％～0.3％硼酸，或盛花期和盛花期后各喷一次 0.25％～0.5％硼砂，并混加同浓度的石灰水。在缺铁或缺锌时，叶喷 0.3％～0.5％硫酸亚铁或 0.5％硫酸锌，并与同浓度的石灰水混喷，效果较好。此外，还需喷锰、镁等。

第十二节　石　　榴

一、石榴栽培对环境条件的要求

　　石榴是中国栽培历史悠久的果树，分布范围广泛，既宜于大

田，也适于庭院栽培，还宜于盆栽；既能生产果实，又可供作观赏。石榴在北方为落叶性灌木或小乔木，在热带地区则为常绿果树。树高一般为 3～4 米，也可高达 5～6 米。根际易生根蘖，可用于更新或分株繁殖，但在栽培条件下，一般多将根蘖挖除，留单干或多主干直立生长。

石榴的结果年龄时期，因繁殖方法和品种的不同而有差异，实生石榴，3～10 年才能开花结果，而以观花为主的重瓣红石榴或玛瑙石榴，播种当年就可开花。石榴树的连续结果年限，可长达 50～60 年，以后则产量逐渐减少而进入衰老期，进入衰老期后，其结果年限仍可维持 20～30 年。所以，石榴的寿命，可长达百年之久，如果栽培管理得当，其寿命可达 200 年以上，但经济栽培年限只有 70～80 年。

石榴的枝条，一般细弱而瘦小，腋芽明显，枝条先端呈针刺状，对生；徒长枝的先端，有时为轮生。生长特别旺盛的徒长枝，在一年之内，由春至夏，再从夏到秋，可不断地延长生长，其长度可达 1～2 米；其中上部可以抽生二次枝和三次枝，这些二次枝、三次枝与母枝几乎成直角，向水平方向伸展，因此，长势一般不强，这些二次、三次枝，尤其是二次枝，由于形成时间较早，有的可在当年形成混合芽，第二年开花结果。

凡具有明显叶芽的，不论是 4～5 厘米长的小枝，还是 1 米以上的徒长枝，一般都没有顶芽；但长势极弱，基部簇生数叶，没有明显腋芽的极短枝，则有顶芽。这些极短枝，如能获得充足的营养，其顶芽可在当年发育成混合芽，第二年开花结果；如果营养不良，其顶芽仍为叶芽，第二年生长微弱，仍为极短枝，但如遭受刺激，也可能萌发长枝。

石榴的结果是在结果母枝上抽生结果枝结果。结果母枝多为春季生长的一次枝，或初春抽生的二次枝。由于这些枝条形成的时间较早，所以生长发育比较充实，第二年由这些枝条的顶芽或腋芽中抽生长 6～20 厘米的结果新梢，在这些新梢上，一般可着生 1～5 个花。这种着花结果的新梢，称为结果枝。结果枝上所着生的花，其

中 1 个顶生，其余为腋生，以顶生结果为好。同时结 2 个果的被称
为"并蒂石榴"；5 朵花都能坐果时则被称为"五子登科"。

石榴的花量很多，但落花落果严重，坐果率很低，所以产量不
稳，大小年现象较重。据山东省枣庄市峄城区调查，石榴树一般
15 年生左右进入盛果期，每年株产 20～30 千克，最高株产可达
50～100 千克。

石榴的适应能力极强，总体而言具有喜光、耐寒的特点，喜湿
润肥沃的石灰质土壤。但石榴对土壤要求不太严格，加上石榴喜温
暖，因此应在立地条件好、土层深厚、地下水位低于 1 米，土壤
pH 在 4.5～8.2，绝对最低气温高于 −17 ℃，活动积温（≥10 ℃）
在 3 000 ℃以上的地域。

石榴灌水与排涝的管理不仅影响到石榴生长和结果，而且影响
到树的寿命。石榴在不同物候期，需水有所不同。保证生长期的前
期水分供应有利于生长与结果；而后期要控制水分，使石榴适时进
入休眠。石榴需水的 4 个重要时期是封冻水、萌芽水、花后水和催
果水。石榴树喜旱怕涝，必须做好石榴园的排涝工作，让石榴园处
于旱可灌涝可排的条件下，可生产出优质果品。

二、石榴需肥特性

石榴的根系具有 3 种类型，即茎生根系、根蘗根系和实生根
系。根系的类型主要由它的繁殖方式而定。用扦插、压条方法繁殖
的苗木为茎生根系；用母树根际所发生的萌蘗与母树分离所得的苗
木为根蘗根系；由种子的胚根发育而成的根系为实生根系。茎生根
系和根蘗根系的特点是没有主根，只有侧根，茎生根系是在自身生
长过程中独立形成的，地上部分与地下部分器官的生长是成一定比
例的，所以，根系发达，数量多而质量好，移栽后成活率高，生长
势强；而根蘗根系是依赖母树营养发育而成，往往地上部分大于地
下部分，根细小而少，质量差，直接用于生产，则建园后缓苗期
长，成活率低，生长差。实生根系在苗木生长初期主根发达、纵深
生长快，以后随着树冠横向生长的加快，侧根也相应地加速生长。

了解它们各自的特性，在栽培中应采取相应的措施，扩大根系，提高吸收能力，促进树体健壮生长。

石榴的根系虽然具有 3 种类型，但栽培上多用扦插、压条、分株等无性方法进行繁殖，除了特殊需要外，很少用种子繁殖，所以，在结构上主要由侧根构成强大的根群。据观察，在近于野生的山坡地条件下，根系集中分布在 15～50 厘米的土层，垂直根数量较多。在干旱的山梁、瘠薄的坡地、梯田埂边等不良的土壤条件下，除了有发达的侧根外，垂直根明显增多。在肥沃的生产园中，石榴根系在土壤中垂直分布在 20～70 厘米的土层，并以 30～60 厘米最多，以水平、斜生根为主，垂直根少而不发达，这种情况在高肥水、浅耕翻的园中更明显。可见，石榴根系具有极强的适应性，栽培的立地条件和管理措施能明显的影响根的分布，所以，深翻改土，增加深层有机肥，适当灌溉能诱导根向纵深生长，对于增强树势、提高抗旱能力等方面都是十分有益的。

石榴的根系具有较强的再生能力，在受到创伤或被切断后，残留于土中的根段常能萌生新枝，形成独立的单株。所以，石榴用于山坡地保持水土，是极好的树种之一。在临潼产区人们有沿沟边、埂边、荒坡、滩地栽植的习惯，收到了很好的生态效益和经济效益。

石榴主干基部极易产生萌蘖，若采用分株育苗时，可在基部培上肥土，以增加生根，或曲枝埋土，进行压条繁殖。否则，宜尽早从萌生处将萌蘖疏除，切不可留下残桩，以免累年疏而不尽。

土壤条件的优劣，直接影响石榴树的生长和结果，因此必须根据石榴树对土壤条件的要求采取深翻、中耕除草、间作和地面覆盖等措施改善土壤结构和理化性状，促使土壤中水、肥、气相互协调，以利于树体的生长，保证高产、稳产、优质。

合理施肥对满足石榴生长结果对营养物质的要求，促进树体发育、花芽形成、增强树体抗性、提高产量、增进品质具有显著的效果。在石榴树体急需营养时必须及时进行追肥。一般应在开花前 5 月上中旬施入速效氮肥，配合磷肥，促进营养生长。在花后生果期、幼果膨大期追施氮磷钾复合肥，促使幼果迅速增长和花芽形成。同时在生长季还应进行多次根外追肥，用0.3%～0.5%的尿素或1%的磷酸二铵喷布叶片。当出现微量元素缺乏症时要及时喷微肥。

三、石榴科学施肥技术及方法

（一）常用肥料的种类

石榴园常用的肥料大致可分为两类，即有机肥料和无机肥料。

1. 有机肥料　是含有机质的肥料的统称，包括了人粪尿、牛厩肥、羊厩肥、猪厩肥、鸡粪等。有机肥属完全肥料，不但含有植物生长所需的多种营养元素，而且含有丰富的有机质，它能较长时间稳定地供给树体生长发育所需要的养分，并能有效地改良土壤。在石榴园，有机肥多在秋季作为基肥施用。满足树体不同发育阶段对某种养分的强烈要求。因此，在施肥上应以有机肥为基础，与无机肥料配合使用。

2. 无机肥料　指不含有机物的肥料。多指用化学方法合成或经简单加工而成的肥料。按其所含的营养元素可分为以下几种。

① 氮肥。尿素、碳酸氢铵、硫酸铵、氯化铵、硝酸铵等。

② 磷肥。普通过磷酸钙、重过磷酸钙、钙镁磷肥、磷矿粉等。

③ 钾肥。硫酸钾、氯化钾、窑灰钾肥、草木灰等。

④ 复合肥。磷酸一铵、磷酸二铵、磷酸二氢钾、硝酸钾等。

⑤ 中、微肥。碳酸钙、硫酸钙、硫酸镁、硼砂、硫酸铜、硫酸锰、硫酸亚铁、钼酸铵等。

在深翻改土、秋施基肥时将过磷酸钙与圈肥、厩肥或饼肥混合，能保持和提高磷肥的有效性；将作物秸秆与碳酸氢铵混合施入地下；生长季内将碳酸氢铵与绿肥、青绿秆混合翻压，可加速有机物的腐烂和分解，并能增加土壤氮素水平。

（二）施肥时期

在石榴生长的年周期中，不同的物候期其生长发育中心不同，因而对养分种类和数量的需求也不相同。

1. 春季施肥 春季是石榴树体生长活动的重要时期，主要有根系活动、萌芽、展叶、抽枝、花芽继续分化、显蕾等。

春季的生长发育中心是以营养生长为主体的，这些新建器官又是当年生长发育的基础。因此，在需肥特点上，应以氮肥为主。在生长初期，主要是消耗上一年的贮藏营养，为保证营养供给的连续性，这次施肥应尽可能早施，以萌芽前追施为佳。在种类上以速效氮为主，每亩可用碳酸氢铵 60 千克或尿素 25 千克。

2. 夏季施肥 在夏季，石榴将进行开花、坐果、果实发育和花芽分化等生命活动。这一阶段的中心是坐果。在需肥特点上，以春季良好的营养生长为基础，氮、磷、钾、硼等配合使用。在氮的使用量上，应因树而定，灵活掌握，强树不施，中庸树适当施，弱树应多施。对于中庸树，氮、磷、钾的用量一般控制在 1∶0.5∶1。按一般速效肥被树体吸收利用的时间（7～10 天），应尽可能在始花期以前施用；硼肥可在花期根外追肥，以提高坐果率。花后对老弱树应再补施氮、磷、钾肥，配合疏花定果，综合调节，以促进树势恢复；在沙质多石砾等不良的土壤条件下，应勤施、少施。夏季施肥的意义十分重大，一是要保证开花和坐果；二是供幼果发育；三是为该段后期的花芽分化打好基础。在施肥方式上，以土壤追肥为主，也可采用根外追肥。肥料品种，氮肥用碳酸氢铵、硫酸铵、尿素等；磷肥用过磷酸钙；钾肥用硫酸钾或草木灰，也可使用复合肥磷酸二铵、磷酸二氢钾等。

3. 秋季施肥 秋季果实已近成熟，花芽分化还在继续，树体营养消耗很大。秋季施肥在采果前多以根外追肥为主，配合病虫害防治，喷施尿素（0.3%～0.5%）和磷酸二氢钾（0.3%），以促果膨大，增加色泽和含糖量；采后可再进行根外追肥，同时进行深翻施肥，基肥以有机肥为主，使用量较大（占全年施肥量的 80% 左右），在施用农家肥时，可混施少量速效氮肥。秋季光照充足、温度适宜、昼夜温差大，有利于营养物质的积累，所以，应配合秋季修剪等措施，增强光合效率，积累营养，促使树体充实健壮，保证安全越冬，为翌年的高产打好基础。

（三）石榴园施肥的方法

施肥的效果与施肥的方法有密切的关系，施肥的方法主要可分为两类：一是土壤施肥，二是根外追肥。

1. 土壤施肥 土壤施肥的方法要与根系分布特点相适应。石榴属灌木树种，根系较乔木树种为浅。施肥时应将肥料施于根系分布密集区偏深的地方，可诱导根向深层生长，一般深度在30～80厘米。不同的肥料种类施肥的深度不同，有机肥可深施，无机肥则可浅施。在生产上具体应用时应区别对待，适度灵活，以能最大限度达到目的为宜。常用的土壤施肥方法有以下几种。

（1）环状施肥。幼树根系分布范围较小，多采用这一方法，此法操作简便，并且较经济。缺点是环状开沟对水平根损伤较大，施肥面积较小。

（2）放射沟施肥。一般盛果期树多用此法，这种方法开沟时顺水平根生长的方向开挖，伤根较少，而且可隔年或隔次更换施肥部位，扩大施肥面积，促进根系吸收。

（3）条沟施肥。即在石榴树行间开沟，常结合石榴园秋季深翻进行。开沟时可视具体情况，每行或隔行深翻施肥。此法多用于幼园深翻和宽行密植园的秋季施肥时采用。

（4）穴状施肥。即在树冠垂直投影下，均匀挖穴状小坑，将肥料施入。这种施肥方法多在成龄园生长期追肥时采用。

（5）全园撒施。盛果期园内已郁闭，根已密布全园时采用此法。施肥面积大，石榴树吸收的面积也大，但不能连年使用，而应与深翻施肥相结合，交替使用。

2. 根外追肥 根外追肥也称为叶面喷肥，在我国果区已广泛采用，并积累了不少经验。

叶面喷肥主要是通过叶片上的气孔和角质层进入叶片，而后运到树体内的各个器官，一般喷后15分钟至2小时即可被叶片吸收利用。在1个叶片上，叶背比叶面吸收得快；在一天里，以10时前和16时后为宜。使用时一定要掌握好浓度，切不可太高，以免造成肥害。

第十三节 杏　树

一、杏树栽培对环境条件的要求

杏是我国古老的栽培果树之一，东北、华北、西北、华东等地都有栽培。山地、平原、丘陵、沙荒地、旱地及盐碱地都能生长结果。

杏树成熟期较早，寿命长，一般经济寿命在 40～100 年。作为早熟鲜果及食品工业原料，极具开发前景。杏为阳性树种，适应性强，深根性，喜光，耐旱，抗寒，抗风，寿命可达百年以上，为低山丘陵地带的主要栽培果树。

杏林培植要选土层深厚、排水良好的沙质壤土，避开低洼积涝地带。土壤湿度适中，pH6.8～7.9 的壤土上生长良好。杏树的耐盐力较苹果树、桃树强。

冬剪定植的速生苗，入冬时必须培土防寒。

二、杏树需肥特性

杏树的根系非常发达，不论水平方向，还是垂直方向，分布都很广。据河北农业大学调查，50 年生嫁接在本砧上的银白杏，根系水平伸展到 18.65 米，超过冠径（8.35 米）的 2.2 倍；在土层深厚、土壤水分条件好的情况下，22 年生青皮杏的垂直根系最大可达 5.80 米。甘肃省果树研究所在兰州市刘家堡调查，2 年生山杏在土质比较疏松的灌淤地里，有大根 6～10 条，主根深达 60～80 厘米，水平根分布到 80～100 厘米以外；70～80 年生的胭脂红杏，其树冠 8.5 米，根系的水平分布可达到 15 米。

据资料报道，杏叶片中营养物质的含量与杏树生长以及产量有相关性，即叶中氮的含量与 1 年生枝的总长度之间呈正相关。杏树要达到优质高产，叶中营养元素最适宜的含量为：氮 2.8%～2.85%、磷 0.39%～0.40%、钾 3.90%～4.10%，叶子中的氮与钾的比率保持在 0.86～0.92。

当杏树缺少某种元素或某种元素过多的时候，往往出现下列症状。

　　1. 缺氮　叶片小，呈灰黄绿色；新梢生长短而细；花多、坐果率低、产量低。氮素过多，能引起流胶，生长过旺，结果推迟，果实质量欠佳。

　　2. 缺硼　小枝顶端枯死；叶片小而窄、卷曲、尖端坏死，脉、脉间失绿；果肉中有褐色斑块，核的附近更为严重，常常引起落果。硼素过多最明显的症状之一是1～2年生枝显著增长，节间缩短，并出现胶状物；小枝、叶柄、主脉的背面表皮层出现溃疡；夏天有许多新梢枯死，顶叶变黑脱落；坐果率低，果实大小、形状和色泽正常，但是早熟；有少数小而形状不规则的果实上，有似疮痂病的疙瘩，然而成熟时才脱落。

　　3. 缺铁　杏树缺铁主要症状是叶子失绿黄化。

　　4. 缺铜　新梢先端干枯，生长停止，促使侧芽萌发生长。

三、杏树科学施肥技术及方法

　　杏树虽然是耐瘠薄的树种，但绝不是不需要肥料。杏树生长速度快、花量大、挂果密，为了获得并维持高额的产量，避免出现大小年的现象，合理施肥是非常必要的。基肥充足和追肥及时可以保证地上、地下部生长、花芽分化和开花结果对养分的需要。

（一）施肥时期

　　根据肥料的性能和施肥时期，施肥可分基肥和追肥。

　　1. 基肥　基肥是一年的主要肥料，多以含有机质丰富的厩肥、堆肥、油渣、人粪尿等迟效性肥料为主，也可混施部分速效氮素化肥，以加快肥效。过磷酸钙、骨粉直接施入土壤中常易与土壤中的钙、铁等元素化合，不易被杏树吸收。为了充分发挥肥效，宜将过磷酸钙、骨粉与圈肥、人粪尿等有机肥堆积腐熟，然后作基肥施用。基肥施入土壤以后，可较长时期不断供给杏树大量元素和微量元素，对于补充树体因开花结果造成的消耗、恢复树势和为第二年结果奠定了良好的基础。

　　杏树基肥最好秋施，即 9～10 月结合翻耕尽早施入。早施由于气温、土温都比较高，切断的根系能迅速愈合，并发出新根，肥料施入后经过微生物的分解作用，根系即可吸收利用，这对于增加树体贮藏的碳水化合物和蛋白质，对于花芽分化减少败育花及第二年的开花、坐果、新梢生长等一系列生命活动都十分有利。早春施基肥对于生长健壮、贮藏营养水分高的杏树也没有太大的影响。

　　2. 追肥　又称为补肥。基肥发挥肥效平稳而缓慢，当杏树急需营养时必须及时补充肥料，才能满足杏树生长发育的需要。追肥既是当年壮树、高产、优质的肥料，又能给翌年生长结果打下基础，是杏树生产中不可缺少的施肥环节。

　　追肥的次数和时期与气候、土质、树龄等有关。一般高温多雨或沙质土、肥料易流失，追肥宜少量多次；反之，追肥次数可适当减少。幼树追肥次数宜少，随树龄增长，结果量增多，长势减缓，追肥次数也要增多，以调节生长和结果的矛盾。

　　追肥施用时期要根据杏树生长发育规律和物候期，在需要营养的关键时期进行，可分为花前肥和花后肥。

　　（1）花前肥。在春季土壤解冻后，于开花前半个月及时施入以速效性氮肥为主的肥料，补充树体贮藏营养的不足，保证开花整齐一致，授粉受精良好，提高坐果率，促进根系生长和增加新梢的前期生长量。

　　（2）花后肥。于开花后施入，以速效性氮肥为主，配合磷、钾肥，补充花期对营养物质的消耗，提高坐果率并促进新梢生长。这时幼果迅速膨大与枝叶旺盛生长对氮素的需要量很大，如果供应不足，不仅落果严重，而且枝叶生长受到阻碍。

　　3. 花芽分化肥　也称为硬核期追肥。在花芽分化前，或者硬核期开始时施入，以速效性氮肥为主，配合磷、钾肥。其作用在于补充幼果及新梢生长对养分的消耗，促进花芽分化和果实膨大，特别是对早熟品种的果实膨大及胚、核的发育有良好的作用。如果此时营养不足，核、胚发育不良，以后果实也长不大，花芽分化亦受到影响。

4. 催果肥 果实采收前 15～20 天施入，主要施用速效性钾肥。目的在于促进中晚熟品种果实的第二次迅速膨大，增进果实大小，提高产量，提高果实品质，增加含糖量。

5. 采收肥 果实采收后施入，以氮肥为主，配合磷、钾肥。这次追肥主要是消耗养分较多的中晚熟品种和树势衰弱的树，补偿由于大量结果而引起营养物质的亏空，恢复树势，增加树体内养分积累，充实枝条和提高越冬抗寒能力，为翌年丰产打好基础。

（二）施肥量

施肥量要根据树龄大小、树势强弱、结果多少、土壤状况、肥料质量及历年施肥量等因素来确定。即"看树、看地、看产量"，才能比较恰当地决定其施肥量。

根据杏产区经验，一般每年株施厩肥等农家肥 30～200 千克、油渣 5～20 千克、过磷酸钙 1～4 千克、硝酸铵 0.5～2 千克。农家肥主要用于基肥；化肥主要用于追肥。幼树施肥量可少些；盛果期树施肥量可大些。

据研究证实每亩施土粪 2 500 千克、过磷酸钙 18.5 千克、硫酸铵 14 千克，增产效果显著。

关于杏园的施肥水平，应当根据土壤的状况和栽植密度、树龄的大小等而定。据研究，成龄杏园每公顷的施肥量在氮 80 千克、磷 80 千克、钾 80 千克时，可以获得很好的收成。施用倍量的肥料（氮 160 千克，磷 160 千克，钾 160 千克），增产效果并不显著，同前者相比，增产的比率为 45％：42％，每公顷仅增产 570 千克。考虑到因增施肥料而增加的成本，倍量施肥的经济效益是不高的。

但在贫瘠的沙地上，杏园的施肥水平应适当提高，尤其是有机肥的施用量应加大，才可能维持较高而稳定的产量。据试验分析，在当地的沙层厚达 7～8 米，土壤有机质含量为 0.6％～1.3％、含氮 0.05％、每 100 克土壤含磷 4～6 毫克、每 100 克土壤含钾 5.8 毫克、pH6.5 条件下，最好的施肥效果是每公顷施粪肥 90 吨或者是每公顷施（化肥氮 150 千克、磷 90 千克、钾 150 千克），每公顷（444 株）的产量分别为 15.7 吨和 14.7 吨。每公顷施 15 吨粪肥＋

化肥（氮 100 千克、磷 60 千克、钾 100 千克）或绿肥加化肥也获得了很好的产量，相应的产量为 15.1 吨和 13 吨。

（三）施肥方法

1. 土壤施肥　土壤施肥必须根据根系分布特点，将肥料施在根系分布层内，便于根系吸收，发挥肥料最大效用。水平根一般集中分布于树冠外围稍远处。而根系又有趋肥特性，其生长方向常以施肥部位为转移。因此一般将有机肥料施在距根系集中分布层稍深、稍远处，诱导根系向深广生长，可以形成强大根系，扩大吸收面积，提高根系吸收效能和树体营养水平，增强树体的抗逆性。杏树根系强大，分布范围深而广，施肥宜深，范围也要大些。基肥要适当深施，增厚土层，提高保肥、保水能力；追肥要多次薄施，提高肥料利用率。幼树根系浅，分布范围大，以深施、范围大一些为宜。氮肥在土壤中移动性强，可浅施；钾肥、磷肥移动性差，宜深施。

杏园应于每年秋季落叶后，结合土壤耕翻施用基肥。一般成龄果园每亩可施基肥 3～5 吨。

基肥的施用以放射状沟施为好，这样伤根少、肥料与根接触面大，有利于吸收。

根部施肥的方法还有环状沟施，适于幼龄杏园；条状沟施，便于机械操作；全国撒施，结合秋耕或春耕进行，适于成年杏园；灌溉式施肥，适于结合滴灌、喷灌进行。

2. 根外追肥　根外追肥是将营养元素配成一定浓度的溶液，喷到叶片、嫩枝及果实上，直接被吸收。根外追肥一般与病虫害防治相结合，但需注意适量配合，以免发生肥害或药害。杏树根外追肥的浓度，生长前期枝叶幼嫩，可以用较低浓度，后期枝叶老熟，浓度可适当加大。一般常用的浓度是 0.3％～0.5％的磷酸二氢钾、0.2％～0.4％的尿素、0.2％的过磷酸钙浸出液、0.1％～0.3％的人粪尿，0.3％的草木灰浸出液。如缺少微量元素症状可根据需要喷施 0.2％～0.3％的硫酸亚铁、0.1％～0.3％的硼酸或硼砂（硼酸钠）、0.3％～0.5％的硫酸锌等。

第十四节 无 花 果

一、无花果栽培对环境条件的要求

无花果为桑科多年生木本果树，是世界上经济价值较高的果树之一。为落叶灌木，高 3～10 米，多分枝；树皮灰褐色，皮孔明显；小枝直立，粗壮；叶互生，厚纸质，广卵圆形，长宽近相等；雌雄异株，雄花和瘿花同生于一榕果内壁，雄花生内壁口部，花果期 5～7 月。

无花果喜温暖湿润气候，耐瘠，抗旱，不耐寒，不耐涝。以向阳、土层深厚、疏松肥沃、排水良好的沙质壤土或黏质壤土栽培为宜。

二、无花果的营养生长特性及需肥特性

（一）无花果营养生长特性

1. 根系的营养生长特性 无花果的根系由不定根、侧根和须根组成，无主根。其根系在土壤中分布较浅，垂直分布在 15～60 厘米土层。水平根群横向扩展范围 10 米左右。随树龄增长和树冠扩大，根系伸展不断加深，土层深厚的地区，根系可下扎 1～2 米。土壤透气良好，氧气供应充足，根系粗壮，根毛多，吸收能力也强。

无花果根系的伸长、充实和呼吸强度有关。土温 10 ℃左右根系开始活动。在江苏，5 月中旬为活动盛期，6 月中旬为生长高峰期；5 月中旬至 6 月下旬是春根生长最快的时期。8 月上中旬盛夏干旱，根系暂停生长，8 月下旬至 10 月再次生长，产生秋根。11 月下旬至 12 月上旬，地温低于 10 ℃以下时根系停长。

2. 叶的营养生长特性 无花果叶面大，叶肉厚。叶片的构造、大小除受品种本身的制约外，还受环境条件、管理措施的影响。种植在背阴处，光照条件差或者氮肥施用过多、过迟，枝条不充实的树，叶片薄而大；种植在向阳处，光照、营养条件好、枝条充实、

叶片厚、大小正常，其叶片栅栏组织发达。

正常的无花果植株，在新梢不断伸长的过程中，新梢上每个节间的节部都能长出一张叶片，同时在该叶的叶腋部位长出一个果实。因此，就整株而言，长成的叶片数应该与结果数大致相当，叶果比是 1∶1。气温回升到 20 ℃以上，一张叶片从发芽展叶到长成，大约需要 15 天。但生长在背阴处或者碳氮比例失调、氮素营养过剩或者氮肥施用过迟或低温时，长成一片叶所需天数会增加，且叶片的光合能力明显下降。因此，温度过高或过低均会严重影响叶片的光合机能和同化养分的积累，影响产量和品质。

（二）无花果的需肥特性

1. 无花果对土壤环境的要求　无花果是多年生果树，原产地属亚热带干燥半沙漠地带。在土层深厚的土壤中，能长成高大的乔木树体。树高可达 18 米，树干周长可达 3 米，树龄可达 100 年以上。因此，为无花果生长发育创造良好的生态环境是至关重要的。

无花果根系发达，枝叶繁茂，对土壤的选择并不严格，适应性较广。但最适宜的土壤条件为土层深厚的壤土或沙壤土。土质黏重，根系分布浅，抗旱能力下降，地下水位过高，排水不畅，会抑制根系的呼吸作用，树势弱，产量低。

无花果喜弱碱性或中性土壤，最适合的土壤 pH 为 7.2～7.5，属于较耐盐碱的果树。对钙的需求量大，故在偏酸性土壤中会影响根系活力，必须增施石灰以改良土壤。

无花果忌地现象比较严重。多年连作，新梢的生长和根系的发育均受到明显的抑制。由于老根分泌有毒物质会抑制新植无花果的根系发育，同时老园的根结线虫较多，易引起烂根。对于一定要连作的园地，最好是旱水轮作，间隔 2～3 年再栽无花果。改植的连作园，必须挖除所有老根，然后将定植穴挖大，填入未种无花果的新客土，喷洒杀线虫剂，进行土壤消毒。

2. 无花果的需肥特性

（1）无花果的需肥特性。

① 对各种肥料成分的吸收量。测定结果表明，无花果植株对

钙的吸收量为最多，对氮、钾肥的要求也较高，对磷的需要量不高。假如吸氮量为1的话，则吸钙量为1.43，吸钾量为0.9，而吸磷量和吸镁量仅为0.3。各种肥料成分被吸收利用后，氮和钾素成分主要分布于果实与叶片。磷素在叶片中分布比例较氮少，在根系中较氮多。钙和镁大都分布于叶片，分别占80%和60%。

② 养分吸收的季节性变化。养分吸收的季节性变化，可用来作为决定施肥时期的参考依据。无花果对氮、钾、钙的吸收量随着发芽、发根后气温上升，树体生长量的增大而不断增大。至7月为吸氮高峰，新梢缓慢生长后，氮素养分的吸收量便逐渐下降，直至落叶期。钾与钙则从果实开始采收至采收结束，基本维持在高峰期吸收量的30%～50%水平。进入10月以后随着气温下降而迅速减少。对磷的吸收自早春至8月一直比较平稳，进入8月以后便逐渐减少。果实内氮与钾的含量随果实的发育逐渐增加，到进入成熟期的8月中旬以后，增加速度明显加快。特别是钾的含量，从8月中旬至10月中旬能增加15倍。果实磷、钙、镁含量也都从8月中旬开始显著增加。枝条和叶片内各种成分随着新梢生长不断增加。但除钙以外进入果实成熟期后便逐步稍有下降。结果的枝条各种营养成分含量都较不结果枝条低。

③ 施肥对植株的生育、产量和品质的影响。无花果的结果习性与其他果树不一样。果实随着新梢伸长，在各节叶腋处不断长出，只要不出现徒长现象，新梢长得愈长，节间愈多，着生叶片愈多，结果就愈多，产量就会愈高。

新梢的伸长受氮肥施用量的影响最大，在适宜范围内随氮素施用量的增加，生育状况越好，果实产量增加。但是过度施用氮肥反而会使生育受到抑制，产量下降，不仅影响果实品质，而且导致裂果和腐烂果大量增加。氮肥过多，结果枝徒长软弱，叶片很大；树冠内繁茂过度，光照不足，果实着色不好；果形变小，品质下降，也易受干旱危害，引起早期落叶。

（2）无花果营养诊断与施肥。无花果生长过程中，由于肥料元素不足，常在叶片、枝干、果实表现出各种不正常的症状。

① 缺氮症状。缺氮时从总体看树势生长不良，叶色变淡，叶片的裂刻变浅趋于全缘叶形，叶缘向上方卷曲，手摸叶片有粗脆的感觉。缺氮初期对发根伸长影响不大。但随缺氮程度加剧，发根受抑制。根系容易腐败或受根蚜虫危害，枝条较早停止生长并老化。缺氮花序分化数量会减少，前期果果形尚正常，但果实横径变小，成熟时间会提早而且品质良好。但是由于缺氮叶片中许多养分向果实转移，叶片褪色明显，结果枝上位果实落果严重，收获量减少。出现严重缺氮状况后追肥时，枝条生长会恢复，但果实容易褐变并落果。这与受有机酸危害情况有些相似，只不过有机酸危害时叶色不褪淡，叶片上叶脉会隆起，而且整个危害进程较缺氮症状快得多。因此，无花果园培肥改土，施用腐熟堆肥，提高土壤肥力，是解决缺氮的根本措施。同时，合理补施追肥，避免长期缺氮，满足树体正常生长。

② 缺磷症状。进程比较缓慢，外观不易识别。首先从叶色加深开始，接着下部叶片叶色变淡，新生叶片在未展开时即会凋萎脱落，使叶片数不再增加，出现结果枝先端果实聚生现象。果实变形，横断面呈不规则的圆形。未熟果的向阳面花青素多呈现微赤紫色。追施磷肥后枝梢生长能恢复转旺，果实成熟加快而且不易落果，与缺氮后追氮的反应完全不同。缺磷的根系明显细长，侧根的发生受到抑制。

对于缺磷的土壤，施用基肥时，每亩用钙镁磷肥 80 千克与腐熟堆肥混合施用，改善土壤物理性状，增强根系活力，有利磷素吸收。

③ 缺钾症状。植株缺钾不容易被发觉，当发觉后症状进程已明显加快。缺钾初期能促进枝叶生长，表现与过多施用氮肥后的状况相似，接着下部叶片的背面会出现不规则褐色浸润斑点，但叶片表面看不到。缺钾情况再发展下去时叶片出现叶烧现象，很快脱落，枝梢伸长停止，成为典型的缺钾症状。缺钾症枝梢并不老化，但很易受冻害，并常见瓢形果实发生。根系生长不良，出现发黑脱皮腐烂现象。

由于钾元素在土壤中易流失，在果实发育期间，补施钾肥就十分重要。每亩 15～20 千克硫酸钾，分 2～3 次施用，有利于树体营养生长和增强果实色泽及糖分含量。

　　④ 缺镁症状。缺镁症状比较容易被发觉，首先在生长旺盛的叶片上出现萎黄症状。往往发生在枝梢的中部叶片，而上、下部叶片出现较少，随着症状的加重，叶片除叶柄部位外均呈黄白化，出现褐色大形斑点，提早落果，成熟果数量减少。缺镁对根部生长前期没什么影响，但随着缺镁症状加剧，根系生长受抑。当土壤中置换性镁的含量，每 100 克干土低于 10 毫克时，每亩施用硫酸镁 50 千克。也可与缺磷、缺钙等综合考虑，适当增施钙镁磷肥。

　　⑤ 缺钙症状。缺钙症状不容易被发现，最上展开叶突然白化并出现褐色斑点，导致落叶。下部叶片生长正常，枝干则成黑褐色并萎缩。果实变黑脱落，根系伸长明显受阻，容易腐败并有特殊强烈的有机酸臭味。

　　钙是一种不易移动和不能再被利用的元素。无花果树需钙量特别多，除施用钙镁磷肥、过磷酸钙外，每亩增施 50～100 千克熟石灰。

　　⑥ 缺铁症状。与缺钙一样先在新叶上表现，但症状与缺镁难以区别，常以发生叶片所处部位的差异来判断。发生时新梢伸长缓慢，新芽白化枯死。在生育前期发生，幼果全部白化脱落，如症状在生育后期发生，前中期果仍能正常成熟。

　　出现缺铁现象时，可用 0.05％～0.1％硫酸亚铁溶液进行叶面喷施。

　　⑦ 缺硫症状。无花果的缺硫症状与缺氮症状相似。全株叶色变淡，下部叶片有褐斑，但并不容易落叶。果实发育缓慢甚至停止，长期挂在结果枝上不易成熟，枝梢较快老化硬化。根系在缺硫初期仍能良好伸长，但质脆易断。当产生缺硫现象时，采用棉花秆、麦秆等有机物还田，有利于补充硫元素的不足。

　　采取以上矫治措施后，无花果树的缺素症状逐渐消失并恢复正常，叶片营养元素含量明显提高。

三、无花果树科学施肥技术及方法

(一)无花果苗圃施肥

无花果幼苗期需肥量大，必须早施追肥，补充养分，促进幼苗健壮成长。追肥分 2～3 次进行，第一次为 5 月上中旬，苗木生根展叶后，每亩追施尿素 20 千克；第二次在 6 月上旬，每亩追施复合肥 40 千克；第三次在 7 月上旬，视苗情长势适当补施，每亩施复合肥 10～20 千克，瘠薄的土壤可适度多施，防止僵苗不发。对生长势旺盛的苗木，应适当控制氮肥用量。施用氮肥过多、过迟时，易引起秋梢徒长，降低抗寒力，易受冻害。

施用肥料时尽量不接触根系，防止烧根。兑水浇施或撒施结合浇水进行。1 年生苗木，植株高达 1 米以上，枝梢充实，芽粒饱满，根系发达，侧根多，基部直径达 1.5～2 厘米为壮苗标准。

(二)一年生苗定植施肥

1. 定植前施肥 无花果在透气好的疏松土壤中生长良好。耕作层浅的土壤，下层有黏结层，定植前必须进行深翻，扩大有效土层，一般于冬季（11～12 月）深翻 50～60 厘米，将下层土翻到表面，耕翻时每亩施腐熟的有机肥 2 000 千克，钙镁磷肥 50 千克，酸性土壤须增施石灰 100 千克。

2. 定植穴基肥 定植前 1 个月整畦挖定植穴深 40～60 厘米，直径 60～80 厘米。按每株施用腐熟堆厩肥 20 千克、饼肥 1.0 千克、磷肥 0.5 千克，偏酸的土壤加石灰 1.0 千克。

施肥方法：在定植穴下层 10～30 厘米放稻草、麦秆等粗杂有机物和腐熟堆厩肥 10 千克，其余肥料与表土充分拌匀置于中层 20 厘米内，再覆盖表土 10 厘米，填平踩实。移栽后半个月内，经常浇水或稀粪尿，保持土壤湿润，促进活苗。6 月上中旬施一次复合肥或尿素，每株 50～60 克，结合松土、除草，兑水浇灌。

(三)无花果园施肥技术

1. 施肥时期 分基肥和追肥两种。

（1）基肥。无花果的基肥施用时期，可在 11～12 月修剪结束后进行，但以2月下旬至3月上旬施用为宜。无花果不像其他果树那样进行中耕深翻，肥料早施，撒于枯叶表面，会随风雨、雪水流失较多；但也不宜施用过迟。3月以后施基肥，肥料腐熟、分解和渗透，需要一定时间，植株前期吸收利用就会受到影响。基肥以有机肥为主，如畜禽厩肥、堆肥、菜籽饼等，并结合搭配施用复合肥，能较长时期地供给植株所需的养分，不断地补充营养，恢复树势，也为翌年生长结果准备物质条件。

（2）追肥。无花果追肥施用时期，在无花果栽培中，分为前期追肥（夏肥）和后期追肥（秋肥）。即在施基肥的基础上根据各个时期的需肥特点进行补给肥料，以调节树体生长与结果的矛盾，保证高产、稳产、优质。

追肥的具体时期和次数，应根据植株生长状况和土壤肥力而定。一般分3～6次进行。高温多雨地区，养分易流失，追肥次数宜多，施肥量宜少；树势弱，根系生长差，必须增加追肥次数；幼龄树掌握前期多施和早施追肥、后期少施，从而促进新梢生长充实，增强抗寒能力。

无花果植株前期生长量大，需肥多。随着新梢伸长连续不断地进行花序分化，5月下旬至7月中旬为需肥高峰期，此时追肥对整个生长期起着关键性作用。主要是解决新梢伸长、果实发育与树体贮藏养分转换期间的养分供求矛盾。

7月下旬果实开始成熟，一直采收到10月下旬。采收期长达3个月。在此期间，树势强健，养分充足，成熟果就大，产量高。如果忽视及时追肥，养分不足，新梢细弱，果实膨大就差，尤其是密植园，结果量过多时，更容易出现营养严重亏损，树势早衰。因此，适时适量追肥，既能促进果实膨大，增加后期产量，提高品质，又有利于新梢生长充实和树体积累养分。据江苏丘陵地区镇江农业科学研究所追肥试验结果表明，7月中旬和8月中旬追肥，结果枝生长量比不追肥的大4.2～7.6厘米，每株鲜果产量增加0.97～1.65千克，增产12.3%～21%。而且追肥时期提早，增产作用更显著。

9 月上旬，秋根开始生长，10 月果实采收量减少，进入贮藏养分积累期。10 月下旬进行后期追肥（秋肥）也很重要，此时为秋根生长发育旺盛时期，追肥有利于恢复树势，提高叶片同化作用的功能，增加贮藏养分。而贮藏养分积累的多少，对下一年度生长起着决定性作用。但施用时期不宜过早，防止引起秋梢二次伸长，反而消耗养分；也不能过迟，施用晚，秋根生长缓慢，贮藏养分积累也少。值得注意的是，新梢生长旺，副梢发生多的树和 1 年生幼树，抗寒性弱，容易出现冻害，后期不需追肥。

2. 施肥量　无花果施肥量的确定，必须以土壤肥力、树龄和产量目标等进行综合分析。并通过施肥试验，在生产实践中不断加以调整，使施肥量更能符合无花果生长的需要。

土壤肥沃，有机质多，树势强的园地，施肥量比标准用量少 10%～15%。同一园地树势强的植株应少施；树势弱应适当多施，满足养分供应，促使树势强壮。但不能一次施肥过多，尽可能分次进行，防止根部肥料浓度过高而出现肥害。幼龄树施肥量，一般以成年树的 60%～70% 使用。幼树期施肥量过多，容易引起枝梢徒长不充实，萌发许多无效副梢，耐寒力下降，造成冬季冻害。应避免用增加施肥量来加快成园速度，欲速则不达，往往导致失败。

据江苏丘陵地区镇江农业科学研究所肥料试验结果表明，无花果 1 年生定植苗对氮、磷、钾的需求量较少，每亩施氮 5.75 千克、磷 1.75 千克、钾 6.25 千克时，新梢生长量最大。与 1 年生未结果树相比，2 年生结果树对氮、磷、钾的需求量要高 1～2 倍。由此看来，无花果的施肥用量，要随着树龄增大和产量增加而逐步增加。幼树期不必施用过多氮、磷、钾肥，否则，会造成新梢徒长反而减产。

试验证明，各个时期的施肥量，基肥占全年施肥量的 50%～70%，夏季追肥占 30%～40%，秋季追肥占 10%～20%。其中，氮素肥料，基肥约占总氮量的 60%，夏季追肥为 30%，秋季追肥为 10%；磷肥主要用于基肥，占总磷量的 70%，余下部分在复合肥中搭配使用，作追肥；钾肥则以追肥为主，基肥占总钾量的

40%，追肥占 60%。从试验结果看出，施肥量增加对果实产量有明显的增产作用。3 年生树每亩施氮 16 千克，比每亩施氮 8 千克和 6 千克的分别增产 13.54% 和 44%，扣除多投肥成本，净收入每亩分别增加 17% 和 29%。

从施用肥料种类看，增施腐熟有机肥的田块，如鸡粪、菜籽饼，不仅产量高，而且品质好。与施尿素相比，产量增加。

综上所述，无花果施肥以适磷重氮、钾为原则。氮、磷、钾三要素的配合比例，幼龄树以 1∶0.5∶0.7 为好；成年树以 1∶0.75∶1 为宜。在具体应用时，施肥量可按目标产量每 100 千克果实需施氮 1.06 千克、磷 0.8 千克、钾 1.06 千克计算。如果以每亩生产果实 1 500 千克为标准，大致每亩需氮 16 千克、磷 12 千克、钾 16 千克。但由于各地土壤条件等差异比较大，施肥量和氮、磷、钾的施用比例，应结合当地实际情况来确定。

3. 施肥方法 施肥效果与施肥方法有密切关系，而施肥方法又要与果树的根系分布特点相适应，只有肥料施在根系集中的分布层内，才能充分利用。

基肥施用时，可在株间先挖浅沟深 20～30 厘米，将肥料拌匀施入沟内再覆土。或者在清园后将肥料拌匀撒于表层，及时进行浅翻 15 厘米土层，再结合清沟覆盖一层碎土。浅翻时距主干 50 厘米，防止根系伤断。

追肥若施有机肥，距主干 50 厘米开条沟施肥，无机肥以畦面撒施法为好。有灌溉条件的园地施肥后结合灌水，施肥效果好；如果灌溉条件差，则要抓紧在雨前撒施，或趁土壤湿润时施肥。总之，要掌握因时因地施肥，适宜的土壤含水量，才能发挥肥效作用。土壤干燥时施肥有害无益。土壤积水或多雨，养分流失，利用率降低。

主要参考文献

柏永耀，党桂霞．1997．石榴栽培新技术．北京：中国农业出版社．

陈伦寿．1984．农田施肥原理与实践．北京：农业出版社．

刁凤贵，李波．1993．落叶果树营养与施肥．北京：农业出版社．

丁之恩．1999．银杏．北京：中国林业出版社．

杜澍．1984．果树科学实用手册．西安：陕西科学技术出版社．

高新一，王玉英．1999．樱桃丰产栽培图说．北京：中国林业出版社．

黄德灵．1996．柑橘栽培新技术．福州：福建科学技术出版社．

贾克礼，吴燕民．1990．杏树栽培．北京：农业出版社．

江苏植物研究所．1977．板栗．北京：科学出版社．

金耀清，张中原．1993．配方施肥方法及其应用．沈阳：辽宁科学技术出版社．

劳秀荣．2000．果树施肥手册．北京：中国农业出版社．

梁立兴．1993．中国当代银杏大全．北京：北京农业大学出版社．

慕成功等．1995．农作物配方施肥．北京：中国农业出版社．

曲泽洲等．1990．果树种类论．北京：农业出版社．

全国农业技术推广服务中心．2009．北方果树测土配方施肥技术．北京：中国
  农业出版社．

陕西果树研究所．1978．柿．北京：中国林业出版社．

四川省高等教育局．1986．果树栽培学．长沙：湖南教育出版社．

唐勇等．1990．果园管理技术，济南：山东科学技术出版社．

仝月澳．1982．果树营养诊断法．北京：农业出版社．

万仁先．1992．现代大樱桃栽培．北京：农业出版社．

王琪贞．1993．肥料学．北京：北京农业大学出版社．

奚振邦．1994．化学肥料．北京：科学出版社．

熊毅等．1987．中国土壤．北京：科学出版社．

严大义．1997．葡萄生产技术大全．北京：中国农业出版社．

杨金生．1996．无花果栽培新技术．南京：江苏科学技术出版社．

杨佑明．1993．科学施肥指南．北京：科学技术文献出版社．

姚允聪．1998．石榴和无花果三高栽培技术．北京：中国农业出版社．

于绍夫．1978．烟台大樱桃栽培．济南：山东科技出版社．

张殿高．1990．果树栽培实用技术．沈阳：辽宁科学技术出版社．

张陆绪．1998．红枣丰产技术．北京：中国农业出版社．

张玉龙．1997．果树优质高产系统配套新技术．北京：中国农业出版社．

中国科学院南京土壤研究所．1978．土壤理化分析．上海：上海科学技术出版社．

中国农业科学院果树研究所、柑橘研究所、郑州果树研究所．1987．中国果树栽培学．北京：农业出版社．

中国农业科学院土壤肥料研究所．1994．中国肥料．上海：上海科学技术出版社．

中国土壤学会农业化学专业委员会．1983．土壤农化常规分析方法．北京：科学出版社．

朱道圩．1999．猕猴桃优质丰产关键技术．北京：中国农业出版社．

庄伊美．1982．柑橘营养与施肥．福州：福建科学技术出版社．

图书在版编目（CIP）数据

北方果树施肥手册/张昌爱，劳秀荣主编．—北京：中国农业出版社，2015.9（2019.6重印）

（最受欢迎的种植业精品图书）

ISBN 978-7-109-20803-2

Ⅰ.①北… Ⅱ.①张… ②劳… Ⅲ.①果树-施肥-手册 Ⅳ.①S660.6-62

中国版本图书馆 CIP 数据核字（2015）第 188007 号

中国农业出版社出版

（北京市朝阳区麦子店街 18 号楼）

（邮政编码 100125）

策划编辑　贺志清

文字编辑　李　蕊

中农印务有限公司印刷　　新华书店北京发行所发行

2016 年 1 月第 1 版　　2019 年 6 月北京第 2 次印刷

开本：880mm×1230mm　1/32　印张：10.5

字数：278 千字

定价：25.00 元

（凡本版图书出现印刷、装订错误，请向出版社发行部调换）